艾维茵肉鸡

爱拔益加肉鸡

哈伯德肉鸡

1

快大型海新肉鸡

优质型海新肉鸡

固始鸡

2

网上平养育雏
（陈继兰 提供）

笼养育雏
（刘华贵 提供）

火炕加温育雏
（陈继兰 提供）

3

笼养蛋鸡
（黄炎坤 提供）

简易大棚养鸡
（刘华贵 提供）

商品鸡林地放养
（刘华贵 提供）

家 庭 科 学 养 鸡

（第 2 版）

编著者

席克奇　牛世彬

王永仕　韩喜彬

金盾出版社

内 容 提 要

本书由畜牧专家席克奇教授等编著与修订。本书自 2003 年出版以来，重印 8 次，发行 9.6 万册，受到广大读者的欢迎。依据近年来养鸡科学技术的发展，以及读者知识更新的需要，编著者重新修订了这本书，并增加了无公害饲养一章。全书内容包括：鸡的品种选择，鸡的营养与饲料，蛋用型鸡和肉用仔鸡的饲养管理，鸡常见病的防治，鸡场建筑与设备，家庭无公害养鸡的技术要点，家庭鸡场的经营管理。本书内容丰富，语言通俗易懂，技术细节清楚。可供养鸡生产者及基层畜牧兽医工作者阅读参考。

图书在版编目(CIP)数据

家庭科学养鸡/席克奇等编著 . —2 版 . —北京：金盾出版社，2009.6(2019.8 重印)

ISBN 978-7-5082-5686-3

Ⅰ. ①家… Ⅱ. ①席… Ⅲ. ①鸡—饲养管理 Ⅳ. ①S831.4

中国版本图书馆 CIP 数据核字(2009)第 051804 号

金盾出版社出版、总发行

北京市太平路 5 号(地铁万寿路站往南)

邮政编码：100036 电话：68214039 83219215

传真：68276683 网址：www.jdcbs.cn

北京印刷一厂印刷、装订

各地新华书店经销

开本：850×1168 1/32 印张：10.625 彩页：4 字数：258 千字

2019 年 8 月第 2 版第 16 次印刷

印数：214 001～217 000 册 定价：26.00 元

(凡购买金盾出版社的图书，如有缺页、
倒页、脱页者，本社发行部负责调换)

再版前言

《家庭科学养鸡》是一本把养鸡生产技术与经营管理知识融为一体的通俗读物。自 2003 年初版以来,重印了 8 次,发行达 9.6 万册,受到了广大读者的欢迎。近年来,我国养鸡业处于由分散向规范化生产经营转型时期,涌现出一大批家庭鸡场,并逐步迈上规模化、规范化和科学化养鸡的新台阶。但是,目前养鸡生产竞争激烈,高额利润不复存在,微利经营已成必然,科技含量日趋增加。归纳总结过去养鸡生产中的经验教训,给我们很多启示。从讲信誉的种鸡场购进健康雏鸡是鸡群高产的前提,先进生产技术是鸡群高产的保证,而经营管理是占有市场、获得赢利的必要条件。无论在哪一环节出现问题,都会给生产带来重大损失。因此,作为生产者,既要掌握生产技术,又要懂得经营管理,这样才能使自己永远立于不败之地。

为了适应我国养鸡业的发展,满足当前家庭养鸡知识更新的需要,使养鸡生产能够经得起市场经济的考验,编著者总结目前国内外最新技术,借鉴各地养鸡的成功经验,并结合自己多年的工作体会,重新修订了这本《家庭科学养鸡》。

本书在写作上力求语言通俗易懂,简明扼要,注重实际操作,既讲生产技术,又讲经营管理。本书可供养鸡生产者及畜牧兽医工作人员参考。

本书在编写过程中,曾参考一些专家、学者撰写的文献资料,在此向原作者表示谢意。

这次修订,作者虽然做了很大努力,但因笔者掌握的理论和技术水平有限,书中还可能出现一些疏漏和不妥,敬请广大读者批评指正。

编 著 者

2009 年 1 月

目 录

第一章 鸡的品种选择

在养鸡生产中,要获得较好的经济效益,选择优良鸡种是一个关键环节。选择鸡的品种必须因地制宜,因场制宜,以便更好地发挥鸡的遗传潜力。

一、养鸡品种选择的依据

养鸡品种的选择,要考虑市场要求、品种的适应性、生产性能及饲养者的管理水平,不可只考虑生产性能的高低,而忽略了其他方面。

(一)根据市场需要进行选择

工厂化蛋鸡、肉鸡生产,规模大,产量高。产品均面向市场,只有被市场接纳,才能成为商品。所以,引进什么样的品种,应进行市场调查,根据市场的需求确定饲养品种和生产规模。

(二)根据生产条件选择

品种的形成受自然条件的影响较大。以养蛋鸡为例,一般高产品种对环境、饲料质量和管理水平要求较高,而低产品种对饲养条件要求较低,相对好饲养。

如果饲养经验不足,应首选抗病力和抗应激能力较强的品种;如果饲养条件好,且有一定饲养经验的农户,可以首选产蛋性能突出的品种。

（三）对种鸡场的选择

目前，我国已经形成了蛋鸡、肉鸡良种繁育体系，世界上最优秀的蛋鸡、肉鸡品种我国都曾引进，而且国内也培育了一些生产性能优良、适应性强的商品配套系。在我国现有的生产条件下，这些品种没有表现出显著的差异。如果有差异，主要是由于种鸡场或孵化场在生产过程中管理不良造成的。所以，无论选购哪一个品种，都应该到具有正式生产许可证、技术力量雄厚、有丰富生产经验、规模较大、未发生过严重疫情的种鸡场购买鸡苗。

二、鸡的主要品种

（一）蛋鸡品种

用现代育种方法培育的杂交配套蛋鸡品种，根据蛋壳颜色的不同，分为白壳蛋鸡、褐壳蛋鸡和粉壳蛋鸡。

1. 白壳蛋鸡　白壳蛋鸡种主要是以白来航鸡品种为基础培育而成，以产白壳鸡蛋为典型特征，是蛋用型鸡的典型代表。特点是开产早，体型小，耗料少，产蛋的饲料报酬高，单位面积饲养的鸡数多、产蛋数多，无就巢性，适应性强。缺点是蛋重小，鸡胆小怕人，易受惊吓；啄癖较多，尤其是开产初期啄肛造成的伤亡率较高。在我国白壳蛋不如褐壳蛋受欢迎，因而价格也稍低。白壳蛋鸡占市场份额的 15％左右，品种有海兰白、罗曼白、迪卡白、尼克白、巴布考克白、海赛克斯白、伊利莎白壳蛋鸡和北京白鸡等。这些优良蛋鸡品种的生产性能，在遗传上没有显著差异。

（1）迪卡白壳蛋鸡　迪卡白壳蛋鸡是荷兰汉德克家禽育种公司培育的四系配套轻型高产蛋鸡。该鸡种原由美国迪卡公司培育，1998 年兼并入荷兰汉德克家禽育种公司。它具有开产早、产蛋多、饲养报酬高、抗病力强等特点,凭高产、低耗等优势赢得社会好评。

①迪卡白鸡父母代生产性能。育雏、育成期成活率96%,产蛋期存活率92%,19~72周龄入舍母鸡产蛋数281个,可提供合格母雏101只。

②迪卡白鸡商品代生产性能。育雏、育成期成活率为94%~96%,产蛋期成活率90%~94%,鸡群开产日龄(达5%产蛋率)为146天,体重1 320克,产蛋高峰为28~29周龄,产蛋高峰时产蛋率可达95%,每羽入舍母鸡19~72周龄产蛋295~305个,平均蛋重61.7克,蛋壳白色而坚硬,总蛋重18.5千克左右,产蛋期料蛋比为2.25~2.35:1,36周龄体重1 700克。

(2)海兰白壳蛋鸡　海兰白壳蛋鸡是由美国海兰国际公司培育而成的。该鸡体型小,羽毛白色,性情温顺,耗料少,抵抗力强,适应性好,产蛋多,饲料转化率高,脱肛、啄羽发生率低。

①海兰白壳蛋鸡父母代生产性能。入舍母鸡20~75周龄产蛋274个,可提供鉴别雏90只,母鸡20周龄和60周龄体重分别为1 320克和1 730克,公鸡20周龄和60周龄体重分别为1 500克和2 180克。

②海兰白壳蛋鸡商品代生产性能。0~18周龄成活率为94%~97%,饲料消耗5.7千克,18周龄体重1 280克,鸡群开产日龄(产蛋率达5%)为159天,高峰期产蛋率为92%~95%,19~72周龄产蛋数278~294个,成活率93%~96%,32周龄平均体重1 600克,蛋重56.7克,产蛋期料蛋比2.1~2.3:1。商品代雏鸡以快慢羽辨别雌雄。

(3)巴布可克白壳蛋鸡　巴布可克白壳蛋鸡是由法国伊莎公司设在美国的育种场育成的四系配套高产蛋鸡。该鸡外形特征与白来航鸡很相似,体型轻小,性成熟早,产蛋多,蛋个大,饲料报酬高,死亡率低。

①巴布可克白壳蛋鸡父母代生产性能。0～20周龄成活率96％以上,20周龄体重1300克,72周龄产蛋量270个,种蛋受精率90％,可提供鉴别母雏85只,21～72周龄成活率92％,72周龄体重1860克。

②巴布可克白壳蛋鸡商品代生产性能。0～20周龄成活率为98％,20周龄体重1360克,开产日龄150天左右,72周龄产蛋量285个,总蛋重17.2千克,21～72周龄成活率94％,产蛋期料蛋比2.3～2.5∶1。

(4)海赛克斯白鸡 海赛克斯白鸡又译为希赛克斯白鸡,是由荷兰汉德克家禽育种公司培育而成。该鸡体型小,羽毛白色而紧贴,外形紧凑,生产性能好,属来航鸡型。

①海赛克斯白鸡父母代生产性能。0～20周龄成活率为95.5％,20周龄平均体重1380克,耗料7.9千克/只,产蛋期月淘汰率0.5％～1％,日耗料114克/只,70周龄产蛋量196个,入孵蛋孵化率87％。

②海赛克斯白鸡商品代生产性能。0～18周龄成活率为96％,18周龄体重1160克,鸡群开产日龄为157天。20～82周龄平均产蛋率77％,入舍母鸡产蛋量314个,平均蛋重60.7克,总蛋重20.24千克,料比2.34∶1,78周龄体重1720克。

(5)罗曼白壳蛋鸡 由德国罗曼动物育种公司培育而成。该鸡在历年欧洲蛋鸡随机抽样测定中,产蛋量和蛋壳强度均名列前茅。

①罗曼白鸡父母代生产性能。生长期成活率96％～98％,产蛋期存活率94％～96％,72周龄产蛋总数254～264个,每只母鸡可提供母雏91～95只。

②罗曼白鸡商品代生产性能。0～20周龄成活率96％～98％,耗料量7.0～7.4千克/只,20周龄体重1300～1350克,鸡群开产日龄为150～155天,高峰期产蛋率92％～95％,72周龄产

蛋量 290～300 个,平均蛋重 62～63 克,产蛋期存活率 94%～96%,蛋料比为 2.1～2.3∶1。

(6)伊利莎白壳蛋鸡　伊利莎白壳蛋鸡是由上海新杨种畜场育种公司采用传统育种技术和现代分子遗传学手段培育出的蛋鸡新品种。具有适应性强、成活率高、抗病力强、产蛋率高和自别雌雄等特点。

①伊利莎白壳蛋鸡父母代生产性能。0～20 周龄成活率为 94%～97%,耗料 7.3～7.6 千克/只,20 周龄体重 1 400 克,群体开产日龄为 149～153 天,高峰期产蛋率 90%～92%,每羽入舍母鸡 72 周龄产蛋 216～222 个,可提供鉴别雏 91～93 只,产蛋期存活率为 92%～94%,72 周龄母鸡体重 1 710～1 800 克。

②伊利莎白壳蛋鸡商品代生产性能。0～20 周龄成活率为 95%～98%,耗料 7.1～7.5 千克/只,20 周龄体重 1 350～1 430 克,达 50%产蛋率日龄为 150～158 天,高峰期产蛋率 92%～95%,入舍母鸡 80 周龄产蛋数 322～334 个,平均蛋重 61.5 克,总蛋重 19.8～20.5 千克,料蛋比 2.15～2.3∶1,80 周龄体重 1 710克。

(7)北京白鸡　北京白鸡是由北京市种禽公司培育而成的三系配套轻型蛋鸡良种。具有单冠白来航的外貌特征,体型小,早熟,耗料少,适应性强。目前优秀的配套系是北京白鸡 938,商品代可根据羽速自别雌雄。

①北京白鸡 938 父母代生产性能。0～20 周龄成活率为 92%,20 周龄体重 1 350～1 400 克,21～72 周龄存活率 90%以上,72 周龄产蛋量 265～270 个,每只母鸡可提供母雏 80～85 只。

②北京白鸡 938 商品代生产性能。0～20 周龄成活率 94%～98%,20 周龄体重 1.29～1.34 千克,72 周龄产蛋量 282～293 个,蛋重 59.42 克,21～72 周存活率 94%,料蛋比 2.23～2.31∶1。

2. 褐壳蛋鸡　褐壳蛋鸡种羽色大多为红褐色,蛋壳为褐色,杂交鸡可以羽色自别雌雄。其特点是体重较大,蛋重亦较大,产蛋率较高;抗寒性较强,冬季产蛋率较平稳;啄癖比白壳蛋鸡少,因而死淘率较低;蛋的破损率较低,适于运输和保存;性情较温顺,抗应激能力较强,在管理水平不高的情况下,也能获得较稳定的产蛋成绩。缺点是由于鸡体型较大,采食量比白色鸡多5~6克/天,如果饲喂过量,容易使鸡过肥,影响产蛋;由于体型较大,单位面积养鸡数量比白鸡少约15%,产蛋少5%~7%;由于体型较大,夏季抗炎热能力较差。褐壳蛋鸡占市场份额的70%左右,主要品种有海兰褐、伊莎褐、罗斯褐、迪卡褐、海赛克斯褐、罗曼褐、尼克褐和伊利莎褐等。

(1)伊莎褐蛋鸡 伊莎褐蛋鸡是由法国伊莎公司经过30多年从纯种品系中培育而成的四系配套杂交鸡,A系、B系红羽,C系、D系白羽,其商品代雏鸡可用羽色自别雌雄,商品代成年母鸡棕红色羽毛,带有白色基羽,皮肤黄色。伊莎褐蛋鸡以高产、适应性强、整齐度好而闻名。

①伊莎褐蛋鸡父母代生产性能。0~22周龄成活率为96%,鸡群开产日龄(产蛋率达5%)为169天,27周龄达产蛋高峰,23~66周龄产蛋230个,种蛋孵化率80%,开产体重1650克,成年体重1950克,产蛋期成活率91.7%。

②伊莎褐蛋鸡商品代生产性能。0~20周龄成活率为98%,鸡群22周龄开产,76周龄产蛋量298个,产蛋期存活率93%,料蛋比2.4~2.5:1,产蛋期末体重2.25千克。

(2)罗斯褐蛋鸡 罗斯褐蛋鸡是由英国罗斯家禽育种公司育成的四系配套蛋用型鸡,由A、B、C、D四个品系组成,A、B系为红色羽毛,C、D系为白色红斑羽,商品代公雏为银白羽,母雏为金黄羽。罗斯褐蛋鸡是我国近20年来从国外引进较早的蛋鸡品种,在优良蛋鸡大面积推广中曾做出较大的贡献。

①罗斯褐蛋鸡父母代生产性能。AB系成年鸡为红羽,蛋壳

棕褐色,在四系配套中只利用公鸡;CD 系成年鸡白羽带有红斑点,在四系配套中只利用母鸡,初产日龄为 140～145 天,28～30 周龄达产蛋高峰,入舍母鸡 62 周龄产蛋量 198～220 个,可提供商品代母雏 71 只,每只母鸡 21～62 周龄耗料 36 千克。20 周龄体重 1.4 千克,62 周龄体重 1.8～2.0 千克。

②罗斯褐蛋鸡商品代生产性能。罗斯褐蛋鸡商品代为伴性遗传,能自别雌雄。雏鸡背、头金黄色羽为雌,雏鸡白色背带有金黄色羽为雄,成年鸡红色羽为雌,白色有红斑者为雄。鸡群初产日龄 126～140 天,产蛋高峰期 25～27 周龄,入舍母鸡 72 周龄产蛋量 270～280 个,平均蛋重 62 克以上;18 周龄和 72 周龄体重分别为 1.38 千克和 2.0 千克,产蛋期料蛋比为 2.4～2.5∶1。

(3)海兰褐蛋鸡 海兰褐蛋鸡是由美国海兰国际公司培育而成的高产蛋鸡。该鸡生活力强,适应性广,产蛋多,饲料转化率高,生产性能优异,商品代可依羽色自别雌雄。

①海兰褐蛋鸡父母代生产性能。0～18 周龄成活率为 95%,鸡群开产日龄(产蛋率达 5%)为 161 天,入舍母鸡 18～70 周龄产蛋 244 个(可孵化蛋 211 个),可提供鉴别母雏 86 只,18～70 周龄成活率 91%,入舍鸡平均每只每日耗料 112 克;母鸡 18 周龄和 60 周龄体重分别为 1 620 克和 2 310 克;公鸡 18 周龄和 60 周龄体重分别为 2 410 克和 3 580 克。

②海兰褐蛋鸡商品代生产性能。0～18 周龄成活率为 96%～98%,饲料消耗(限饲)5.9～6.8 千克,18 周龄体重 1 550 克,开产日龄 153 天,高峰期产蛋率 92%～96%。至 72 周龄,每只入舍母鸡平均产蛋量 298 个,平均蛋重 63.1 克,总蛋重 19.3 千克,产蛋期成活率 95%～98%,料蛋比 2.2～2.4∶1,72 周龄体重 2.25 千克。成年母鸡羽毛棕红色,性情温顺,易于饲养。

(4)迪卡褐蛋鸡 迪卡褐蛋鸡是由美国迪卡布家禽研究公司培育的四系配套高产蛋鸡。该鸡适应性强,发育匀称,开产早,产蛋期长,蛋个大,饲料转化率高,其商品代雏鸡可用羽毛自别雌雄。

①迪卡褐蛋鸡父母代生产性能。0～18周龄成活率为96%,18周龄体重1480克,鸡群开产周龄(产蛋率达5%)为22～23周,72周龄产蛋275个,每只入舍母鸡可提供鉴别母雏98.5只,产蛋期存活率94%,21～72周龄每只鸡耗料41.05千克。

②迪卡褐蛋鸡商品代生产性能。0～18周龄成活率为97%,18周龄体重1540克,0～20周龄每只鸡耗料7.7千克,达50%产蛋率的日龄为150～160天,入舍母鸡72周龄产蛋285～292个,平均蛋重64.1克,产蛋期存活率95%,料蛋比2.3～2.4:1,72周龄体重2175克。

(5)海赛克斯褐蛋鸡 海赛克斯褐蛋鸡是由荷兰优利希里德公司培育而成的高产褐壳蛋鸡。该鸡以适应性强、成活率高、开产早、产蛋多、饲料报酬高而著称。

①海赛克斯褐蛋鸡父母代生产性能。0～20周龄成活率为96%,20周龄母鸡体重1690克,耗料7.9千克;入舍母鸡至70周龄产蛋257个,种蛋平均孵化率80.6%,每只鸡平均日耗料122克,每4周母鸡淘死率0.7%,70周龄体重2210克。

②海赛克斯褐蛋鸡商品代生产性能。商品代公雏为银白羽,母雏为金黄羽。0～18周龄成活率为97%,18周龄和20周龄体重分别为1490克和1710克,20～78周龄每4周淘死率0.4%,鸡群开产日龄152天,产蛋率80%以上可持续26～30周,入舍母鸡至78周龄产蛋307个,平均蛋重63.1克,总蛋重19.33千克,产蛋期每只母鸡日耗料116克,料蛋比2.36:1,产蛋末期体重2150克。

(6)罗曼褐蛋鸡 罗曼褐蛋鸡是由德国罗曼动物育种公司培育而成的四系配套褐壳蛋鸡。该鸡适应性好,抗病力强,产蛋量多,饲料转化率高,蛋重适度,蛋的品质好。

①罗曼褐蛋鸡父母代生产性能。0～18周龄成活率96%～

98％,20 周龄体重 1 600～1 700 克,开产周龄(产蛋率达 5％)为 23～24 周,入舍母鸡 72 周龄产蛋 265～275 个,种蛋平均孵化率 81％～83％,产蛋期存活率 94％～96％,末期体重 2.2～2.4 千克。

②罗曼褐蛋鸡商品代生产性能。0～18 周龄成活率为 97％～98％,20 周龄体重 1 500～1 600 克,鸡群开产日龄 152～158 天,入舍母鸡 72 周龄产蛋 285～295 个,平均蛋重 63.5～64.5 克,总蛋重 18.2～18.8 千克,产蛋期存活率 94％～96％,料蛋比 2.3～2.4：1,72 周龄体重 2.2～2.4 千克。商品代雏鸡可用羽毛自别雌雄。

(7)雅发褐蛋鸡　雅发褐蛋鸡是以色列 P.B.U 公司采用高新科技选育出的优秀蛋用型鸡种。以色列系沙漠性气候,自然环境恶劣。在此环境中培育的雅发鸡,具有抗病力强、体型较小、耗料少、抗逆性强、成活率高等显著特色。

①雅发褐蛋鸡父母代生产性能。生长期成活率为 97％,产蛋期成活率 96％,每只入舍母鸡 72 周龄产蛋 275 个,可提供母雏 92～95 只,产蛋期每只鸡日耗料(含公鸡)108～114 克,22 周龄和 50 周龄体重分别为 1 600 克和 2 000 克。

②雅发褐蛋鸡商品代生产性能。生长期成活率为 96％,产蛋期成活率 95％～97％;18 周龄体重 1 470 克,开产日龄(产蛋率达 5％)156～162 天,每只入舍母鸡至 78 周龄产蛋 317 个,平均蛋重 63～65 克;1～150 日龄耗料 8.0～8.6 千克,产蛋期每只鸡日耗料 107～117 克。

(8)金慧星褐壳蛋鸡　金慧星褐壳蛋鸡是由美国哈伯德家禽育种有限公司培育而成的高产褐壳蛋鸡。该鸡具有体型小、饲料报酬好、抗病力强等特点,能适应各种不利的环境条件,易于饲养。

①金慧星褐壳蛋鸡父母代生产性能。生长期成活率为 96％,产蛋期存活率 94％,每只入舍母鸡至 72 周龄产蛋 280 个,其中合

格种蛋 250 个,平均孵化率80%;24 周龄体重 1 750 克,72 周龄体重 2 050 克。

②金慧星褐壳蛋鸡商品代生产性能。生长期成活率为96%~98%,产蛋期存活率 94%~96%;开产日龄(产蛋率达 5%)154 天,每只入舍母鸡至 76 周龄产蛋 295~300 个,最高产蛋率 93.5%,平均蛋重 63 克,产蛋期每只鸡日耗料 111 克;18 周龄和 76 周龄体重分别为 1 450 克和 2 000 克;商品代雏鸡可通过羽毛自别雌雄。

(9)伊利莎褐蛋鸡 伊利莎褐蛋鸡是上海市新杨种畜场利用从加拿大引进的 12 个纯系蛋鸡和自身长期积累的育种素材培育而成的褐壳蛋鸡新品种。该鸡体型适中,适应性好,抗病力强,成活率、产蛋量、种蛋孵化率高,料蛋比较低,父母代、商品代均可自别雌雄。

①伊利莎褐蛋鸡父母代生产性能。0~20 周龄成活率为 95%~98%,耗料 7.8~8 千克/只,20 周龄体重 1 580~1 700 克;23~24 周龄群体产蛋率达 50%,28~32 周龄达产蛋高峰期,入舍母鸡 68 周龄产蛋 252~260 个,种蛋平均孵化率 81%~84%,可提供鉴别母雏 91.8 只;产蛋期成活率 93%~95%,68 周龄母鸡体重 2 180~2 300 克。

②伊利莎褐蛋鸡商品代生产性能。0~20 周龄成活率为 96%~98%,每只鸡耗料 7.8~8 千克;20 周龄体重 1 500~1 620 克,达 50%产蛋率的日龄 153~160 天,高峰期产蛋率 92%~95%;入舍母鸡至 72 周龄产蛋 287~296 个,总蛋重 18.2~19 千克,平均蛋重 63.5~64.5 克;产蛋期每只鸡日采食量 115~120 克,料蛋比 2.25~2.4∶1,成活率 94%~95%。

3. 粉壳蛋鸡 粉壳蛋鸡是近年来新推出的蛋鸡品种,它在集约化笼养中的使用时间晚于白壳蛋鸡和褐壳蛋鸡。这类鸡体型介于白壳蛋鸡和褐壳蛋鸡之间,蛋壳颜色呈浅粉色。其父系和母系的一方是来航型白壳蛋鸡品种,另一方为洛岛红、新汉县、横斑洛克等兼用型褐壳蛋鸡品种。它的显著特点是能表现出较强的白壳蛋鸡与褐壳蛋鸡的杂交优势,产蛋多,饲料报酬高,单位面积的饲养量接近于白壳蛋鸡,抗应激能力比较强。其缺点是生产性能不稳定。粉壳蛋鸡品种有罗曼粉、尼克珊瑚粉、华都京粉 D98 和农大 3 号小型粉壳蛋鸡等。

(1)**罗曼粉壳蛋鸡**　罗曼粉壳蛋鸡是由德国动物育种公司培育而成的杂交配套高产浅粉壳蛋鸡。该鸡商品代羽毛白色,抗病力强,产蛋率高,维持时间长,蛋色一致。

①罗曼粉壳蛋鸡父母代生产性能。0～20 周龄成活率为 96%～98%,产蛋期成活率为 94%～96%,20～22 周龄产蛋率达 50%,饲养日高峰产蛋率达 89%～92%,入舍母鸡 68 周龄产蛋 250～260 个,72 周龄产蛋 266～276 个。

②罗曼粉壳蛋鸡商品代生产性能。0～20 周龄成活率为 97%～98%,20 周龄体重 1 400～1 500 克,产蛋期体重 1 800～2 000 克,达 50%产蛋率日龄为 140～150 天,产蛋高峰日产蛋率达 92%～95%,入舍母鸡至 72 周龄产蛋 295～305 个,平均蛋重61～63 克,0～20 周龄耗料 7.3～7.8 千克,产蛋期日耗料 110～118 克,料蛋比为 2.1～2.2∶1。

(2)**尼克珊瑚粉壳蛋鸡**　该鸡是由美国尼克国际公司育成的配套杂交鸡。其特点是开产早,产蛋多,体重小,耗料少,适应性强。

①尼克珊瑚粉壳蛋鸡父母代生产性能。0～20 周龄成活率为 95%～98%,产蛋期成活率为 95%～96%,20～22 周龄产蛋率达 50%,产蛋高峰日产蛋率达 89%～91%,入舍母鸡 68 周龄产蛋 255～265 个。

②尼克珊瑚粉壳蛋鸡商品代生产性能。0～18 周龄生长期成活率为 97%～99%,达 50%产蛋率日龄为 140～150 天,18 周龄体重 1 400～1 500 克,0～18 周龄耗料 5.5～6.2 千克,80 周龄产

蛋量 325～345 个,平均蛋重 60～62 克,料蛋比为 2.1～2.3∶1,产蛋期成活率 89%～94%。

(3)雅康粉壳蛋鸡 雅康粉壳蛋鸡是由以色列 P.B.U 家禽育种公司培育而成的高产浅粉壳蛋鸡。该鸡现已在许多省、市推广,其父系为来航型白鸡,母系为洛岛红型鸡,商品代雏鸡可用羽色自别雌雄。

①雅康粉壳蛋鸡父母代生产性能。0～20 周龄成活率 94%～96%,20 周龄体重 1 500 克,24 周龄体重 1 650 克,入舍母鸡 26～74 周龄产合格种蛋 220 个,每只鸡可提供母雏 86 只,产蛋期成活率为 92%～94%。

②雅康粉壳蛋鸡商品代生产性能。0～20 周龄成活率为 96%～97%,18 周龄体重 1 350 克,20 周龄体重 1 500 克,达 50% 产蛋率日龄为 160 天,入舍母鸡至 72 周龄产蛋 270～285 个,平均蛋重 61～63 克,平均每只鸡日耗料 99～105 克。

(4)京白 939 蛋鸡 京白 939 蛋鸡是北京市种禽公司培育而成的浅粉壳蛋鸡高效配套系。该鸡体型介于白来航鸡和褐壳蛋鸡两者之间,商品代鸡羽毛红白相间。其特点是产蛋量高、存活率高、淘汰鸡残值高。

京白 939 蛋鸡商品代生产性能:0～20 周龄成活率为 95%～98%,20 周龄体重 1 450～1 455 克,21～72 周龄存活率 92%～94%,72 周龄饲养日产蛋数 290～300 个,总蛋重 18.0～18.9 千克,平均蛋重 61～63 克,料蛋比 2.30～2.35∶1。

2009 年 2 月,北京市峪口禽业公司培育的"京红 1 号"和"京粉 1 号"两个蛋鸡品种通过国家畜禽遗传资源委员会审定。吴常信院士认为,这两个品种具有很大的优势,产量更高,效益更好。

4. 绿壳蛋鸡 近年来各地利用乌骨型地方品种鸡选育成不同品系。其特点是乌骨乌肉,肉、蛋营养价值较高。

(1)华绿黑羽绿壳蛋鸡 华绿黑羽绿壳蛋鸡由江西省东乡县

东乡绿壳蛋鸡原种场育成。该鸡体型较小，行动敏捷，适应性强，全身乌黑，具有黑羽、黑皮、黑肉、黑骨、黑内脏等五黑特征。成年鸡体重1 450～1 500克，140～160日龄开产，500日龄产蛋140～160个，蛋重46～50克，蛋壳绿色，高峰产蛋率75％～78％，种蛋受精率88％～92％。

（2）三凤青壳蛋鸡　三凤青壳蛋鸡由江苏省家禽科学研究所育成。该鸡羽毛红褐色，成年鸡体重1.75～2.0千克，纯系72周龄产蛋190～205个；商品代72周龄产蛋240～250个，平均蛋重50～55克，蛋壳青绿色，料蛋比为2.3∶1。

5. 地方品种　中国地方鸡品种繁多，被《中国家禽品种志》列为蛋用型品种的有仙居鸡和白耳黄鸡，原产于江西东乡的黑羽绿壳蛋鸡近些年来发展很快。此外，随着散养蛋鸡的发展，一些著名蛋肉兼用型品种如北京油鸡和固始鸡的配套系，也在生产中迅速发展。

（1）仙居鸡　原产于浙江省仙居县，是一个小型蛋鸡品种，耐粗饲，觅食力强，适于放牧饲养。体型小而紧凑，动作灵敏，头细小，喙弯曲，单冠，腿高，母鸡有黄色、花色、黑色3种，也有白色和杂色的，尾羽和主翼羽内侧羽为黑色。颈羽有的具有鱼鳞状黑斑。公鸡体重1.1～1.5千克，母鸡1.1千克，开产日龄180天，年产蛋180～200个，蛋重40～45克，蛋壳黄棕色。有就巢性。

（2）狼山鸡　属蛋肉兼用型品种，原产于江苏省如东县和南通县一带。该鸡羽毛纯黑而发绿色光泽，中等体型，外形最大特点是颈部挺立，尾羽高耸，背呈"U"字形。胸部发达，体高腿长，单冠直立，冠、髯、耳叶和脸均呈鲜红色，喙和脚为黑色，皮肤白色。具有适应性好、抗逆性强等特点。成年公鸡体重3.5～4.0千克，母鸡2.5～3.0千克，210～240日龄开产，年产蛋150～170个，蛋重57～60克，蛋壳红褐色。有就巢性。

（3）庄河鸡　属蛋肉兼用型品种，原产于辽宁省庄河县一带，又名大骨鸡。该鸡体型较大，耐粗饲，抗寒性、觅食力强。公鸡体态雄伟，羽毛黄红色或深红色。翼羽和尾羽黑色。母鸡圆肥粗壮，毛色有麻黄色和草黄色两种。成年公鸡体重 3.0～3.5 千克，母鸡 2.0～2.5 千克，240～270 日龄开产，年产蛋 80～120 个，蛋重 63～68 克，蛋壳褐色。有就巢性。

(4)白耳黄鸡　白耳黄鸡属于蛋用型地方品种，原产于江西上饶地区。体型较小，具有三黄特点，即黄羽、黄喙、黄脚，耳叶为白色。母鸡 150 日龄平均体重为 1 020 克。开产日龄平均为 150 天，平均年产蛋 180 个，蛋壳深褐色，平均蛋重 54 克。

（二）肉鸡品种

1. 快大型品种

(1)艾维茵肉鸡　艾维茵肉鸡是由美国艾维茵国际有限公司育成的三系配套杂交鸡。该肉鸡体型较大，商品代肉用仔鸡羽毛白色，皮肤黄色而光滑，增重快，饲料利用率高，适应性强。

艾维茵肉鸡商品代生产性能：混合雏 42 日龄体重 1 678 克，料肉比为 1.88：1；49 日龄体重 2 064 克，料肉比 2：1；56 日龄体重 2 457 克，料肉比 2.12：1。49 日龄成活率为 98%。

(2)爱拔益加肉鸡　此肉鸡简称"AA"肉鸡，是由美国爱拔益加种鸡公司育成的四系配套杂交鸡。该肉鸡体型较大，商品代肉用仔鸡羽毛白色，生长速度快，饲养周期短，饲料利用率高，耐粗饲，适应性强。

爱拔益加肉鸡商品代生产性能：混合雏 42 日龄体重 1 591 克，料肉比为 1.76：1；49 日龄体重 1 987 克，料肉比 1.92：1；56 日龄体重 2 406 克，料肉比 2.07：1。49 日龄成活率为 98%。

(3)罗曼肉鸡　罗曼肉鸡是由德国罗曼动物育种公司育成的四系配套杂交鸡。该肉鸡体型较大，商品代肉用仔鸡羽毛白色，幼龄时期生长速度快，饲料转化率高，适应性强，产肉性能好。

罗曼肉鸡商品代生产性能：混合雏 6 周龄体重 1 650 克，料肉比为 1.90：1；7 周龄体重 2 000 克，料肉比 2.05：1；8 周龄体重 2 350 克，料肉比 2.2：1。

(4)宝星肉鸡 宝星肉鸡是由加拿大谢弗种鸡有限公司育成的四系配套杂交鸡。该肉鸡商品代羽毛白色，生长速度快，饲料转化率高，适应性强。

宝星肉鸡商品代生产性能：混合雏 6 周龄体重 1 485 克，料肉比为 1.81：1；7 周龄体重 1 835 克，料肉比 1.92：1；8 周龄体重 2 170 克，料肉比 2.04：1。

(5)彼得逊肉鸡 彼得逊肉鸡是由美国彼得逊国际育种公司育成的四系配套杂交鸡。该肉鸡体型较大，商品代肉用仔鸡羽毛白色，幼龄时期生长速度快，适应性强，出栏成活率高。

彼得逊肉鸡商品代生产性能：混合雏 6 周龄体重 1 642 克，料肉比为 1.85：1；7 周龄体重 1 950 克，料肉比 1.99：1；8 周龄体重 2 313 克，料肉比 2.12：1。

(6)罗斯 308 肉鸡 罗斯 308 肉鸡是由英国罗斯种禽公司育成的四系配套杂交鸡。该肉鸡商品代羽毛白色，生长速度快，饲料转化率高，而且是具有快慢羽伴性遗传，因此初生雏可自别雌雄，即母雏为快羽型(初生雏主翼羽长于覆主翼羽)；公雏为慢羽型(初生雏主翼羽短于覆主翼羽或两者长度相等)。

罗斯 308 肉鸡商品代生产性能：混合雏 6 周龄体重 2 474 克，料肉比为 1.72：1；7 周龄体重 3 052 克，料肉比 1.85：1。

(7)科宝 500 肉鸡 科宝 500 肉鸡是美国泰臣食品国际家禽公司培育的配套杂交鸡。该肉鸡商品代羽毛白色，生长速度快，饲料转化率高，适应性与抗病力强，全期成活率高。

科宝 500 肉鸡商品代生产性能：混合雏 8 周龄体重 2 634 克，料肉比为 1.71：1；7 周龄体重 3 177 克，料肉比 1.84：1。

(8)伊莎明星肉鸡 伊莎明星肉鸡是由法国伊莎育种公司育

成的五系配套杂交鸡。该肉鸡商品代羽毛白色,早期生长速度快,饲料转化率高,适应性较强,出栏成活率高。

伊莎明星肉鸡商品代生产性能:混合雏 6 周龄体重 1 560 克,料肉比为 1.8:1;7 周龄体重 1 950 克,料肉比 1.95:1;8 周龄体重 2 340 克,料肉比 2.1:1。

(9)红宝肉鸡 红宝肉鸡又称红波罗肉鸡,是由加拿大谢弗种鸡有限公司育成的四系配套杂交鸡。该肉鸡商品代为有色红羽,具有三黄特征,即黄喙、黄腿、黄皮肤,冠和肉髯鲜红,胸部肌肉发达。屠体皮肤光滑,肉味较好。

红宝肉鸡商品代生产性能:混合雏 40 日龄体重 1 290 克,料肉比为 1.86:1;50 日龄体重 1 730 克,料肉比 1.94:1;62 日龄体重 2 200 克,料肉比 2.25:1。

(10)海佩克肉鸡 海佩克肉鸡是由荷兰海佩克家禽育种公司育成的四系配套杂交鸡。该肉鸡有 3 种类型,即白羽型、有色羽型和矮小白羽型。有色羽型肉用仔鸡的羽毛掺杂一些白羽毛,白羽型和矮小白羽型肉用仔鸡的羽毛为纯白色。

3 种类型的肉用仔鸡生长发育速度均较快,抗病力较强,饲料报酬高。海佩克肉鸡商品代生产性能见表 1-1。

表 1-1　海佩克肉鸡商品代生产性能

周　龄		6	7	8	9
矮小白羽型和白羽型	体重(千克)	1.650	2.040	2.445	2.850
	饲料转化率	1.89	2.02	2.15	2.28
有色羽型	体重(千克)	1.48	—	2.19	—
	饲料转化率	1.90	—	2.15	—

(11)海波罗肉鸡 海波罗肉鸡是由荷兰海波罗公司育成的四系配套杂交鸡。该肉鸡商品代羽毛白色,黄喙、黄腿、黄皮肤,生产

性能高,死亡率低。

海波罗肉鸡商品代生产性能:混合雏 6 周龄体重 1 620 克,料肉比为 1.89:1;7 周龄体重 1 980 克,料肉比 2.02:1;8 周龄体重 2 350 克,料肉比 2.15:1。

2. 优质型品种

(1)**惠阳鸡**　惠阳鸡原产于广东省东江中下游一带,又叫三黄胡须鸡或惠阳胡须鸡。具有早熟易肥、肉嫩、皮脆骨酥、味美质优等优点。鸡体呈方形,外貌特征是毛黄、喙黄、腿黄,多数颌下具有发达松散的羽毛。冠直立,色鲜红,羽毛有深黄色和浅黄色两种。成年公鸡体重 2.0~2.5 千克,母鸡 1.5~2 千克。160~180 日龄开产,年平均产蛋 108 个,蛋重 40~46 克,蛋壳褐色。仔鸡育肥性能好,100~120 日龄可上市。

(2)**桃源鸡**　桃源鸡原产于湖南省桃源县一带,以肉味鲜美而驰名国内外。该鸡体型高大,体躯稍长,呈长方形。单冠,皮肤白色,喙、脚为青灰色。公鸡头颈高昂,勇猛好斗,体羽金黄色或红色,主翼羽和尾羽呈黑色,颈羽金黄色与黑色相间;母鸡体稍高,呈方形,性情温顺,分黄羽型和麻羽型,腹羽均为黄色,主翼羽和主尾羽为黑色。成年公鸡体重 4.0~4.5 千克,母鸡 3.0~3.5 千克,190~225 日龄开产,年产蛋 100~120 个,蛋重 55 克,蛋壳淡棕黄色或淡棕色。

(3)**石歧杂鸡**　石歧杂鸡是香港渔农处根据香港的环境和市场需求而育成的一种商品鸡。该鸡羽毛黄色,体型与惠阳鸡相似,肉质好。

石歧杂鸡生产性能:每只入舍母鸡 72 周龄产蛋 175 个,蛋重 45~55 克,成年体重 2.2~2.4 千克,仔鸡 105 日龄体重 1.65 千克,料肉比 3.0:1。

(4)**新浦东鸡**　新浦东鸡是由上海畜牧兽医研究所育成的我国第一个肉用鸡品种。是利用原浦东鸡为母本,红科尼什、白洛克为父本,杂交、选育而成。羽毛颜色为棕黄色或深黄色,皮肤微黄,胫黄色。单冠,冠、脸、耳、髯均为红色。胸宽而深,身躯硕大,腿粗而高。

新浦东鸡生产性能:鸡群开产日龄(产蛋率达 5%)为 26 周龄,500 日龄产蛋量 140～152 个,平均受精率 90%,受精蛋孵化率 80%;仔鸡 70 日龄体重 1 500～1 750 克,70 日龄前死亡率小于 5%,料肉比为 2.6～3.0∶1。

(5)海新肉鸡 海新肉鸡是上海畜牧兽医研究所用新浦东鸡及我国其他黄羽肉鸡品种资源,培育成的三系配套的快速型和优质型黄羽肉鸡。优质型海新 201、海新 202 生长速度较快,饲料转化率高,肉质好,味鲜美。其优质型商品代生产性能见表 1-2。

表 1-2　海新肉鸡(优质型)商品代生产性能

项　　目	海新 201	海新 202
饲养天数	90	90
公、母鸡平均体重(克)	1500 以上	1500 以上
饲料转化率(%)	3.3	3.5 以下

(6)苏禽 85 肉鸡 苏禽 85 肉鸡是由江苏省家禽科学研究所育成的三系配套杂交鸡。该肉鸡商品代羽毛黄色,胸肌发达,体质适度,肉质细嫩,滋味鲜美。

苏禽 85 肉鸡生产性能:混合雏 42 日龄体重 933 克,料肉比为 2.21∶1;56 日龄体重 1 469 克,料肉比 2.4∶1;70 日龄体重 1 530 克,料肉比 2.5∶1。

(7)北京油鸡 原产于北京市的德胜门和安定门一带,相传是古代给皇帝的贡品鸡。该鸡冠毛(在头的顶部)、髯毛和蹠毛甚为发达,因而俗称"三毛鸡"。油鸡的体躯较小,羽毛丰满而头小,体羽分为金黄色与褐色两种。皮肤、蹠和喙均为黄色。成年公鸡体重 2.5 千克,母鸡 1.8 千克,初产日龄 270 天,年产蛋 120～125 个,蛋重 57～60 克。皮下脂肪及体内脂肪丰满,肉质细嫩,鸡肉味香浓。

(8)清远麻鸡　清远麻鸡原产于广东省清远县一带。该鸡体型较小,母鸡全身羽毛为深黄麻色,腿短而细,头小单冠,喙黄色。公鸡羽毛深红色,尾羽及主翼羽呈黑色。成年公鸡体重 1.25 千克,母鸡 1 千克左右。皮脆骨细,肉质细嫩,鸡肉味香浓。

(9)新兴黄鸡　是由广东温氏食品集团南方家禽育种有限公司育成的黄羽肉鸡配套系。三黄特征明显,体形团圆,在尾羽、鞍羽、颈羽、主翼羽处有轻度黑羽。公鸡饲养 60 日龄,体重 1.5 千克,料肉比 2.1∶1,母鸡饲养 72 日龄,体重 1.5 千克,料肉比 3.0∶1。

关于我国地方品种中的优良肉鸡品种与供种单位,我国培育的优良肉鸡品种与供种单位,我国引进的肉鸡品种与供种单位,详见金盾出版社出版的《肉鸡良种引种指导》。

第二章　鸡的营养与饲料

为了维持健康,进行正常的生长发育和产蛋,鸡必须不断地从外界摄取食物,并从这些食物中吸取各种营养物质。为了把鸡养好,要首先了解鸡需要哪些营养物质,这些营养物质在鸡的生长发育和产蛋过程中起什么作用。

一、饲料中的营养成分及功能

饲料中含有鸡所需要的各种营养物质,可概括为 6 大类,即粗蛋白质、碳水化合物、粗脂肪、维生素、矿物质和水。除水以外,其他营养物质都只能通过饲料提供。

(一)水

水是鸡生长、产蛋所必需的营养素,对鸡体内正常的物质代谢有着特殊的作用。初生雏鸡体内含水分约 75%,成年鸡则含水分55%以上。在鸡体内各种营养物质的消化、吸收、代谢废物的排出、血液循环、体温调节等,都离不开水。一般情况下,产蛋鸡每采食 1 千克饲料,要饮水 1.5~2.5 升。鸡对断水比断料更敏感,也更难耐受。如果饮水不足,饲料消化率和鸡群产蛋率就会下降,严重时会影响鸡体健康,甚至引起死亡。

(二)粗蛋白质

粗蛋白质包括纯蛋白质和氨化物。在鸡的生命活动中,蛋白质具有重要的营养作用。它是形成鸡肉、鸡蛋、内脏、羽毛、血液等的主要成分,是维持鸡的生命、保证生长和产蛋的极其重要的营养素。如果饲粮中缺少蛋白质，雏鸡就生长缓慢，严重时可引起死亡。相反，饲粮中蛋白质过多也是不利的，它不仅增加饲料价格，造成浪费，而且还会使鸡代谢障碍，体内有大量尿酸盐沉积，是导致痛风病的原因之一。

各种饲料中粗蛋白质的含量和品质差别很大。就其含量而言，动物性饲料中最高，油饼类次之，糠麸及禾本科籽实类较低。就其质量而言，动物性饲料、豆科及油饼类饲料中蛋白质品质较好。蛋白质品质的优劣是通过氨基酸的数量与比例来衡量的。在纯蛋白质中，大约有 20 多种氨基酸，这些氨基酸可分为两大类，一类是必需氨基酸，另一类是非必需氨基酸。所谓必需氨基酸，是指在鸡体内不能合成或合成的速度很慢，不能满足鸡的生长和产蛋需要，必需由饲料供给的氨基酸。对禽类来说，必需氨基酸有 13种，如蛋氨酸、赖氨酸、胱氨酸、色氨酸、精氨酸、异亮氨酸等。在鸡的必需氨基酸中，蛋氨酸、赖氨酸、色氨酸在一般谷物中含量较少，它们的缺乏往往会影响其他氨基酸的利用率，因此这 3 种氨基酸又称为限制性氨基酸。在鸡的饲粮中，除了供给足够的蛋白质，保证各种必需氨基酸的含量外，还要注意各种氨基酸的比例搭配，这样才能满足鸡的营养需要。

（三）碳水化合物

碳水化合物是植物性饲料的主要成分。它价格便宜，是鸡体内最经济的能量来源，所以也是组成鸡饲料中数量最多的营养物质，在鸡的饲料中占 50%～80%。碳水化合物主要包括淀粉、纤维素、半纤维素、木质素及一些可溶性糖等。它在鸡体内被分解后（主要指淀粉和糖）产生热量，用以维持体温和供给体内各器官活动时所需的能量。饲粮中碳水化合物不足时，会影响鸡的生长和产蛋，但过多时，剩余部分可转变为脂肪沉积于体内，导致鸡体过肥。此外，粗纤维可以促进胃肠蠕动，帮助消化。饲料中缺乏粗纤维时会引起鸡便秘,并降低其他营养物质的消化率。但由于饲料在鸡消化道内停留时间短,且肠内微生物又少,因而鸡对饲粮中的粗纤维几乎不能消化吸收。如果饲粮中粗纤维过多,便会降低其营养价值。一般来说,饲粮中粗纤维的适宜含量(按干物质计算),成鸡不超过 5%,雏鸡为 2%～3%。

(四)粗 脂 肪

在饲料分析中,所有能够用乙醚浸出的物质统称为粗脂肪,包括真脂肪和类脂肪。各种饲料中都含有脂肪,豆科饲料含脂量高,禾本科饲料含脂量低。

脂肪和碳水化合物一样,在鸡体内分解后产生热量,而且它含水量少,是供给鸡体内贮存能量的最好形式,其热能值是碳水化合物或蛋白质的 2.25 倍。

(五)维 生 素

维生素是一种特殊的营养物质。鸡对维生素的需要量虽然很少,但对保持鸡体健康、促进其生长发育、提高产蛋率和饲料利用率的作用是很大的。维生素的种类很多,它们的性能和作用各不相同,但归纳起来可分为两大类,一类是脂溶性维生素,包括维生素 A、维生素 D、维生素 E、维生素 K 等;另一类是水溶性维生素,包括 B 族维生素和维生素 C。青饲料中含各种维生素的量较多,应经常补饲。但大规模养鸡时,由于青饲料花费劳力多,所以应在饲料内添加人工合成的多种维生素,以补充饲粮内维生素的含量。

1. 维生素 A 维生素 A 是维持上皮细胞所必需的,能增强对传染病的抵抗力,对视觉、骨骼形成也有作用,能促进雏鸡的生长。因此,维生素 A 也叫抗传染病维生素、抗干眼病维生素、促生长维生素等。缺乏维生素 A 时,鸡生长缓慢或停止,精神不振,瘦弱,羽毛蓬乱,运动失调,出现夜盲、眼瞎、关节僵硬肿大等症状。

维生素 A 只存在于动物性饲料中,以鱼肝油含维生素 A 最为丰富。植物性饲料中不含维生素 A,但含有胡萝卜素,它们在动物体内都可以转化为维生素 A。胡萝卜素在青绿饲料中含量比较多,而在谷物、油饼、糠麸中含量很少。每吨饲料含 1 000 万单位维生素 A 就能满足鸡营养需要。

2. 维生素 D　它参与骨骼、蛋壳形成的钙、磷代谢过程,促进钙、磷的吸收。维生素 D 主要有维生素 D_2 和维生素 D_3 两种,维生素 D_3 是由动物皮肤内的 7-脱氢胆固醇经阳光紫外线照射而生成的,主要贮存于肝脏、脂肪和蛋白中。维生素 D_2 是由植物中的麦角固醇经阳光紫外线照射而生成的,主要存在于青绿饲料和晒制的青干草中。对鸡来说,维生素 D_3 的作用要比维生素 D_2 强 30～40 倍,但鱼粉、肉粉、血粉等常用动物性饲料含维生素 D_3 较少,谷物、饼粕及糠麸中维生素 D_2 的含量也微不足道,鸡从这些饲料中得到的维生素 D 远远不能满足需要。散养鸡可以从青绿饲料中获取维生素 D_2,通过日光浴体内合成维生素 D_3,以满足自身需要。由于舍内养鸡日光浴受到限制,易缺乏维生素 D,要注意在饲粮中添加维生素 D_3 制剂。

3. 维生素 E　它是一种抗氧化剂和代谢调节剂,对消化道和体组织中的维生素 A 有保护作用,能促进雏鸡的生长发育和提高种鸡的繁殖力,鸡处于逆境时对维生素 E 需要量增加。维生素 E 在植物油、谷物胚芽及青绿饲料中含量丰富。相对来说,米糠、大麦、棉仁饼中含量也稍多,豆饼、鱼粉次之,玉米、高粱及小麦麸中较贫乏。

4. 维生素 K　它主要催化合成凝血酶原,维持血液的正常凝血功能。雏鸡维生素 K 不足造成皮下出血呈现紫斑;种鸡饲料中维生素 K 不足时孵化率降低。维生素 K 在青饲料和鱼粉中含有,一般不易缺乏。补充时可用人工合成的维生素 K。

5. 维生素 B_1　也叫硫胺素。它参与碳水化合物的代谢,有助于胃肠道的消化作用,并有利于神经系统维持正常功能。维生素B_1在自然界中分布广泛,多数饲料中都含有,在糠麸、酵母中含量丰富,在豆类饲料、青绿饲料中的含量也比较多,但在根茎类饲料中含量很少。

6. 维生素 B_2 又叫核黄素。它是鸡体内黄酶类辅基的组成成分,参与碳水化合物、脂肪和蛋白质的代谢,是鸡体较易缺乏的一种维生素。维生素 B_2 在青绿饲料、苜蓿粉、酵母粉、蚕蛹粉中含量丰富,鱼粉、油饼类饲料及糠麸次之,籽实饲料如玉米、高粱、小米等含量较少。在一般情况下,用常规饲料配合鸡的饲粮,往往维生素 B_2 含量不足,需注意添加维生素 B_2 制剂。

7. 维生素 B_3 也叫泛酸。它是辅酶 A 的组成成分,参与体内碳水化合物、脂肪及蛋白质的代谢。雏鸡缺乏泛酸时,生长受阻,羽毛粗糙,眼内有黏性分泌物流出,使眼睑边有粒状物,把上下眼睑粘在一起,喙角和肛门有硬痂,脚爪有炎症;成鸡缺乏泛酸时,虽然没有明显症状,产蛋率下降幅度不大,但孵化率低,育雏成活率低。维生素 B_3 在各种饲料中均有一定含量,在苜蓿粉、糠麸、酵母及动物性饲料中含量丰富,根茎饲料中含量较少。

8. 维生素 B_4 也叫胆碱。它是卵磷脂和乙酰胆碱的组成成分。卵磷脂参与脂肪代谢,对脂肪的吸收、转化起一定作用,可防止脂肪在肝脏中沉积。乙酰胆碱可维持神经的传导功能。胆碱还是促进雏鸡生长的维生素。饲粮中胆碱充足可降低蛋氨酸的需要量,因为胆碱结构中的甲基可供机体内合成蛋氨酸,蛋氨酸中的甲基也可供机体合成胆碱。缺乏时,雏鸡生长缓慢,发育不良;成鸡尤其是笼养鸡,易患脂肪肝。胆碱在动物性饲料、干酵母、油饼中含量较多,而谷物饲料中含量很少。

9. 维生素 B_5 也叫烟酸、尼克酸或维生素 PP。它在鸡体内转化为烟酰胺,是辅酶 I 和辅酶 II 的组成成分。这两种酶参与碳水化合物、脂肪和蛋白质的代谢,对维持皮肤和消化器官的正常功能起重要作用。雏鸡对烟酸需要量高,缺乏时食欲减退,生长缓慢,羽毛发育不良,胫跗关节肿大,腿骨弯曲;成鸡缺乏时,种蛋孵化率降低。烟酸在青绿饲料、糠麸、酵母及花生饼中含量丰富,在鱼粉、肉骨粉中含量也较多,但鸡对植物性饲料中的烟酸利用率低。

10. 维生素 B_6 也叫吡哆醇。它是氨基酸转换酶辅酶的重要成分,参与蛋白质的代谢。鸡缺乏吡哆醇时发生神经障碍,从兴奋而至痉挛,雏鸡生长缓慢,成鸡体重减轻,产蛋率及种蛋孵化率低。吡哆醇主要存在于酵母、糠麸及植物性蛋白质饲料中,动物性饲料及根茎类饲料中相对贫乏。

11. 维生素 B_7 也叫生物素或维生素 H,它参与各种有机物的代谢。缺乏生物素时,会破坏鸡体内分泌功能,雏鸡常发生眼睑、嘴角及头部、脚部表皮角质化;成鸡产蛋率受影响,种蛋孵化率降低。生物素在蛋白质饲料中含量丰富,在青绿饲料、苜蓿粉和糠麸中也比较多。

12. 维生素 B_{11} 也叫叶酸、维生素 Bc 或维生素 M。它参与蛋白质与核酸等代谢过程,与维生素 C 和维生素 B_{12} 共同促进红血球和血红蛋白的生成,并有利于抗体的生成,对肌肉、羽毛的生成和防止恶性贫血有重要作用。鸡缺乏维生素 B_{11} 时生长发育不良,羽毛不正常,贫血,种蛋孵化率低。叶酸在酵母、苜蓿粉中含量丰富,在麦麸、青绿饲料中的含量也比较多,但在玉米中比较贫乏。

13. 维生素 B_{12} 又叫氰酸钴维生素或氰钴维生素。它有助于提高造血功能,提高饲粮蛋白质的利用率。缺乏时,幼鸡羽毛蓬乱,生长发育停滞;成鸡产蛋率下降,种蛋孵化率降低。维生素 B_{12} 只存在于动物性饲料中,鸡舍垫草中由于微生物的存在,也含有一些维生素 B_{12}。

14. 维生素 C 又叫抗坏血酸。它能促进肠道内铁的吸收,增强鸡体免疫力,缓解应激反应。缺乏时,鸡易患坏血病,生长停滞,体重减轻,关节变软,身体各部出血、贫血。维生素 C 在青绿饲料中含量丰富。

（六）矿 物 质

矿物质是构成骨骼、蛋壳、羽毛、血液等组织不可缺少的成分,对鸡的生长发育、生理功能及繁殖系统具有重要作用。鸡需要的矿物质元素有钙、磷、钠、钾、氯、镁、硫、铁、铜、钴、碘、锰、锌、硒等,其中前 7 种是是常量元素(占体重 0.01% 以上),后 7 种是微量元素。

1. 钙、磷　钙、磷是鸡需要量最多的两种矿物质元素,主要构成骨骼和蛋壳,此外还对维持神经、肌肉、心脏等正常生理功能起重要作用。缺钙时,鸡出现佝偻病和软骨病,生长停滞,产蛋率下降,产薄壳蛋或软壳蛋。

钙与饲粮中能量浓度有一定关系。一般饲粮中能量高时,含钙量也要适当增加,但也不是含钙量愈多愈好。如超过需要量,则影响鸡对镁、锰、锌等元素的吸收,对鸡的生长发育和生产也不利。

钙在贝粉、石粉、骨粉等矿物质饲料中含量丰富,而在一般谷物、糠麸中含量很少。磷的主要来源是矿物质饲料、糠麸、饼粕类和鱼粉,鸡对植酸磷的利用能力较低,为 30%～50%,而对无机磷的利用能力很高,能达 100%。

2. 钾、钠、氯　它们在维持鸡体内渗透压、调节酸碱平衡等方面起重要作用。如果缺乏钠、氯,可导致消化不良、食欲减退、啄肛、食羽等。食盐是钠、氯的主要来源,它还能改善饲料的适口性,但摄入量过多,会导致鸡食盐中毒甚至死亡。

3. 镁、硫　镁是构成骨质必需的元素,它与钙、磷和碳水化合物的代谢有密切关系。缺乏时,鸡生长发育不良,但过多会扰乱钙、磷平衡,导致下痢。

硫存在于鸡体蛋白和蛋内,羽毛含硫 2%,缺乏时会影响雏鸡的羽毛生长。

4. 铁、铜、钴　它们参与血红蛋白的形成和体内代谢,三者在鸡体内起协同作用,缺一不可,否则就会产生营养性贫血。铁是血红素、肌红素的组成成分,铜能催化血红蛋白的形成,钴是维生素B_{12}的成分之一。

5. 锰、碘、锌、硒　锰影响鸡的生长和繁殖,缺乏时,雏鸡易患骨短粗症和曲腱症,育成鸡性成熟推迟。

碘是形成鸡体甲状腺所必需的物质,缺乏时会导致甲状腺肿大,代谢功能降低,丧失生殖力。

锌是鸡体内多种酶类、激素和胰岛素的组成成分,参与碳水化合物、蛋白质和脂肪的代谢,与羽毛的生长、皮肤健康和伤口愈合密切相关。缺锌时,生长鸡生长发育缓慢,羽毛生长不良,诱发皮炎。

硒是谷胱甘肽过氧化酶的组成成分,与维生素 E 相互协调,是蛋氨酸转化胱氨酸所必需的元素。能保护细胞膜完整,对心肌起保护作用。缺乏时,雏鸡皮下出现大块水肿,积聚血样液体。

(七)能　量

饲料中的有机物,如蛋白质、脂肪和碳水化合物都含有能量。营养学中所采用的能量单位是热化学上的焦耳(原使用卡,1 卡＝4.184 焦),在生产中为了方便起见,常用千焦或兆焦来表示。

$$1 \text{ 千焦(kJ)} = 1000 \text{ 焦耳(J)}$$
$$1 \text{ 兆焦(MJ)} = 1000 \text{ 千焦(kJ)}$$

鸡的一切生理活动,如呼吸、循环、吸收、排泄、繁殖和体温调节等都需要能量,而能量来源主要是饲料中的碳水化合物、脂肪、蛋白质等营养物质。其中,脂肪的能值为 39.54 兆焦/千克,蛋白质为 23.64 兆焦/千克,碳水化合物为 17.36 兆焦/千克。饲料中各种营养物质的热能总值称为饲料总能;饲料中的营养物质在鸡的消化道内不能完全被消化吸收,不能消化的物质随粪便排出,粪中也含有能量,食入饲料的总能量减去粪中的能量,才是被鸡消化吸收的能量,这种能量称为消化能;食物在肠道消化时还会产生以甲烷为主的气体,被吸收的养分有些也不被利用而以尿中的各种形式排出体外,这些气体和尿中排出的能量未被鸡体利用,饲料消化能减去气体能和尿能,余者便是代谢能。在一般情况下,由于鸡的粪尿排出时混在一起,因而生产中只能去测定饲料的代谢能而不能直接测定其消化能,故鸡饲料中的能量都以代谢能来表示;代谢能去掉体增热消耗,余者便是净能。能量在体内守恒关系如下:

$$消化能=总能-粪能$$
$$代谢能=总能-粪能-尿能-气体能$$
$$净能=代谢能-体增热$$

鸡是恒温动物,有维持体温恒定的能力。当外界温度低时,机体代谢加速,产热量增加,以维持正常体温,维持能量的消耗也就增多。因此,冬季饲粮中能量水平应适当提高。

鸡还有自身调节采食量的本能,饲粮能量水平低时就多采食,使一部分蛋白质转化为能量,造成蛋白质的过剩或浪费;饲粮能量过高,则相对减少采食量,影响了蛋白质和其他营养物质的摄取量,从而造成体内能量相对剩余,使鸡体过肥,对鸡产蛋不利。因此,在配合饲粮时必须首先确定适宜的能量标准,然后在此基础上确定其他营养物质的需要量。在我国鸡的饲养标准中,为了平衡饲粮的能量和蛋白质,用蛋白能量比来规定蛋白质与能量的比例关系。

二、鸡的常用饲料

(一)能量饲料

饲料中的有机物都含有能量,而这里所谓能量饲料是指那些富含碳水化合物和脂肪的饲料,在干物质中粗纤维含量在18%以下,粗蛋白质含量在20%以下。这类饲料的消化率高,含能量较高;粗蛋白质含量少,特别是缺乏赖氨酸和蛋氨酸;含钙少、磷多。因此,这类饲料必须和蛋白质饲料等其他饲料配合使用。

1. 玉米　玉米含能量高,纤维少,适口性好,消化率高,是养鸡生产中用得最多的一种饲料,素有饲料之王的称号。中等质地的玉米含代谢能12.97~14.64兆焦/千克。而且,黄玉米中含有较多的胡萝卜素,用黄玉米喂鸡可提供一定量的维生素A原,可促进鸡的生长发育、产蛋及卵黄着色。玉米的缺点是蛋白质含量低、质量差,缺乏赖氨酸、蛋氨酸和色氨酸,钙、磷含量也较低。在鸡的饲粮中,玉米可占50%~80%。

2. 高粱　高粱中含能量与玉米相近,但含有较多的单宁(鞣酸),使味道发涩,适口性差,饲喂过量还会引起便秘。一般在饲粮中用量为10%~15%。

3. 碎米　是加工大米筛下的碎粒。含能量、粗蛋白质、蛋氨酸、赖氨酸等与玉米相近,而且适口性好,是鸡良好的能量饲料。一般在饲粮中用量可占30%~50%,或更多一些。

4. 小麦　小麦含能量与玉米相近,粗蛋白质含量高,且含氨基酸比其他谷实类完全,B族维生素丰富,是鸡良好的能量饲料。但优质小麦价格昂贵,生产中只能用不宜做口粮的小麦(麦秕)做饲料。麦秕是不成熟的小麦,籽粒不饱满,其蛋白质含量高于小麦,适口性好,且价格也比较便宜。小麦和麦秕在饲粮中用量可占10%~30%。

5. 大麦、燕麦　大麦和燕麦含能量比小麦低,但B族维生素含量丰富。少量应用可调节营养物质的平衡。但其皮壳粗硬,不易消化,应破碎或发芽后使用(大麦发芽可提高消化率,增加核黄素含量)。在产蛋鸡饲粮中含量不宜超过15%,在雏鸡、肉用仔鸡饲粮中应控制在5%以下。

6. 小麦麸 小麦麸粗蛋白质含量较高，可达 13％～17％，B族维生素含量也较丰富，质地松软，适口性好，有轻泻作用，适合喂育成鸡和产蛋鸡。缺点是粗纤维含量较高，能量含量相对较低，钙、磷含量比例不平衡，喂鸡不宜用量过多。一般雏鸡、肉用仔鸡和成鸡饲粮中可占 5％～15％，育成鸡饲粮中可占 10％～20％。

7. 米糠 米糠是稻谷加工的副产物，其成分随加工大米精白程度而有显著差异。米糠含能量低，粗蛋白质含量高，富含 B族维生素，多含磷、镁和锰，少含钙，粗纤维含量高。由于米糠含油脂较多，故久贮易变质。在饲粮中米糠用量可占 5％～10％。

8. 高粱糠 高粱糠粗蛋白质含量略高于玉米，B族维生素含量丰富，但含粗纤维量高、能量低，且含有较多的单宁（单宁和蛋白质结合发生沉淀，影响蛋白质的消化），适口性差。一般在饲粮中用量不宜超过 5％。

9. 油脂饲料 油脂含能量高，其发热量为碳水化合物或蛋白质的 2.25 倍。油脂可分为植物油和动物油两类，植物油吸收率高于动物油。为提高饲粮的能量水平，可添加一定量的油脂。据试验，在肉用仔鸡饲粮中添加 2％～5％的油脂，对加速增重和提高饲料转化率都有较好的效果。

10. 块根、块茎类饲料 主要包括甘薯、木薯、南瓜、甜菜、萝卜、胡萝卜、马铃薯等。这类饲料不经脱水加工，则影响鸡采食营养总量，饲喂效果不好。在经加工脱水后的风干物质中，含淀粉较多，能值高，且适口性比较好，但其蛋白质（包括氨基酸）、维生素及矿物质含量低，饲喂效果也不及其他能量饲料。因此，这类饲料在饲粮中含量不宜过高，应控制含量在 10％以下。

11. 糟渣类饲料 主要包括粉渣、糖渣、玉米淀粉渣、酒糟、醋糟、豆腐渣、酱油渣等。这些糟渣类经风干和适当加工也可作为养鸡的饲料，如豆腐渣、玉米淀粉渣、粉渣中含有较多的能量和蛋白质，且品质较好；酒糟、醋糟、糖渣、酱油渣中含 B族维生素较多，还含有未知促生长因子。试验证明,用以上糟渣类饲料加入鸡饲料中,不仅可以代替部分能量和蛋白质饲料,而且可以促进鸡的生长和健康,喂量可占饲粮的 5%～10%。

(二)蛋白质饲料

蛋白质饲料一般指饲料干物质中粗蛋白质含量在 20% 以上,粗纤维含量在 18% 以下的饲料。蛋白质饲料主要包括植物性蛋白质饲料、动物性蛋白质饲料及酵母。

1. 植物性蛋白质饲料　主要有豆饼(豆粕)、花生饼、葵花籽饼、芝麻饼、菜籽饼、棉籽饼等。

(1)豆饼(豆粕)　大豆因榨油方法不同,其副产物可分为豆饼和豆粕两种类型。用压榨法加工的副产品叫豆饼,用浸提法加工的副产品叫豆粕。豆饼(粕)中含粗蛋白质 40%～45%,含代谢能 10.04～10.88 兆焦/千克,矿物质、维生素的营养水平与谷实类大致相似,且适口性好,经加热处理的豆饼(粕)是鸡最好的植物性蛋白质饲料,一般在饲粮中用量可占 10%～30%。虽然豆饼中赖氨酸含量比较高,但缺乏蛋氨酸,故应与其他饼粕类或鱼粉配合使用,或在以豆饼为主要蛋白质饲料的无鱼粉饲粮中加入一定量合成氨基酸,饲养效果更好。

大豆中含有抗胰蛋白酶、红细胞凝集素和皂角素等,前者阻碍蛋白质的消化吸收,后者是有害物质。大豆榨油前,其豆胚经 130℃～150℃蒸汽加热,可将有害酶类破坏,除去毒性。用生豆饼(用生大豆榨压成的豆饼)喂鸡是十分有害的,生产中应加以避免。

(2)花生饼　花生饼中粗蛋白质含量略高于豆饼,为 42%～48%。精氨酸含量高,赖氨酸含量低,其他营养成分与豆饼相差不大,但适口性好于豆饼,与豆饼配合使用效果较好。一般在饲粮中用量可占 15%～20%。

生花生仁和生大豆一样,含有抗胰蛋白酶,不宜生喂,用浸提法制成的花生饼(生花生饼)应进行加热处理。此外,花生饼脂肪含量高,不耐贮藏,易染上黄曲霉菌而产生黄曲霉毒素,这种毒素对鸡危害严重。所以,生长黄曲霉的花生饼不能喂鸡。

(3)葵花籽饼(粕) 葵花籽饼(粕)的营养价值随含壳量多少而定。优质的脱壳葵花籽饼粗蛋白质含量可达 40%以上,蛋氨酸含量比豆饼多 2 倍,粗纤维含量在 10%以下,粗脂肪含量在 5%以下,钙、磷含量比同类饲料高,B 族维生素含量也比豆饼丰富,且容易消化。但目前完全脱壳的葵花籽饼很少,绝大部分含有一定量的籽壳,从而使其粗纤维含量较高,消化率降低。目前常见的葵花籽饼的干物质中,粗蛋白质平均含量为 22%,粗纤维含量为18.6%;葵花籽粕含粗蛋白质为 24.5%,粗纤维为 19.9%,按国际饲料分类原则应属于粗饲料。因此,含籽壳较多的葵花籽饼(粕)在饲粮中用量不宜过多,一般占 5%~15%。

(4)芝麻饼 芝麻饼是芝麻榨油后的副产物,含粗蛋白质40%左右,蛋氨酸含量高,适当与豆饼搭配喂鸡,能提高蛋白质的利用率。一般在饲粮中用量可占 5%~10%。由于芝麻饼含脂肪多而不宜久贮,最好现粉碎现喂。

(5)菜籽饼 菜籽饼粗蛋白质含量高(约 38%左右),营养成分含量也比较全面。与其他油饼类饲料相比,突出的优点是:含有较多的钙、磷和一定量的硒,B 族维生素(尤其核黄素)的含量比豆饼含量丰富。但是,其蛋白质生物学价值不如豆饼,尤其含有芥子毒素,有辣味,适口性差,生产中需加热处理去毒,才能作为鸡的饲料,一般在饲粮中含量占 5%左右。

(6)棉籽(仁)饼 带壳榨油的称棉籽饼,脱壳榨油的称棉仁饼。因它含有的棉酚,不仅对鸡有毒,而且还能和饲料中的赖氨酸结合,影响饲料蛋白质的营养价值。使用土法榨油的棉仁饼时,应在粉碎后按饼重量的 2%加入硫酸亚铁,然后用水浸泡 24 小时去毒。例如,1 千克棉仁饼粉碎后,加 20 克硫酸亚铁,再加水 2.5 升浸泡 24 小时。而机榨棉仁饼不必再作处理。棉仁饼用量均应控制在 5% 左右。

(7)亚麻仁饼　亚麻仁饼含粗蛋白质 37% 以上,钙含量高,适口性好,易于消化,但含有亚麻毒素(氢氰酸),所以使用时需进行脱毒处理(用凉水浸泡后高温蒸煮 1～2 小时),而且用量也不宜过大,一般在饲粮中用量不超过 5%。

2. 动物性蛋白质饲料　主要有鱼粉、肉骨粉、蚕蛹粉、血粉、羽毛粉等。

(1)鱼粉　鱼粉中不仅蛋白质含量高(45%～65%),而且氨基酸组成比较全面,其蛋白质生物学价值居动物性蛋白质饲料之首。鱼粉中维生素 A、维生素 D、维生素 E 及 B 族维生素含量丰富,矿物质含量也较全面,不仅钙、磷含量高,而且比例适当;锰、铁、锌、碘、硒的含量也是其他任何饲料所不及的。进口鱼粉颜色棕黄,粗蛋白质含量在 60% 以上,含盐量少。一般在饲粮中用量为 5%～15%;国产鱼粉呈灰褐色,含粗蛋白质 35%～55%,盐含量高。一般在饲粮中用量为 5%～7%,否则,易造成食盐中毒。

(2)肉骨粉　肉骨粉是用肉联厂的下脚料(如内脏、骨骼等)及病畜体的废弃肉,经高温处理而制成的。其营养物质含量随原料中骨、肉、血、内脏比例不同而异,一般蛋白质含量为 40%～65%,脂肪含量为 8%～15%。使用时,最好与植物性蛋白质饲料配合,用量可占饲粮的 5% 左右。

(3)血粉　血粉中粗蛋白质含量高达 80% 左右,富含赖氨酸,但蛋氨酸和胱氨酸含量较少,消化率比较低。生产中最好与其他动物性蛋白质饲料配合使用,用量不宜超过饲粮的 3%。

(4)蚕蛹粉　蚕蛹粉含粗蛋白质 50%～60%,各种氨基酸含量比较全面,特别是赖氨酸、蛋氨酸含量比较高,是鸡良好的动物性蛋白质饲料。蚕蛹粉中含脂量多,贮藏不好极易腐败变质发臭,而且还容易把臭味转移到鸡蛋中。因此,蚕蛹粉要注意贮藏,使用时最好与其他动物性蛋白质饲料搭配,用量可占饲粮的 5% 左右。

（5）羽毛粉 水解羽毛粉含粗蛋白质近 80%,但蛋氨酸、赖氨酸、色氨酸和组氨酸含量低。使用时,要注意氨基酸平衡,应与其他动物性饲料配合使用。一般在饲粮中用量可占 2%～3%。

3. 酵母 目前,我国饲料生产中使用的酵母有饲料酵母和石油酵母。

（1）饲料酵母 生产中常用啤酒酵母制作饲料酵母。这类饲料含粗蛋白质较多,消化率高,且富含各种必需氨基酸和 B 族维生素。利用饲料酵母配合饲粮,可补充饲料中蛋白质和维生素营养,用量可占饲粮的 5%～10%。

（2）石油酵母 石油酵母是利用石油副产品生产的单细胞蛋白质饲料,其营养成分与用量与饲料酵母相似。

（三）青饲料与块根、块茎及瓜类饲料

水分含量为 60% 以上的青绿饲料、树叶类及非淀粉质的块根、块茎、瓜类饲料,富含胡萝卜素和 B 族维生素,并含有一些微量元素,且适口性好,对鸡的生长、产蛋及维持健康均有良好作用。小规模散养鸡时,青饲料用量可占精料的 20%～30%,既可以生喂,也可以切碎或打浆后拌入饲料中;大规模笼养鸡,可将青饲料晒干粉碎,作为维生素饲料加于饲粮中,用量可占饲粮的 5%～10%。

1. 白菜 鲜白菜中水分含量高达 94%～96%,含代谢能为 375～630 千焦/千克,粗蛋白质 1.1%～1.4%,维生素含量较多,且适口性好,是喂鸡较好的青饲料。

2. 甘蓝 鲜甘蓝水分含量为 85%～90%,代谢能 1 045～1 465 千焦/千克,粗蛋白质 2.5%～3.5%,维生素含量比较丰富,且适口性好。

3. 野菜类 如苦荬菜、鹅食菜、蒲公英等,适口性好,营养价

值高,干物质占 15%～20%,含代谢能 1 255～1 675 千焦/千克,含粗蛋白质 2%～3%,维生素含量极为丰富。

4. 胡萝卜 鲜胡萝卜营养价值很高,水分占 90%,含粗蛋白质 1.3%、代谢能 879 千焦/千克、粗纤维 1%,维生素种类多而且含量高,胡萝卜素含量为 522 毫克/千克,含核黄素 121 毫克/千克,含胆碱 5 200 毫克/千克。

（四）粗 饲 料

粗饲料一般指干物质中粗纤维含量超过 18% 的饲料。由于鸡对粗饲料的消化能力较差,一般不提倡多喂。但有些优质粗饲料,如苜蓿干草粉、槐树叶粉、榆树叶粉、松针粉等,适量添加既能增强胃肠蠕动,又是良好的维生素和矿物质来源,可提高鸡群产蛋率和饲料转化率。

1. 苜蓿草粉 苜蓿草粉含粗蛋白质 15%～20%,比玉米高 1 倍;含赖氨酸 1%～1.38%,比玉米高 4.5 倍;每千克草粉含胡萝卜素达 100～230 毫克,且维生素 D、维生素 E 和 B 族维生素含量也较丰富。在商品产蛋鸡和种鸡饲粮中用量可占 2%～5%,在育成鸡饲粮中用量可占 5%～7%。

2. 槐叶粉 槐叶粉多用紫穗槐叶和洋槐叶制成,含粗蛋白质 20% 左右,富含胡萝卜素和 B 族维生素。在商品产蛋鸡和种鸡饲料中用量可占 2%～5%,在育成鸡饲粮中用量可占 5%～7%。

3. 松针粉 松针粉中胡萝卜素和维生素 E 含量丰富,对鸡的生长发育和抗御疾病均有明显作用。在商品产蛋鸡和种鸡饲粮中用量可占 1%～3%,在育成鸡饲粮中用量可占 2%～4%。

（五）矿物质饲料

矿物质饲料是为了补充植物性饲料和动物性饲料中某种矿物质元素不足而利用的一类饲料。矿物质在大部分饲料中都有一定含量,在散养和低产的情况下,看不出明显的矿物质缺乏症,但在笼养、舍养高产的情况下需要量增多,必须在饲料中补加。

1. 食盐 在大多数植物性饲料中缺乏元素钠和氯。饲粮中添加食盐后,既可补充钠、氯元素不足,保证体内正常新陈代谢,还可以增进鸡的食欲。一般在饲粮中添加量为 0.37%。若鸡群发生啄癖(如啄毛、啄肛),在 3～5 日内饲粮中食盐用量可增至 0.5%～1%,若饲粮中配有咸鱼粉则不必添加食盐,以免发生食盐中毒。

2. 骨粉 骨粉是动物骨骼经过高温、高压、脱脂、脱胶粉碎而制成的。它不仅钙、磷含量丰富(含钙 36%,含磷 16%),而且比例适当,是鸡很好的钙、磷补充饲料。但由于骨粉价格较高,生产中添加骨粉主要的目的是补充饲料中磷的不足。在饲粮中用量可占 1%～3%。

3. 贝壳粉 贝壳粉是由湖海所产螺、蚌等外壳加工粉碎而成,含钙量在 30% 以上,且容易被消化道消化吸收,是鸡最好的钙质矿物质饲料。贝壳粉在饲粮中用量,雏鸡和育成鸡的占 1%～2%;产蛋鸡的占 4%～8%。

贝壳作为矿物质饲料,既可加工成粒状,也可制成粉状。粒状贝壳粉既能补充钙,又能起到"牙齿"的作用,有利于饲料的消化。平养时可单独放在饲槽里让鸡自由采食;粉状贝壳粉容易消化吸收,通常拌在饲料中喂给。

4. 蛋壳粉 蛋壳粉是由食品厂、孵化厂废弃的蛋壳,经清洗消毒、烘干、粉碎制成,也是较好的钙质饲料。蛋壳粉与贝壳粉、石粉配合使用效果较好。

5. 石粉 即石灰石粉,为天然的碳酸钙,一般含钙 35% 以上,是补充钙质最廉价、最简便的矿物质饲料。只要石灰石中的铅、汞、砷、氟的含量不超过安全系数,都可制成石粉用作补充钙质矿物质饲料。由于鸡对石粉消化吸收能力差,因而最好与贝壳粉配合使用。石粉在饲粮中用量,雏鸡、育成鸡的占 1％ 左右;产蛋鸡的占 2％～6％。

6. 磷酸氢钙 磷酸氢钙中含钙 20％ 以上,含磷 15％ 以上。生产中使用脱氟的磷酸氢钙,主要补充饲粮磷的不足,一般在饲粮中用量为 0.5％～2％。

7. 沸石 沸石是一种含水的硅酸盐矿物,在自然界中多达 40 多种。沸石中含有磷、铁、铜、钠、钾、镁、钙、锶、钡等 20 多种矿物质元素,是一种优质价廉的矿物质饲料,一般在饲粮中用量为 1％～3％。

8. 沙砾 沙砾有利于肌胃中饲料的研磨,起到"牙齿"的作用,尤其是笼养鸡和舍饲鸡更要注意补给。不喂沙砾时,鸡对饲料的消化能力大大降低。据研究,鸡吃不到沙砾,饲料的消化率要降低 20％～30％。因此,养鸡要经常补饲沙砾,平养时可将沙砾单独放在沙盘中让鸡自由采食;笼养时,可在饲料中添加 1％～2％ 的沙砾。

（六）饲料添加剂

为了满足营养需要,完善饲粮的全价性,需要在饲料中添加原来含量不足或不含有的营养物质和非营养物质,以提高饲料利用率,促进鸡生长发育,防治某些疾病,减少饲料贮藏期间营养物质的损失,或改进产品品质等,这类物质称为饲料添加剂。饲料添加剂分营养性添加剂和非营养性添加剂两大类。

1. 营养性添加剂 主要用于平衡或强化饲料营养,包括氨基酸添加剂、维生素添加剂和微量元素添加剂。

（1）氨基酸添加剂 目前使用较多的主要是人工合成的蛋氨酸和赖氨酸。在鸡的饲料中,蛋氨酸是第一限制性氨基酸,它在一般的植物性饲料中含量很少,不能满足鸡的营养需要。若配合饲粮不使用鱼粉等动物性饲料,则必须添加蛋氨酸,添加量通常在

0.1％～0.5％。据试验,在一般饲粮中添加0.1％的蛋氨酸,可提高蛋白质的利用率2％～3％;在用植物性饲料配成的无鱼粉饲粮中添加蛋氨酸,其饲养效果同样可以接近或达到有鱼粉饲粮的生产水平。

赖氨酸也是限制性氨基酸,它在动物性蛋白质饲料和豆类饲料中含量较多,而在谷类饲料中含量较少。在粗蛋白质水平较低的饲粮中添加赖氨酸,可提高饲粮中蛋白质的利用率。据试验,在一般饲粮中添加赖氨酸后,可减少饲粮中粗蛋白质用量3％～4％。一般赖氨酸在饲粮中的添加量为0.1％～0.3％。

(2)维生素添加剂 这类添加剂有单一的制剂,如维生素B_1、维生素B_2、维生素E等,也有复合维生素制剂,如德国产的泰德维他,国内各地产的多种维生素等。对于舍内养鸡,饲喂青绿饲料不太方便,配合饲粮中要注意添加各种维生素制剂。添加时按药品说明决定用量,饲料中原有的含量只作为安全裕量,不予考虑。鸡处于逆境时,如高温、运输、转群、注射疫苗、断喙时对该类添加剂需要量加大。

(3)微量元素添加剂 目前,市售的产品大多是复合微量元素添加剂,对于笼养鸡,配料时必须添加。添加微量元素添加剂时,按商品说明决定用量,饲料中原有的含量只作为安全裕量,不予考虑。

2. 非营养性添加剂 这类添加剂虽不含有鸡所需要的营养物质,但添加后对促进鸡的生长发育、提高产蛋率、增强抗病能力及饲料贮藏等大有益处。其种类包括抗生素添加剂、驱虫保健添加剂、抗氧化剂、防霉剂、中草药添加剂及激素、酶类制剂等。

(1)抗生素添加剂 抗生素具有抑菌作用,一些抗生素作为添加剂加入饲粮后,可抑制鸡肠道内有害菌的活动,具有抗多种呼吸、消化系统疾病,提高饲料利用率,促进增重和产蛋的作用,尤其鸡处于逆境时效果更为明显。常用的抗生素添加剂有土霉素、金霉素、新霉素、泰乐霉素等。

在使用抗生素添加剂时,要注意几种抗生素交替作用,以免鸡肠道内有害微生物产生抗药性,降低防治效果。为避免抗药性和产品残留量过高,应间隔使用,并严格控制添加量,少用或慎用人、畜共用的抗生素。

(2)驱虫保健添加剂 在鸡的寄生虫病中,球虫病发病率高,危害大,要特别注意预防。常用的抗球虫药有氨丙啉、盐霉素、莫能霉素、氯苯胍等,使用时也应交替使用,以免产生抗药性。

(3)抗氧化剂 在饲料贮藏过程中加入抗氧化剂,可以减少维生素、脂肪等营养物质的氧化损失。如每吨饲料中添加 200 克山道喹,贮藏 1 年,胡萝卜素损失 30%,而未添加抗氧化剂的损失70%。在富含脂肪的鱼粉中添加抗氧化剂,可维持原来粗蛋白质的消化率,各种氨基酸消化吸收及利用效率不受影响。常用的抗氧化剂有山道喹、乙基化羟基甲苯、丁基化羟基甲氧苯等,一般添加量为 100~150 毫克/千克。

(4)防霉剂 在饲料贮藏过程中,为防止饲料发霉变质,保持良好的适口性和营养价值,可在饲料中添加防霉剂。常用的防霉剂有丙酸钠、丙酸钙、脱氢醋酸钠、克饲霉等。添加量为:丙酸钠每吨饲料加 1 千克,丙酸钙每吨饲料加 2 千克,脱氢醋酸钠每吨饲料加 200~500 克。

(5)蛋黄增色剂 饲料添加蛋黄增色剂后,可改善蛋黄色泽,即将蛋黄的颜色由浅黄色变至深黄色。常用蛋黄增色剂有叶黄素、露康定、红辣椒粉等。如在每 100 千克中加入红辣椒粉 200~300 克,连喂半个月,可保持 2 个月内蛋黄深黄色;同时,还可增进鸡的食欲,提高产蛋率。

3. 药物饲料添加剂的使用与监控 随着现代畜牧业的发展,药物添加剂的使用范围不断扩大,有些药物如抗生素、磺胺类药、激素等,已广泛用于促进畜禽的生长、减少发病率和提高饲料利用率等各个方面。但是,由于药物添加剂的广泛使用,在给畜牧业带来增产、增收的同时,也带来了药物残留,给人类健康带来潜在危害。为了保证畜牧业的正常发展及畜产品品质,我国政府颁布了用于饲料添加剂的兽药品种及休药期等相关法规。但是,目前仍有些饲料厂和饲养场(户)无视法规规定,超量添加药物。如有的饲料厂在配制鸡饲料时,将数倍甚至几十倍于推荐量的喹乙醇添加于饲料中,有的养鸡场(户)将鸡浓缩料与全价料混于一起喂,由于二者均含有喹乙醇,从而导致了鸡的喹乙醇中毒。也有的饲料厂或饲养场(户)为牟取暴利,非法使用违禁药品。为了制止这种状况的继续发展,除进一步完善兽药残留监控立法外,还应加大推广合理规范使用兽药配套技术的力度,加强饲料厂及养殖场(户)对药物和其他添加物的使用管理,对不规范用药的单位及个人施以重罚,最大限度地降低药物残留,使兽药残留量控制在不影响人体健康的限量内。

三、鸡的饲养标准与饲粮配合

(一)鸡的饲养标准

在积累一定饲养经验的基础上,经过大量营养需要量的测定和研究,科学制定每天应供给鸡能量和各种营养物质的数量及比例,这种规定标准称为鸡的饲养标准,它是进行饲粮配制,达到科学养鸡的重要依据。因为各饲养场的饲养管理条件及饲养的鸡种不可能完全相同,而且随着营养科学的发展和鸡新品种的出现,饲养标准本身也会不断被修订。所以,应用时应因时因地制宜,通过试喂验证效果,灵活掌握,不要生搬硬套。

1. 我国蛋鸡饲养标准 见表2-1、表2-2和表2-3。

第二章 鸡的营养与饲料

表 2-1 生长期蛋用型鸡营养需要

项 目	生长鸡周龄		
	0～8	9～18	19～开产
代谢能（兆焦/千克）	11.91	11.70	11.50
粗蛋白质（%）	19.0	15.5	17.0
蛋白能量比（克/兆焦）	15.95	13.25	14.78
赖氨酸能量比（克/兆焦）	0.84	0.58	0.61
赖氨酸（%）	1.00	0.68	0.70
蛋氨酸（%）	0.37	0.27	0.34
蛋氨酸＋胱氨酸（%）	0.74	0.55	0.64
苏氨酸（%）	0.66	0.55	0.62
色氨酸（%）	0.20	0.18	0.19
精氨酸（%）	1.18	0.98	1.02
亮氨酸（%）	1.27	1.01	1.07
异亮氨酸（%）	0.71	0.59	0.60
苯丙氨酸（%）	0.64	0.53	0.54
苯丙氨酸＋酪氨酸（%）	1.18	0.98	1.00
组氨酸（%）	0.31	0.26	0.27
脯氨酸（%）	0.50	0.34	0.44
缬氨酸（%）	0.73	0.60	0.62
甘氨酸＋丝氨酸（%）	0.82	0.68	0.71
钙（%）	0.90	0.80	2.00
总磷（%）	0.70	0.60	0.55
有效磷（%）	0.40	0.35	0.32
钠（%）	0.15	0.15	0.15
氯（%）	0.15	0.15	0.15

续表 2-1

项　目	生长鸡周龄		
	0～8	9～18	19～开产
铁(毫克/千克)	80	60	60
铜(毫克/千克)	8	6	8
锌(毫克/千克)	60	40	80
锰(毫克/千克)	60	40	60
碘(毫克/千克)	0.35	0.35	0.35
硒(毫克/千克)	0.30	0.30	0.30
亚油酸(%)	1	1	1
维生素 A(单位/千克)	4000	4000	4000
维生素 D(单位/千克)	800	800	800
维生素 E(单位/千克)	10	8	8
维生素 K(毫克/千克)	0.5	0.5	0.5
硫胺素(毫克/千克)	1.8	1.3	1.3
核黄素(毫克/千克)	3.6	1.8	2.2
泛酸(毫克/千克)	10	10	10
烟酸(毫克/千克)	30	11	11
吡哆醇(毫克/千克)	3	3	3
生物素(毫克/千克)	0.15	0.10	0.10
叶酸(毫克/千克)	0.55	0.25	0.25
维生素 B_{12}(毫克/千克)	0.010	0.003	0.004
胆碱(毫克/千克)	1300	900	500

注:摘自农业部 2004 年颁布的"鸡的饲养标准"。本标准根据中型体重鸡制定,轻型鸡可酌减 10%;开产日龄按 5%产蛋率计算

表 2-2 生长蛋鸡(中型体重蛋鸡)生长期体重及耗料量

周　龄	周末体重 （克/只）	耗料量 （克/只）	累计耗料量 （克/只）
1	70	84	84
2	130	119	203
3	200	154	357
4	275	189	546
5	360	224	770
6	445	250	1029
7	530	294	1323
8	615	329	1652
9	700	357	2009
10	785	285	2394
11	875	413	2807
12	965	441	3248
13	1055	469	3717
14	1145	497	4214
15	1235	525	4739
16	1325	546	5285
17	1415	567	5852
18	1505	588	6440
19	1595	609	7049
20	1670	630	7679

注:0～9周龄为自由采食,9周龄开始结合光照进行限制

表2-3 产蛋鸡营养需要量

项　目	产蛋阶段		种　鸡
	开产～高峰期 （产蛋率大于85%）	高峰后期 （产蛋率小于85%）	
代谢能（兆焦/千克）	11.29	10.87	11.29
粗蛋白质(%)	16.5	15.5	18.0
蛋白能量比（克/兆焦）	14.61	14.26	15.94
赖氨酸能量比（克/兆焦）	0.64	0.61	0.63
赖氨酸（%）	0.75	0.70	0.75
蛋氨酸（%）	0.34	0.32	0.34
蛋氨酸＋胱氨酸（%）	0.65	0.56	0.65
苏氨酸（%）	0.55	0.50	0.55
色氨酸（%）	0.16	0.15	0.16
精氨酸（%）	0.76	0.69	0.76
亮氨酸（%）	1.02	0.98	1.02
异亮氨酸（%）	0.72	0.66	0.72
苯丙氨酸（%）	0.58	0.52	0.58
苯丙氨酸＋酪氨酸（%）	1.08	1.06	1.08
组氨酸（%）	0.25	0.23	0.25
缬氨酸（%）	0.59	0.54	0.59
甘氨酸＋丝氨酸（%）	0.57	0.48	0.57
可利用赖氨酸（%）	0.66	0.60	—
可利用蛋氨酸（%）	0.32	0.30	—
钙（%）	3.5	3.5	3.5
总磷（%）	0.60	0.60	0.60
有效磷（%）	0.32	0.32	0.32
钠（%）	0.15	0.15	0.15

续表 2-3

项　目	产蛋阶段		种　鸡
	开产～高峰期 （产蛋率大于 85%）	高峰后期 （产蛋率小于 85%）	
氯（%）	0.15	0.15	0.15
铁（毫克/千克）	60	60	60
铜（毫克/千克）	8	8	6
锰（毫克/千克）	60	60	60
锌（毫克/千克）	80	80	60
碘（毫克/千克）	0.35	0.35	0.35
硒（毫克/千克）	0.30	0.30	0.30
亚油酸（%）	1	1	1
维生素 A（单位/千克）	8000	8000	10000
维生素 D（单位/千克）	1600	1600	2000
维生素 E（单位/千克）	5	5	10
维生素 K（毫克/千克）	0.5	0.5	1.0
硫胺素（毫克/千克）	0.8	0.8	0.8
核黄素（毫克/千克）	2.5	2.5	3.8
泛酸（毫克/千克）	2.2	2.2	10
烟酸（毫克/千克）	20	20	30
吡哆醇（毫克/千克）	3.0	3.0	4.5
生物素（毫克/千克）	0.10	0.10	0.15
叶酸（毫克/千克）	0.25	0.25	0.35
维生素 B_{12}（毫克/千克）	0.004	0.004	0.004
胆碱（毫克/千克）	500	500	500

注：摘自农业部 2004 年颁布的"鸡的饲养标准"

2. 我国肉鸡饲养标准　见表 2-4、表 2-5、表 2-6 和表 2-7。

表 2-4　白羽肉用仔鸡营养需要

营养指标	0～3周龄	4～6周龄	7周龄
代谢能（兆焦/千克）	12.54	12.96	13.17
粗蛋白质（%）	21.5	20.0	18.0
蛋白能量比（克/兆焦）	17.14	15.43	13.67
赖氨酸能量比（克/兆焦）	0.92	0.77	0.67
赖氨酸（%）	1.15	1.00	0.87
蛋氨酸（%）	0.50	0.40	0.34
蛋氨酸＋胱氨酸（%）	0.91	0.76	0.65
苏氨酸（%）	0.81	0.72	0.68
色氨酸（%）	0.21	0.18	0.17
精氨酸（%）	1.20	1.12	1.01
亮氨酸（%）	1.26	1.05	0.94
异亮氨酸（%）	0.81	0.75	0.63
苯丙氨酸（%）	0.71	0.66	0.58
苯丙氨酸＋酪氨酸（%）	1.27	1.15	1.00
组氨酸（%）	0.35	0.32	0.27
脯氨酸（%）	0.58	0.54	0.47
缬氨酸（%）	0.85	0.74	0.64
甘氨酸＋丝氨酸（%）	1.24	1.10	0.96
钙（%）	1.00	0.90	0.80
总磷（%）	0.68	0.65	0.60
有效磷（%）	0.45	0.40	0.35
钠（%）	0.20	0.15	0.15
氯（%）	0.20	0.15	0.15
铁（毫克/千克）	100	80	80
铜（毫克/千克）	8	8	8

续表 2-4

营养指标	0～3 周龄	4～6 周龄	7 周龄
锰(毫克/千克)	120	100	80
锌(毫克/千克)	100	80	80
碘(毫克/千克)	0.70	0.70	0.70
硒(毫克/千克)	0.30	0.30	0.30
亚油酸(%)	1	1	1
维生素 A(单位/千克)	8000	6000	2700
维生素 D(单位/千克)	1000	750	400
维生素 E(单位/千克)	20	10	10
维生素 K(毫克/千克)	0.5	0.5	0.5
硫胺素(毫克/千克)	2.0	2.0	2.0
核黄素(毫克/千克)	8	5	5
泛酸(毫克/千克)	10	10	10
烟酸(毫克/千克)	35	30	30
吡哆醇(毫克/千克)	3.5	3.0	3.0
生物素(毫克/千克)	0.18	0.15	0.10
叶酸(毫克/千克)	0.55	0.55	0.50
维生素 B_{12}(毫克/千克)	0.010	0.010	0.007
胆碱(毫克/千克)	1300	1000	750

注:摘自农业部 2004 年颁布的"鸡的饲养标准"

表 2-5 白羽肉用仔鸡体重与耗料量

周　龄	周末体重 （克/只）	耗料量 （克/只）	累计耗料量 （克/只）
1	126	113	113
2	317	273	386

续表 2-5

周　龄	周末体重 （克/只）	耗料量 （克/只）	累计耗料量 （克/只）
3	558	473	859
4	900	643	1502
5	1309	867	2369
6	1696	954	3323
7	2117	1164	4487
8	2457	1079	5566

表 2-6　黄羽肉用仔鸡营养需要

营养指标	♀0～4 周龄 ♂0～3 周龄	♀5～8 周龄 ♂4～5 周龄	♀>8 周龄 ♂>5 周龄
代谢能（兆焦/千克）	12.12	12.54	12.96
粗蛋白质（%）	21.0	19.0	16.0
蛋白能量比（克/兆焦）	17.33	15.15	12.34
赖氨酸能量比（克/兆焦）	0.87	0.78	0.66
赖氨酸（%）	1.06	0.98	0.85
蛋氨酸（%）	0.46	0.40	0.34
蛋氨酸＋胱氨酸（%）	0.85	0.72	0.65
苏氨酸（%）	0.76	0.74	0.68
色氨酸（%）	0.19	0.18	0.16
精氨酸（%）	1.19	1.10	1.00
亮氨酸（%）	1.15	1.09	0.93
异亮氨酸（%）	0.76	0.73	0.62
苯丙氨酸（%）	0.69	0.65	0.56
苯丙氨酸＋酪氨酸（%）	1.28	1.22	1.00

续表 2-6

营养指标	♀0～4 周龄 ♂0～3 周龄	♀5～8 周龄 ♂4～5 周龄	♀>8 周龄 ♂>5 周龄
组氨酸（%）	0.33	0.32	0.27
脯氨酸（%）	0.57	0.55	0.46
缬氨酸（%）	0.86	0.82	0.70
甘氨酸＋丝氨酸（%）	1.19	1.14	0.97
钙（%）	1.00	0.90	0.80
总磷（%）	0.68	0.65	0.60
有效磷（%）	0.45	0.40	0.35
钠（%）	0.15	0.15	0.15
氯（%）	0.15	0.15	0.15
铁（毫克/千克）	80	80	80
铜（毫克/千克）	8	8	8
锰（毫克/千克）	80	80	80
锌（毫克/千克）	60	60	60
碘（毫克/千克）	0.35	0.35	0.35
硒（毫克/千克）	0.15	0.15	0.15
亚油酸（%）	1	1	1
维生素 A（单位/千克）	5000	5000	5000
维生素 D（单位/千克）	1000	1000	1000
维生素 E（单位/千克）	10	10	10
维生素 K（毫克/千克）	0.5	0.5	0.5
硫胺素（毫克/千克）	1.8	1.8	1.8
核黄素（毫克/千克）	3.6	3.6	3.0
泛酸（毫克/千克）	10	10	10
烟酸（毫克/千克）	35	30	25

续表 2-6

营养指标	♀0～4 周龄 ♂0～3 周龄	♀5～8 周龄 ♂4～5 周龄	♀>8 周龄 ♂>5 周龄
吡哆醇(毫克/千克)	3.5	3.5	3.0
生物素(毫克/千克)	0.15	0.15	0.15
叶酸(毫克/千克)	0.55	0.55	0.55
维生素 B_{12}(毫克/千克)	0.010	0.010	0.010
胆碱(毫克/千克)	1000	750	500

注:摘自农业部 2004 年颁布的"鸡的饲养标准"

表 2-7　黄羽肉用仔鸡体重与耗料量

周　龄	周末体重(克/只)		耗料量(克/只)		累计耗料量(克/只)	
	公　鸡	母　鸡	公　鸡	母　鸡	公　鸡	母　鸡
1	88	80	76	70	76	70
2	199	175	201	130	277	200
3	320	253	269	142	546	342
4	496	378	371	266	917	608
5	631	493	516	295	1433	907
6	870	622	632	358	2065	1261
7	1274	751	751	359	2816	1620
8	1560	949	719	479	3535	2099

3. 应用饲养标准时需注意的问题

第一,饲养标准来自养鸡生产,然后服务于养鸡生产。生产中只有合理应用饲养标准,配制营养完善的全价饲粮,才能保证鸡群健康并很好地发挥生产性能,提高饲料利用率,降低饲养成本,获得较好的经济效益。因此,为鸡群配合饲粮时,必须以饲养标准为依据。

第二,饲养标准本身不是永恒不变的指标,随着营养科学的发展和鸡群品质的改进,饲养标准也应及时进行修订、充实和完善,使之更好地为养鸡生产服务。

第三,饲养标准是在一定的生产条件下制订的,各地区制订的饲养标准虽有一定的代表性,但毕竟有局限性,这就决定了饲养标准的相对合理性。

鸡的营养需要是个极其复杂的问题。饲料的品种、产地和保存好坏,都会影响其中的营养含量;鸡的品种、类型(同是蛋鸡还有轻型、重型之分)、饲养管理条件等,也都影响营养的实际需要量;温度、湿度、有害气体、应激因素、饲料加工调制方法等,也会影响营养的需要和消化吸收。因此,在生产中原则上既要按标准配合饲粮,也要根据实际情况做适当的调整。

(二)鸡的饲粮配合

1. 饲粮的配合原则 配合鸡的饲粮时必须考虑以下原则。

(1)营养原则 ①配合饲粮时,必须以鸡的饲养标准为依据,并结合饲养实践中鸡的生长与生产性能状况,予以灵活应用。发现饲粮中的营养水平偏低或偏高,应进行适当的调整。②配合饲粮时,应注意饲料的多样化,尽量多用几种饲料进行配合,这样有利于配制成营养完全的饲粮,充分发挥各种饲料中蛋白质的互补作用,有利于提高饲粮的消化率和营养物质的利用率。③配合饲粮时,接触的营养项目很多,如能量、蛋白质、各种氨基酸、各种矿物质等,但首先要满足鸡的能量需要,然后再考虑蛋白质,最后调整矿物质和维生素营养。

(2)生理原则 ①配合饲粮时,必须根据各类鸡的不同生理特点,选择适宜的饲料进行搭配,尤其要注意控制饲粮中粗纤维的含量,以不超过 5% 为宜。②配制的饲粮应有良好的适口性。所用的饲料应质地良好,保证饲粮无毒、无害、不苦、不涩、不霉、不污染。③配合饲粮所用的饲料种类力求保持相对稳定,如需改变饲料种类和配合比例,应逐渐变化,给鸡一个适应过程。

(3)经济原则　在养鸡生产中,饲料费用占有很大比例,一般要占养鸡成本的70％～80％。因此,配合饲粮时,应尽量做到就地取材,充分利用营养丰富、价格低廉的饲料来配合饲粮,以降低生产成本,提高经济效益。

2. 饲粮中各类饲料的大致比例　配合饲粮时,决定饲料种类和比例可参考表 2-8 所列数据。

表 2-8　配合饲粮中各类饲料的大致比例

饲料种类	配比（％）		
	雏鸡	肉用仔鸡	育成鸡、成年鸡
谷物饲料(2 种或 2 种以上)	45～70	45～70	45～70
糠麸类(1～3 种)	5～10	5～10	10～20
植物性蛋白质饲料(1～2 种或 2 种以上)	15～30	15～30	15～25
动物性蛋白质饲料(1～2 种)	3～10	3～10	3～10
油脂(动物油或植物油)	—	1～5	—
干草粉(1～2 种)	2～3	2～3	3～8
矿物质饲料(2～4 种)	2～3	2～3	3～8
食盐	0.2～0.4	0.2～0.4	0.3～0.5
饲料添加剂	0.5～1.0	0.5～1.0	0.5～1.0
青饲料(无添加剂时)按精料总量加喂	15～20	—	25～30

3. 设计饲粮配方的方法　配合饲粮首先要设计饲粮配方,有了配方,然后"照方抓药"。设计饲粮配方的方法很多,如四方形法、试差法、公式法、线性规划法、计算机法等。目前养鸡专业户和一些小型鸡场多采用试差法,而大型鸡场多采用计算机法。

电子计算机法的运行程序,是利用线性规划原理,把原料的价格、原料中的营养成分和鸡对营养物质的需要及经验数据的约定等,编写成线性方程组,然后按此方程组来进行计算。实际上,线性规划问题,是为求某一目标函数在一定约束条件下的最小值问题。在实际生产中,人们可以利用电脑公司提供的计算机软件设计饲粮配方,其具体方法不作介绍,这里仅介绍试差法。

所谓试差法,就是根据经验和饲料营养含量,先大致确定一下各类饲料在饲粮中所占的比例,然后通过计算看看与饲养标准还差多少再进行调整。下面以产蛋高峰期(产蛋率＞85％)的蛋鸡设计饲粮配方为例,所用饲料包括鱼粉、豆饼、花生饼、玉米、碎米、麦麸、骨粉和石粉,介绍试差法的计算过程。

第一步,根据配料对象及现有的饲料种类,列出饲养标准及饲料成分表(表 2-9)。

表 2-9　产蛋鸡饲养标准及饲料成分

项　目		代谢能 (兆焦/千克)	粗蛋白质 (％)	钙 (％)	总　磷 (％)	蛋＋胱氨酸 (％)	赖氨酸 (％)	食　盐 (％)
产蛋率＞85％		11.29	16.5	3.5	0.6	0.65	0.75	0.37
饲料成分	鱼　粉	11.80	60.2	4.04	2.90	2.16	4.72	—
	豆　饼	10.54	41.8	0.31	0.50	1.22	2.43	—
	花生饼	11.63	44.7	0.25	0.53	0.77	1.32	—
	玉　米	13.56	8.7	0.02	0.27	0.38	0.24	—
	碎　米	14.23	10.4	0.06	0.35	0.39	0.42	—
	麦　麸	6.82	15.7	0.11	0.92	0.42	0.58	—
	骨　粉	—	—	29.80	12.50	—	—	—
	石　粉	—	—	35.84	0.01	—	—	—

注:矿物质钠、氯主要以食盐的形式补充,食盐按占饲粮的 0.37％计算

第二步,试制饲粮配方,算出其营养成分。初步确定各种饲料

的比例:鱼粉3%,花生饼5%,豆饼13%,碎米10%,麦麸6%,食盐0.37%,骨粉1%,石粉7%,添加剂0.5%,玉米54.13%。饲料比例初步确定后,列出试制的饲粮配方及其营养成分表(表2-10)。

表 2-10　初步确定的饲粮配方及其营养成分

饲料种类	饲料比例	代谢能(兆焦/千克)	粗蛋白质(%)	钙(%)	总磷(%)	蛋+胱氨酸(%)	赖氨酸(%)
鱼粉	3	0.03×11.80 =0.354	0.03×60.2 =1.806	0.03×4.04 =0.124	0.03×2.90 =0.087	0.03×2.16 =0.065	0.03×4.72 =0.142
豆饼	13	0.13×10.54 =1.370	0.13×41.8 =5.434	0.13×0.31 =0.040	0.13×0.50 =0.065	0.13×1.22 =0.159	0.13×2.43 =0.316
花生饼	5	0.05×11.63 =0.582	0.05×44.7 =2.235	0.05×0.25 =0.013	0.05×0.53 =0.027	0.05×0.77 =0.039	0.05×1.32 =0.066
玉米	54.13	0.541×13.56 =7.336	0.541×8.7 =4.707	0.541×0.02 =0.011	0.541×0.27 =0.146	0.541×0.38 =0.206	0.541×0.24 =0.130
碎米	10	0.1×14.23 =1.423	0.1×10.4 =1.040	0.1×0.06 =0.006	0.1×0.35 =0.035	0.1×0.39 =0.039	0.1×0.42 =0.042
麦麸	6	0.06×6.82 =0.409	0.06×15.7 =0.942	0.06×0.11 =0.007	0.06×0.92 =0.055	0.06×0.39 =0.023	0.06×0.58 =0.035
骨粉	1	—	—	0.01×29.80 =0.298	0.01×12.50 =0.125	—	—
石粉	7	—	—	0.07×35.84 =2.509	0.07×0.01 =0.001	—	—
食盐	0.37	—	—	—	—	—	—
添加剂	0.5	—	—	—	—	—	—
合计	100	11.474	16.164	3.008	0.541	0.531	0.731

第三步,补足配方中粗蛋白质和代谢能含量。从以上试制的

饲粮配方来看,代谢能比饲养标准多 0.184 兆焦/千克(11.474－11.29),而粗蛋白质比饲养标准少 0.336%(16.5%－16.164%)。可利用豆饼代替部分玉米含量进行调整。若粗蛋白质高于饲养标准,同样也可用玉米代替部分豆饼含量进行调整。从饲料营养成分表中可查出豆饼的粗蛋白质含量为 41.8%,而玉米的粗蛋白质含量为 8.7%,豆饼中的粗蛋白质含量比玉米高 33.1%(41.8%－8.7%)。在这里,每用 1% 豆饼代替玉米,则可提高粗蛋白质 0.331%。这样,可以增加 1.02%(0.336÷0.331)豆饼代替玉米,就能满足蛋白质的饲养标准。

第一次调整后的饲粮配方及其营养成分见表 2-11。

表 2-11　第一次调整后的饲粮配方及其营养成分

饲料种类	饲料比例(%)	代谢能(兆焦/千克)	粗蛋白质(%)	钙(%)	总磷(%)	蛋+胱氨酸(%)	赖氨酸(%)
鱼　粉	3	0.03×11.80 =0.354	0.03×60.2 =1.806	0.03×4.04 =0.124	0.03×2.90 =0.087	0.03×2.16 =0.065	0.03×4.72 =0.142
豆　饼	14.02	0.14×10.54 =1.476	0.14×41.8 =5.852	0.14×0.31 =0.043	0.14×0.50 =0.070	0.14×1.22 =0.171	0.14×2.43 =0.340
花生饼	5	0.05×11.63 =0.582	0.05×44.7 =2.235	0.05×0.25 =0.013	0.05×0.53 =0.027	0.05×0.77 =0.039	0.05×1.32 =0.066
玉　米	53.11	0.531×13.56 =7.200	0.531×8.7 =4.620	0.531×0.02 =0.011	0.531×0.27 =0.143	0.531×0.38 =0.202	0.531×0.24 =0.127
碎　米	10	0.1×14.23 =1.423	0.1×10.4 =1.040	0.1×0.06 =0.006	0.1×0.35 =0.035	0.1×0.39 =0.039	0.1×0.42 =0.042
麦　麸	6	0.06×6.82 =0.409	0.06×15.7 =0.942	0.06×0.11 =0.007	0.06×0.92 =0.055	0.06×0.39 =0.023	0.06×0.58 =0.035

续表 2-11

饲料 种类	饲料 比例 （％）	代谢能 （兆焦/千克）	粗蛋白质 （％）	钙 （％）	总　磷 （％）	蛋＋胱氨酸 （％）	赖氨酸 （％）
骨　粉	1	—	—	0.01×29.80 =0.298	0.01×12.50 =0.125	—	—
石　粉	7	—	—	0.07×35.84 =2.509	0.07×0.01 =0.001	—	—
食　盐	0.37	—	—	—	—	—	—
添加剂	0.5	—	—	—	—	—	—
合　计	100	11.444	16.495	3.011	0.543	0.539	0.752

第四步，平衡钙、磷，补充添加剂。从表 2-11 可以看出，饲粮配方中的钙尚缺 0.489％（3.5％－3.011％）、磷缺 0.057％（0.6％－0.543％）、蛋氨酸缺 0.111％（0.65％－0.539％），这样可用 0.46％（0.057÷0.125）骨粉和 0.98％[（0.489－0.46％×29.8）÷0.358]石粉代替玉米，另外添加 0.11％的蛋氨酸添加剂，维生素、微量元素添加剂按药品说明添加。

这样经过调整的饲粮配方中的所有营养已基本满足要求。调整后确定使用的饲粮配方见表 2-12。

表 2-12　最后确定使用的饲粮配方及其营养成分

饲料 种类	饲料 比例 （％）	代谢能 （兆焦/千克）	粗蛋白质 （％）	钙 （％）	总　磷 （％）	蛋＋胱氨酸 （％）	赖氨酸 （％）
鱼　粉	3	0.03×11.80 =0.354	0.03×60.2 =1.806	0.03×4.04 =0.124	0.03×2.90 =0.087	0.03×2.16 =0.065	0.03×4.72 =0.142
豆　饼	14.02	0.14×10.54 =1.476	0.14×41.8 =5.852	0.14×0.31 =0.043	0.14×0.50 =0.070	0.14×1.22 =0.171	0.14×2.43 =0.340

续表 2-12

饲料种类	饲料比例(%)	代谢能(兆焦/千克)	粗蛋白质(%)	钙(%)	总磷(%)	蛋+胱氨酸(%)	赖氨酸(%)
花生饼	5	0.05×11.63 =0.582	0.05×44.7 =2.235	0.05×0.25 =0.013	0.05×0.53 =0.027	0.05×0.77 =0.039	0.05×1.32 =0.066
玉 米	51.67	0.517×13.56 =7.011	0.517×8.7 =4.498	0.517×0.02 =0.010	0.517×0.27 =0.140	0.517×0.38 =0.197	0.517×0.24 =0.124
碎 米	10	0.1×14.23 =1.423	0.1×10.4 =1.040	0.1×0.06 =0.006	0.1×0.35 =0.035	0.1×0.39 =0.039	0.1×0.42 =0.042
麦 麸	6	0.06×6.82 =0.409	0.06×15.7 =0.942	0.06×0.11 =0.007	0.06×0.92 =0.055	0.06×0.39 =0.023	0.06×0.58 =0.035
骨 粉	1.46	—	—	0.015×29.80 =0.447	0.015×12.50 =0.188	—	—
石 粉	7.98	—	—	0.080×35.84 =2.867	0.080×0.01 =0.001	—	—
食 盐	0.37	—	—	—	—	—	—
蛋氨酸添加剂	0.11	—	—	—	—	0.110	—
其他添加剂	0.39	—	—	—	—	—	—
合 计	100	11.255	16.373	3.517	0.603	0.644	0.749

4. 饲粮拌和方法 饲粮使用时,要求鸡采食的每一部分饲料所含的养分都是均衡的、相同的。否则,将使鸡群产生营养不良、缺乏症或中毒现象,即使饲粮配方非常科学,饲养条件非常好,仍然不能获得满意的饲养效果。因此,必须将饲料搅拌均匀,以满足鸡的营养需要。饲料拌和有机械拌和与手工拌和两种方法,只要

使用得当,都能获得满意的效果。

(1)机械拌和　采用搅拌机进行。常用的搅拌机有立式和卧式两种。立式搅拌机适用于拌和含水量低于 14% 的粉状饲料,含水量过多则不易拌和均匀。这种搅拌机所需要的动力小,价格低,维修方便,但搅拌时间较长(一般每批需 10～20 分钟),适于小型鸡场使用。卧式搅拌机在气候比较潮湿的地区,或饲料中添加了黏滞性强的成分(如油脂)情况下,都能将饲料搅拌均匀。该机搅拌能力强,搅拌时间短,每批为 3～4 分钟,主要在一些大型鸡场和饲料加工厂使用。无论使用哪种搅拌机,为了搅拌均匀,一般装料量以容量的 60%～80% 装料为宜。装料过多或过少都无法保证均匀度。搅拌时间也是关系到混合质量的重要因素,混合时间过短,质量肯定得不到保证;但也不是时间越长越好,搅拌过久,使饲料混合均匀后又因过度混合而导致分层现象。

(2)手工拌和　这种方法是家庭养鸡时饲料拌和的主要手段。手工拌和时特别要注意拌均匀,一些在饲粮中所占比例小但会严重影响饲养效果的微量成分,例如食盐和各种添加剂,如果拌和不均,轻者影响饲养效果,严重时会造成鸡群产生疾病、中毒,甚至死亡。对这类微量成分,在拌和时首先要充分粉碎,不能有结块现象,块状物不能拌和均匀,被鸡采食后有可能发生中毒。其次,由于这类成分用量少,不能直接加入大宗饲料中进行混合,而应采用预混合的方式。其做法是:取 10%～20% 的精料(最好是比例大的能量饲料,如玉米、麦麸等)作为载体,堆放在干净的水泥地面上,放入食盐与添加剂,然后拌和。用铁锹将饲料铲起,将后一锹饲料压在前一锹的饲料上,即一直往饲料堆顶上放,让饲料沿中心点向四周流动成为圆锥形,这样可以使各种饲料都有混合的机会。如此反复 3～4 次,即可达到拌和均匀的目的,预混合料即制成。最后再将这种预混合料加入全部饲料中,用同样方法拌和 3～4次,即能达到目的。

手工拌和时,只有通过这样多层次分级拌和,才能保证配合饲粮品质,那种在原地翻动或搅拌饲料的方法是不可取的。

四、降低养鸡饲料成本的有效措施

在农户养鸡过程中,饲料成本要占养鸡总成本的 70%～80%,如何降低饲料成本,是提高养鸡经济效益的关键环节。在生产中,降低饲料成本,主要注意以下几个方面。

(一)饲喂全价饲粮,发挥饲粮中营养互补作用

各种饲料所含营养成分不同,而饲喂任何一种饲料,都不能满足鸡的营养需要,只有把多种饲料按一定比例配合一起,才能使不同饲料中的不同营养成分起到相互补充作用。在生产中,应按鸡的不同品种、用途、生理阶段,确定饲粮中蛋白质、能量、矿物质等营养成分的比例,选用多种饲料配制全价饲粮喂给。此外,使用蛋氨酸、赖氨酸、喹乙醇等饲料添加剂,也能提高饲料的利用率。

(二)改平养为笼养,提高鸡的饲料利用率

鸡的营养消耗分为两部分,一部分维持消耗,即维持其生理活动(如基础代谢、自由活动、维持体温)营养消耗,另一部分才是生产消耗(如产蛋、生长等),笼养鸡限制了鸡的运动,从而减少了维持消耗。实践证明,成年蛋鸡笼养比散养每天每只可节省饲料20～30 克。

(三)自配饲粮,降低全价饲粮的价格

若条件具备,养鸡户也可自己选购饲料原料。要了解饲料市场行情,选用质量合格、相对廉价的饲料,按饲粮配方配制全价料,从而可降低全价料成本。

(四)改善饲喂方法,减少饲料浪费

饲槽结构要合理,以底尖、肚大、口小为好,尽量少给勤添,每次添料量以半槽为宜。

蛋鸡育成期要采取限制饲养,即7～9周龄每天喂自由采食量的85％～90％,10～15周龄喂75％～80％,16～18周龄喂90％。限饲后不会影响鸡的生产性能。

(五)做好鸡病预防工作,减少饲料非生产性消耗

要保持舍内外清洁卫生,为鸡群创造适宜的环境条件,并按时对鸡群进行防疫,根据鸡群状况做好预防性投药,确保鸡群健康无病。对病弱鸡和长时间不产蛋的鸡,及时进行淘汰,保证鸡群高产而低耗。

(六)合理贮藏饲料,防止饲料发霉变质和鼠耗

饲料贮藏时间要尽量缩短,根据不同饲料的性质,采取相应的贮藏方法。对贮藏时间较长的饲料,应及时倒垛,使其改变存放状态。在饲喂时注意饲料的色泽、手感、气味、温度等变化情况。发现带有滞涩感、发闷感、散落性降低、气味异常、料温高于室温等现象应引起注意,立即采取相应的措施,防止霉变恶化。另外,鸡场内要经常灭鼠,防止老鼠啃咬,消耗饲料。

第三章 蛋用型鸡的饲养管理

一、雏鸡的饲养管理

雏鸡的饲养管理简称育雏。无论是饲养商品蛋鸡，还是饲养种鸡，都首先要经历育雏这一阶段。育雏工作的好坏直接影响到雏鸡的生长发育和成活率，也影响到成年鸡的生产性能和种用价值，与养鸡效益的高低有着密切关系。因此，育雏作为养鸡生产的重要一环，关系到养鸡的成败。

（一）雏鸡生长发育特点

1. 雏鸡体温调节功能不完善，既怕冷又怕热 鸡的羽毛有防寒作用并有助于体温调节，而刚出壳的雏鸡体小，全身覆盖的是绒羽且比较稀短，体温比成年鸡低。据研究，幼雏的体温在 10 日龄以前比成年鸡低 3℃左右，10 日龄以后至 3 周龄才逐渐恒定到正常体温。当环境温度较低时，雏鸡的体热散发加快，就会感到发冷，导致体温下降和生理功能障碍；反之，若环境温度过高，因鸡没有汗腺，不能通过排汗的方式散热，雏鸡就会感到极不舒适。因此，在育雏时要有较适宜的环境温度。刚开始时须供给较高的温度，第二周起逐渐降温，以后视季节和房舍设备等条件，于 4～6 周龄脱温（即不再人工加温）。

2. 雏鸡生长发育快，短期增重极为显著 在鸡的一生中，雏鸡阶段生长速度最快。据研究，蛋用型雏鸡的初生重量为 40 克左右，2 周龄时增加 2 倍，6 周龄时增加 10 倍，8 周龄时则增加 15 倍。因此，在供给雏鸡饲料时既要力求营养完善，又要充足供应，这样才能满足雏鸡快速生长发育的需要。

3. 雏鸡胃肠容积小,消化能力弱　雏鸡的消化功能尚不健全,胃肠道的容积也小。因而,在饲养上要精心调制饲料,做到营养丰富,适口性好,易于消化吸收,且不间断供给饮水,以满足雏鸡的生理需要。

4. 雏鸡胆小,对环境变化敏感,合群性强　雏鸡胆小易惊,外界环境稍有变化都会引起应激反应。如育雏舍内的各种声响、噪声和新奇的颜色,或陌生人进入等,都会引发鸡群骚动不安,影响生长,甚至造成相互挤压致死、致伤。因此,育雏期间要避免一切干扰,工作人员最好固定不变。

5. 雏鸡抗病力差,且对兽害无自卫能力　雏鸡体小娇嫩,免疫功能还未发育健全,易受多种疫病的侵袭,如新城疫、马立克氏病、白痢病、球虫病等。因此,在育雏时要严格执行消毒和防疫制度,搞好环境卫生。在管理上保证育雏舍通风良好,空气新鲜;经常洗刷用具,保持清洁卫生;及时使用疫苗和药物,预防和控制疾病的发生。同时,还要注意关紧门窗,防止老鼠、黄鼠狼、犬、猫等进入育雏舍而伤害雏鸡。

(二)初生雏的雌雄鉴别

1. 羽色鉴别法　我国近年来从国外引进的四系配套褐壳蛋鸡品种,如伊莎褐、罗斯褐、海兰褐、迪卡褐、海赛克斯褐、罗曼褐等众多品种,都有自别雌雄的特征。其原理是利用银白色羽基因 S 和金黄色基因 s 的伴性显隐性关系,运用金黄色羽公鸡与银白色羽母鸡杂交,后代雏鸡中金黄色的均为母鸡,银白色羽的为公鸡。在生产中根据这一特征,雏鸡一出壳即可鉴别出雌雄。

2. 羽速鉴别法　其原理是利用慢生羽基因 K 和速生羽基因 k 的伴性显隐性关系,运用快生羽公鸡与慢生羽母鸡杂交,其后代雏鸡中凡快生羽的都是母鸡,慢生羽的都是公鸡。快、慢羽的主要区别是:在检查初生雏鸡的翅羽时,凡主翼羽长于覆主翼羽的为快生羽,主翼羽短于或等长于覆主翼羽的为慢生羽。如海兰 W-36 白壳蛋鸡、京白 938、冀育蛋鸡等,都可根据羽速自别雌雄。

3. 肛门鉴别法 又称为翻肛鉴别法,简称肛鉴法。出壳后的雏鸡经 4 小时左右毛干后,即可进行鉴别。应在出壳后 24 小时之内鉴别完毕,以出壳后 4～12 小时鉴别最为适宜,因为这时公雏和母雏的生殖突起差异最显著,若超过 24 小时,生殖突起萎缩,则鉴别准确率低。

鸡的交尾器已经退化,在雏鸡泄殖腔开口部下端的中央仅有一个很小的突起,称为生殖突起,其两侧斜向内方呈八字状的皱襞称为八字皱襞。胚胎不论是雌性或雄性,在孵化初期都有生殖突起,在孵化中期雌性胚胎的生殖突起开始退化,到出壳前基本消失,而雄性胚胎在发育中生殖突起不退化,一直保留至出壳以后。通过翻肛观察初生雏生殖突起的有无及组织形态的差异,即可进行雌雄鉴别。

其具体做法是:将雏鸡握在左手中,使雏鸡背贴掌心,肛门朝上,雏鸡颈部轻夹于中指与无名指之间,双翅夹在食指与中指之间,无名指与小指弯曲,将两脚夹在掌面,并用拇指在雏鸡的左腹侧部直肠下轻压,使之排出胎粪。然后迅速移向有聚光装置 40～100 瓦乳白色灯泡的光线下,这时右手食指顺着肛门略向背部推,右手拇指顺着肛门口略向腹部拉,同时左手拇指协同作用。由于 3 个手指一起作用,肛门即可翻开露出。在操作过程中,抓鸡、握鸡、排粪、翻肛的动作要快而轻巧,否则,既影响鉴别准确率,又对雏鸡的健康不利。

肛门翻开后,即可根据雏鸡生殖突起的形状、大小及生殖突起旁边的八字皱襞的形状,识别公、母。

公雏生殖突起大而圆,长约 0.5 毫米以上,形状饱满,轮廓极为明显;八字皱襞很发达,并与外皱襞断绝联系;生殖突起两旁有两个粒状体突起(图 3-1)。

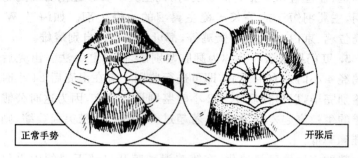

正常手势　　　　　　　　开张后

图 3-1　雏鸡的翻肛法

母雏生殖突起小而扁,形状不饱满,有的仅留有痕迹;八字皱襞退化,并与外皱襞相连;在生殖突起两旁没有两粒突起,中间生殖突起不明显。

上述生殖突起类型都是标准型,占雏鸡的大多数。也有少数雏鸡的生殖突起不是标准型的,有的突起小,直径在 0.5 毫米以下;有的突起呈扁平形和八字皱襞不规则;有的突起肥厚,与八字皱襞连成一片;有的突起呈纺锤纵立状,八字皱襞分布不规律;有的突起分裂成纵沟或两半,能与八字皱襞区分开。这些不规则的突起,只有通过多次实践鉴别,才能掌握其规律。

(三)进雏前的准备工作

为了顺利完成育雏计划,育雏前必须做好各方面的准备工作。其内容有明确育雏人员及其分工,制定育雏计划,准备好饲料、垫料及所需药品,做好育雏舍及用具的维修消毒,制定免疫程序等。

1. 育雏计划的拟订　育雏计划是指育雏批次、时间,雏鸡品种、数量及来源等。每批进雏数应与育雏舍、成鸡舍的容量相一致。不能盲目进雏,否则数量多,密度大,结果导致鸡群发育不良,死亡率增加。以当年新母鸡的需要量来确定进雏数,一般计算方法为：

$$进雏数＝入舍母鸡数÷（1－淘汰率）÷育成率×$$
$$育雏率÷雌雄鉴别准确率$$

2. 育雏季节的选择　育雏季节应根据鸡场的生产和条件而定。采用密闭式鸡舍育雏，鸡舍环境完全由人工控制，育雏不会受到季节气候变化的影响，一年四季均可进行。但开放式鸡舍，由于不能人工完全控制环境，则要选择合适的育雏季节。季节不同使雏鸡所处环境差异较大，对雏鸡的生长发育和成活率以及成年鸡的产蛋性能均有影响。广大农户养鸡绝大多数采用开放式鸡舍，因而把握好育雏时节非常重要。

育雏按季节可分为春雏（3～5 月份）、夏雏（6～8 月份）、秋雏（9～11 月份）和冬雏（12 月份至翌年 2 月份）。实践证明，开放式鸡舍育雏以春季育雏效果最佳，冬、秋季育雏次之，盛夏育雏效果最差。但是，目前有不少养鸡户瞄准市场空当，采取冬、秋季育雏，获得了良好的经济效益。

3. 房舍及设备的修缮　为获得较好的育雏成绩，首先要修缮好育雏舍。育雏舍的基本要求是：保温良好，能够适当调节通风换气，使舍内空气清新干燥，光照充分，强度适中。育雏前要对育雏舍进行全面检查，对破损、漏风的地方要及时修好，窗户上角要留有风斗，以便通风换气。老鼠洞要堵严，灯光照度要均匀（白炽灯以 40～60 瓦为宜）。育雏笼、保温设备（如火炉、暖气、电热伞等）要事先准备好，食槽、饮水器等用具要准备充足，保证鸡只同时吃食和饮水。设备和用具经检查确认正常或维修后，方可投入使用。

4. 育雏舍及设备消毒　育雏舍及舍内所有的用具设备，应在进雏前进行彻底的清洗和消毒。先将育雏舍打扫干净，墙壁及烟道等可用 3％克辽林溶液消毒后，再用 10％生石灰乳刷白；泥土地面要铲去一层表土换上新土,水泥地面要充分刷洗,然后用2%～3%的氢氧化钠溶液喷洒消毒。食槽、饮水器可用2%～3%热克辽林乳剂或1%氢氧化钠溶液(金属用具除外)消毒,再用清水冲洗干净后放在阳光下晒干备用。若育雏舍密封性能好,最好采用熏蒸消毒。将清洗晒干的育雏用具放入育雏舍,密封所有门窗,按每立方米育雏舍面积用福尔马林15毫升、高锰酸钾7.5克的剂量。先把高锰酸钾放入陶瓷器内,然后倒入福尔马林(陶瓷器的容积为福尔马林用量的10倍以上,以防药液溢出),两药接触后立即产生大量烟雾,工作人员迅速撤离,预先在地面上喷些水,提高空气的湿度,可增强甲醛的消毒作用。密闭24小时以上时打开门窗通风,换入新鲜空气后再关闭待用。消毒后的鸡舍需闲置7天左右再进雏。

5. 舍内垫料铺置与网、笼安装　地面育雏需要足够的优质垫草,才能为雏鸡提供舒适温暖的环境。垫草质量与雏鸡发病率密切相关,不清洁的垫草可能携带大量的霉菌和其他病原微生物,很容易感染鸡曲霉菌病和呼吸系统疾病。这些疾病的发生可引起雏鸡大批死亡。垫料要求干燥、清洁、柔软、吸水性强、灰尘少,切忌使用霉烂、潮湿的垫料。常用的垫料有稻草、麦秸、锯木屑等。长的垫料在用前要切短,以10厘米左右为宜。优质的垫料对雏鸡腹部有保护作用。垫料铺设的厚度一般在5～10厘米。育成期天气热时,可用无污染的细沙作垫料。

网上育雏时,最好先在舍内水泥地面上焊成高50～60厘米的支架,然后在支架上端铺成块框架坚固的铁丝网片。网片框架一般长2米,宽1米,网眼大小为1.25厘米×1.25厘米。带框架的铁丝网片要能稳固、平整地放在支架上,并易于装卸。网片安装完毕,底网四周用高40～45厘米的尼龙网或铁丝网做成围栏。

我国生产的育雏笼有半阶梯式和叠层式两种,以叠层式为主。育雏笼应在育雏前安装于舍内,经消毒后备用。

6. 饲料、药械的准备　育雏前必须按雏鸡的营养需要配制饲料，或购进市售雏鸡饲料，每只育雏鸡应准备 1.2～1.5 千克配合料。育雏前还需备好常用药品、疫苗和器械，如消毒药、抗菌素、抗球虫药、抗白痢药、多种维生素制剂、微量元素制剂、防疫用的疫苗、注射器等。

7. 育雏人员的安排　要求育雏人员熟悉和掌握饲养品种的技术操作规程，了解雏鸡的生长发育规律，能识别疾病和掌握疾病防治方法。育雏人员要准备好各类记录表格。

8. 育雏舍的预温　接雏前 2 天要安装好育雏笼、育雏器，并进行预热试温工作，使其达到标准要求，并检查能否恒温，以便及时调整。若采取地面平养方式，将温度计挂于离垫料高 5 厘米处，记录舍内昼夜温度变化情况。要求舍内夜间温度达 32℃，白天温度为 31℃。经过 2 个昼夜测温，符合要求后即可放入雏鸡进行饲养。

（四）育雏方式的选择

人工育雏按其占用地面和空间的不同，可分为平面育雏和立体育雏两大类。

1. 平面育雏　指把雏鸡饲养在铺有垫料的地面上，或饲养在具有一定高度的单层网平面上的育雏方式。广大农户常采用这种方式育雏。在生产中，又将平面育雏分为更换垫料育雏、厚垫料育雏和网上育雏 3 种方式。

（1）更换垫料育雏　将雏鸡养在铺有垫料的地面上，地面可以是水泥地面、砖地面、泥土地面或炕面，垫料厚 3～5 厘米，要经常更换，以保持舍内清洁温暖。此方式育雏比较简单，无须特别设备，但雏鸡与粪便经常接触，容易感染疾病，特别是易发生球虫病，且占用房舍面积较多，付出的劳动较大。其主要的加热育雏方式有以下几种。

①保温伞育雏。保温伞是一种外形似伞状的保温设备,由热源和伞体部件组成。其热源可用电热丝、煤油、液化石油气或煤火炉等(图3-2)。伞体可用铁皮或铝皮,也可用木板或纤维板制作成方形、多角形或圆形等形状。电热伞内附有乙醚膨胀饼和微动开关,或由电子继电器与水银导电表组成的控温装置,使用时可按雏鸡不同日龄对温度的需要来调整调温旋钮。保温伞容纳雏鸡的只数根据其热源面积而定,一般为300～1 000只。保温伞育雏法的优点是育雏量大,雏鸡可在伞下自由活动选择适温区,换气良好,使用方便。其缺点是育雏费用高,热量不大,需有保温性好的育雏舍,或在育雏舍内另设加温设施,如火炉等帮助升高舍温。如用电热伞育雏,则需准备其他加温设备,以防停电时温度迅速下降。

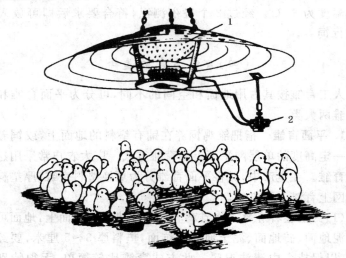

图3-2 液化石油汽保温伞育雏
1. 加温部分　2. 控温部分

②红外线灯育雏。即利用红外线散发的热量育雏。灯泡规格为 250 瓦,使用时可将几盏红外线灯泡连成一组,悬挂于离地面 35～45 厘米的高处。舍温低时,灯泡离地面 33～35 厘米;随着雏鸡日龄增长,逐渐降温,并抬高灯泡高度,由第二周起每周提高 7～8 厘米,直至离地面 60 厘米高为止。利用红外线灯育雏,舍内应有升温设备,最初几天应该将初生雏限制在灯光下 1.2 米直径的范围内,以后逐日扩大。每盏红外线灯(250 瓦)育雏数与舍温高低有关,参见表 3-1。

表 3-1　红外线灯(250 瓦)育雏数

舍温(℃)	30	24	18	12	6
雏鸡数(只)	110	100	90	80	70

红外线灯育雏的优点是保温稳定,舍内干净,垫料干燥,雏鸡可以自由选择合适的温度,育雏率高。缺点是耗电量大,灯泡易损耗,成本较高。一只红外线灯使用 24 小时耗电 6 度,费用昂贵,停电时温度下降也较快。

③烟道式育雏。有地上烟道和地下烟道两种。地上烟道的具体砌法是将加温的地炉砌在育雏舍的外间,炉子走烟的火口与烟道直接相连。舍内烟道靠近墙壁 10 厘米,距地面高 30～40 厘米,由热源向烟筒方向稍有坡度,使烟道向上倾斜。烟道上方设置保温棚(如搭设塑料棚),在棚下离地面 5 厘米处悬挂温度计,测量育雏温度(图 3-3)。这种育雏方式设备简单,取材方便,但有时漏烟。地下烟道一般用砖或土坯砌成,其结构多样。规模大的育雏舍,烟道的条数相对多些,采用长烟道;小的育雏舍可采用田字形环绕烟道。其原理都是烧煤或利用当地其他燃料,使热气通过烟道而对地面和育雏舍空间进行加温。地下烟道的优点主要有:一是育雏舍的实际利用面积大;二是没有煤炉加温时的煤烟味,舍内

空气较为新鲜;三是散热比较均衡,地面和垫料干燥、雏鸡腹部受热,感觉较为舒适;四是节省燃料,管理方便,育雏效果好。

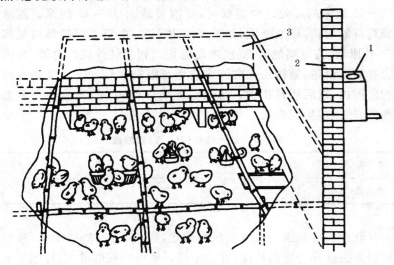

图 3-3　地上烟道育雏示意图
1. 灶　2. 墙　3. 塑料棚

④火炕育雏。通过火炕加热,使育雏舍达到所需的温度。把雏鸡饲养在炕面上,用烧火大小调节育雏温度。其优点是舍温稳定,雏鸡可安全脱温,也不受电的限制,育雏成本低。

⑤煤炉育雏。煤炉可用铁皮制成或用烤火炉改进而成,炉上设有铁皮制成的伞形罩或平面盖,并留有出气孔,以便接上通风管道,管道接至舍外以排出煤烟。煤炉下部有一进气孔,并用铁皮制成调节板,以调节进气量和炉温。若采用市售小型烤火炉,每只火炉可供温育雏舍面积 15 平方米左右。煤火炉供温育雏的优点是经济实用,成本低,保温性能较稳定;缺点是调温不便,升温慢,且要防止管道漏烟而发生一氧化碳中毒。

⑥电热板或电热毯育雏。利用电热升温,雏鸡直接在电热板或电热毯上获得热量,电热板和电热毯均配有电子控温系统,以便调温。

⑦远红外线育雏。即采用远红外线板的热量来加温育雏。应根据育雏舍的面积大小和育雏温度的需要,选择不同规格的远红外线板,安装自动控温装置进行保温育雏,使用时悬挂在离地面 1米左右的高度并适当调整。这种育雏方式的优点是节省能源,降低成本,它比用红外线灯泡和电热丝保温伞育雏耗电量大大减少,且温度均匀,空气新鲜,操作方便,育雏效果好。

⑧热水管育雏。适用于大批育雏。其具体方法是在育雏舍中间选适当位置建造锅炉房,用管道通向育雏舍内,育雏舍内热水管安装在墙壁周围下部距地面 30 厘米处,在水管上方 50～60 厘米处设置 1.2～1.5 米宽的保温棚(可用塑料布覆盖),使棚下达到育雏温度。这种方法育雏,舍内清洁,温度比较稳定,育雏效果好。

(2)厚垫料育雏 这是育雏过程中只加厚而不更换垫料,直至育雏结束才清除垫料的一种平面育雏方式。其具体做法是:先将育雏舍打扫干净后,再撒一层生石灰(每平方米撒布 1 千克左右),然后铺上 5～6 厘米厚的垫料,垫料要求清洁干燥,质地柔软,禁用霉变、腐烂、潮湿的垫料。育雏 2 周后,开始增铺新垫料,直至厚度达到 15～20 厘米为止。垫料板结时,可用草叉子上下抖动,使其松软。育雏结束后,将所有垫料一次性清除掉。厚垫料育雏因不用换垫料而节省了劳动力,且由于厚垫料发酵产热而提高了舍温;在微生物的作用下垫料中能产生维生素 B_{12},可被雏鸡采食;雏鸡经常扒翻垫料,可增加运动量,增进食欲,促进生长发育。厚垫料育雏的供温方式有保温伞、红外线灯、烟道、火炉、热水管等。

(3)网上育雏 其方法是将雏鸡饲养在离地面 50～60 厘米高的铁丝网或尼龙网上,网眼大小为 1.25 厘米×1.25 厘米。网上育雏与垫料育雏相比,可节省大量垫料,降低育雏成本,而且雏鸡与粪便接触的机会大大减少,有利于雏鸡健康生长。其供温方式有热水管、热气管、排烟管等。

2. 立体育雏(笼育) 即将雏鸡饲养在层叠式的育雏笼内。育雏笼一般分为 3～5 层。电热育雏笼是采用电热加温的育雏笼具,有多种规格,能自动调节温度,一些条件较好的地方已经采用。大多数农户在进行立体育雏时,为降低成本,常用毛竹竹片、木条或铁丝等制成栅栏,底网大多采用铁丝网或塑料网。鸡粪从网眼落下,落到层与层之间的承粪板上,而后定时清除。供温方法可采用热水管、热气管、排烟管道、电热丝、红外线灯等。

立体育雏与平面育雏相比,其优点是能充分利用育雏舍空间,提高了单位面积利用率和生产率;节省了垫料,热能利用更为经济;与网上育雏一样,雏鸡不与粪便直接接触,有利于对白痢病、球虫病的预防。但需投资较多,在饲养管理上要控制好舍内育雏所需条件,供给营养完善的饲粮,保证雏鸡生长发育的需要。

(五)雏鸡的选择和接运

1. 雏鸡的选择 挑选优质健康的雏鸡,剔除病、弱雏,是提高育雏率、培育出优良种鸡和高产蛋鸡的关键一环。因种蛋的品质有好有坏,初生雏就必然有强有弱。可通过查系谱、查出壳时间和体重、查外表形态的办法,来鉴别雏鸡的强弱优劣,准确地挑选出健雏。

(1)查系谱 蛋鸡的品种很多,生产性能各异,必须根据鸡舍设备、饲料及当地气候条件等,选养适宜的品种,并查明初生雏的系谱。所挑选的初生雏应是来源于种群健康、性能可靠、配套合理的商品杂交鸡或种鸡。

(2)查出壳时间和体重 雏鸡的出壳时间不一,有先有后,一般以 21 天出壳的雏鸡较好。而晚出壳的雏鸡发育不好,体质软弱,卵黄吸收不好,大肚子,毛焦,脐带愈合不好。尤其是最后出壳的"扫摊鸡"更是先天不足，疾病多，不易成活。蛋鸡初生雏的体重一般在 40 克左右，因品种而略有差异。

（3）查外表形态 其方法是"一看、二听、三摸"。

一看，就是看雏鸡的精神状态。即用肉眼观察雏鸡的动态，羽毛整洁程度，喙、腿、趾、眼等有无异常，肛门有无粪便粘连，脐孔愈合是否良好等，来区分健、弱雏。健雏一般活泼好动，眼大有神，羽毛整洁而有光泽，肛门清洁无污物，脐孔闭合正常，腹部柔软，卵黄吸收良好，喙、翅正常。弱雏则眼小无神或缩头闭眼，不爱活动或呆立不动，甚至站立不稳，羽毛蓬乱无光泽、不清洁，肛门周围粘附白便，腹部松弛，脐孔愈合不良、带血，喙歪，腿软，趾卷曲等。

二听，就是听雏鸡的叫声。健雏叫声响亮而清脆；弱雏叫声微弱而嘶哑，或鸣叫不休，喘气困难。

三摸，就是摸雏鸡的膘情和体温等。将雏鸡握于手中，触摸其膘情、骨架发育状态、腹部大小及松软程度，体会卵黄是否吸收良好及雏鸡活力大小等。健雏体重适宜，手感温暖、有膘、饱满，体态匀称，有弹性，挣扎有力，腹部柔软、大小适中，脐部愈合良好、干燥、有绒毛覆盖；弱雏体轻，手感身凉、无膘、松软，挣扎无力，腹部膨大，脐部愈合不良，脐孔大，有黏液和血迹或卵黄附着，无绒毛覆盖。

2. 幼雏的接运 雏鸡的接运是一项技术要求高的细致性工作。随着蛋鸡商品化生产的发展，雏鸡长途运输频繁发生。对于孵化厂和养鸡户来说，都要掌握运雏技术，做到及时、安全地完成运雏工作。否则，稍有不慎就会给养鸡户或鸡场带来经济损失。

接雏人员要求有较强的责任心，具备一定的专业知识和运雏经验。接雏时应剔除体弱、畸形、伤残的不合格雏鸡，并核实雏鸡数量，请供方提交有关的资料。如果孵化厂有专门的送雏车，养鸡户应尽量使用。因为孵化厂的车辆发送初生雏,相对符合疫病预防和雏鸡质量控制的要求。如果孵化厂没有运雏专车,养鸡户应自备。自备车辆时,要达到保温、通风的要求,适于雏鸡运输。接雏车使用前应冲洗消毒干净,符合防疫卫生标准要求。装雏工具最好选用纸质或塑料专用运雏箱,箱长为 50～60 厘米,宽 40～50厘米,高 18～20 厘米,箱子四周有直径 2 厘米左右的通气孔若干。箱内分 4 小格,每个小格放 25 只雏鸡,每箱共放 100 只(指冬、春季节,秋季 90 只、夏季 80 只左右)。专用运雏箱适用于各种交通工具,一年四季皆可使用。尤其纸质箱,通风、保温性能良好。塑料箱受热易变形,受冻易断裂,装鸡后箱内易潮湿,一般用于场内周转和短途运输,但塑料箱容易消毒和能够反复使用。没有专用运雏箱时可采用矮纸箱、木箱、竹筐或柳条筐等,但都要留有一定数量的通气孔,不可使用农药或残存粉末的包装箱,以免中毒或诱发呼吸道疾病。夏季运雏要带遮阳防雨用具,冬、春运雏要带棉被、毛毯等。

从保证雏鸡的健康和正常生长发育考虑,适宜的运雏时间应在雏鸡绒毛干燥后,至出壳 48 小时(最好不超过 36 小时)前进行。冬天和早春应选择在中午前后气温相对较高的时间启运;夏季运雏最好安排在早、晚进行。

在运雏途中,一是要注意行车的平稳,启动和停车时速度要缓慢,上、下坡宜慢行,以免雏鸡挤到一起而受伤;路面不平时宜缓行,减少颠簸震动。二是掌握好保温与通气的关系。运雏中保温与通气是一对矛盾,只保温不通气,会使雏鸡发闷、缺氧,严重时会导致窒息死亡;反之,只注重通气,而忽视保温,易使雏鸡着凉感冒。运雏箱内的适宜温度为 24℃～28℃。在运输途中,要经常检查、观察雏鸡的动态。若雏鸡张口呼吸,说明温度高了,可上下前后调整运雏箱;若仍不能解决问题,则可适当打开通风孔,降低车厢温度;若雏鸡发出"叽、叽"的叫声,说明温度偏低,应打开空调升温,或加盖床单甚至棉被,但不可盖得太严。在检查时若是发现雏鸡扎堆,就要用手轻轻地把雏鸡堆推散。

雏鸡箱卸下时,应做到快、轻、稳,雏鸡进舍后应按体质强弱分群饲养。冬季舍内外温差太大时,雏鸡接回后应在舍内放置 30 分钟后再分群饲养,使其适应舍内温度。

(六)育雏期饲养管理

1. 饮水　初生雏鸡体内还残留一些未吸收完的卵黄,给雏鸡饮水可加速卵黄物质被机体吸收利用,增进食欲,并帮助饲料的消化与吸收。此外,育雏舍内温度较高,空气干燥,雏鸡呼吸和排粪时会散失大量水分,需要靠饮水来补充。因此,雏鸡进入育雏舍后应先饮水,后开食。

让雏鸡第一次饮水,习惯上称为"开饮"。在雏鸡到达前几小时,应将水放入饮水器内,使水温与舍温接近(16℃～20℃)。饮水器可用塔式饮水器或水槽,乃至自做的简易饮水器。饮水器数量要充足,要保证每只雏鸡至少有 1.5 厘米的饮水位置,或每 100 只雏鸡有 2 个装水 4.5 升的塔式饮水器。饮水器或水槽要尽量靠近光源、保温伞等。其高度随雏鸡日龄增长而调整,使饮水器的边缘高于鸡背 2 厘米左右。雏鸡所需饮水器数量可以按表 3-2 所列数值推算,保持饮水终日不断。

表 3-2　雏鸡应占饮水器和饲槽位置　(自由采食)

周　　龄	饮水器(厘米/只)	饲槽(厘米/只)	干料桶	备　　注
0～6	1.5	2.5	1 个/35 只	干料桶底盘直径为 30～40厘米
6～12	2.0	5.0	1 个/25 只	
12～20	2.5	7.5	1 个/20 只	

为消毒饮水,清洗胃肠,促进雏鸡胎粪排出,在最初几天的饮

水中,通常可加入0.01%左右的高锰酸钾。经过长途运输的雏鸡,可在其饮水中加入5%左右的葡萄糖或蔗糖,以增加能量,帮助恢复体力。还可在饮水中加0.1%的维生素C,让雏鸡饮用。

在育雏期中,要保持饮水24小时不断。若要将小饮水器换成大饮水器时,应将大饮水器预先放下,并将小饮水器留在原位2～3天,让小鸡逐渐熟悉在大饮水器上饮水后,才能取走小饮小器。饮水器应每天清洗一次。

舍内的供水系统要经常检查,并除去污垢。因为贮水箱和管道很容易有细菌孳生,必须经常处理和用高锰酸钾等药物进行消毒。对于中小鸡场和养鸡户,应尽量饮用自来水或清洁的井水,尽量避免饮用河水,以防水源污染,感染疾病。

2. 喂 料

(1)开食 给初生雏鸡初次喂料俗称"开食"。应把握好雏鸡开食时间,最好在孵出后12～24小时开食,经过长途运输最好不超过36小时。开食过早,雏鸡无食欲,并影响卵黄的吸收;开食过晚,会使雏鸡过多消耗体力,发生失水而虚弱,也影响以后的生长和成活。当雏鸡羽毛干后能站立活动,有60%～70%的雏鸡寻觅啄食时就应开食。

开食饲料要求新鲜,颗粒大小适中(粒度为1.5～2.0毫米),便于雏鸡啄食,营养丰富且易于消化。农户常用碎玉米、碎米、碎小麦、小米等,大规模养鸡多用雏鸡混合料拌湿或直接饲用干粉料。

(2)饲粮配合 育雏饲料应是全价配合饲料,能够满足雏鸡生长发育对蛋白质、能量、维生素、矿物质等营养成分的需要。雏鸡饲粮可按饲养标准结合雏群状况及当地的饲料来源和种类进行配制,其营养需要参见"鸡的营养与饲料"部分,饲粮配方参见表3-3。

表 3-3　幼雏、育成鸡饲粮配方

配方编号		0～8周龄		9～18周龄		19周龄至开产	
		配方1	配方2	配方1	配方2	配方1	配方2
饲料配合比例（%）	玉　米	68.40	58.1	66.0	54.00	64.80	67.20
	麸　皮	—	11.00	14.20	22.00	7.20	3.50
	豆　粕	23.00	—	12.00	—	17.50	22.00
	豆　饼	—	19.90	—	18.00	—	—
	棉　粕	3.50	—	3.00	—	3.00	—
	槐叶粉	—	—	—	3.50	—	—
	鱼　粉	—	6.00	—	—	—	—
	骨　粉	—	2.15	—	—	—	—
	贝壳粉	—	0.50	—	—	—	—
	石　粉	1.20	—	1.20	—	4.20	4.50
	磷酸氢钙	2.00	—	1.50	1.20	1.50	1.50
	膨润土	—	1.00	—	—	—	—
	植物油	0.60	—	0.80	—	0.50	—
	预混料	1.00	1.00	1.00	1.00	1.00	1.00
	食　盐	0.30	0.35	0.30	0.30	0.30	0.30
营养成分	代谢能（兆焦/千克）	11.92	12.10	11.50	11.13	11.29	11.39
	粗蛋白质（%）	19.09	19.05	15.59	15.20	17.01	17.40
	蛋白能量比（克/兆焦）	16.02	15.74	13.56	13.66	15.07	15.28
	钙（%）	1.12	1.06	0.95	0.78	2.02	2.15
	总磷（%）	0.83	—	0.76	0.57	0.73	0.70
	有效磷（%）	0.59	0.46	0.49	—	0.48	0.35
	赖氨酸（%）	0.81	0.97	0.58	0.73	0.69	0.73
	蛋氨酸（%）	0.28	0.35	0.22	0.32	0.24	0.26
	蛋氨酸＋胱氨酸（%）	0.57	0.59	0.46	0.63	0.50	0.52

　　从雏鸡4日龄起可在饲粮中另加1%的沙砾,特别是网上育雏和笼式育雏,更应注意沙砾的补给。

（3）喂饲方法　雏鸡1～3日龄喂饲，可将饲料直接撒布在开食盘或已消毒过的牛皮纸、深色塑料布上，诱其吃食。第一次喂饲时有些雏鸡不知吃食，应采用人工引诱的办法使雏鸡学会吃食。经过2～3次训练后，雏鸡就能学会采食。笼育雏鸡不便训练，只要将饮水和开食饲料放在较醒目易啄食的地方就可以了。4～7天后应逐步过渡到使用料槽或料桶喂料。一般来说，1～3周龄使用幼雏料槽，3～6周龄使用中型料槽，6周龄以后改用大型料槽。

开食饲料喂养3天左右后，就应逐步改用配合料进行饲喂。喂料有两种方法：一是干粉料自由采食，二是湿拌料分次饲喂。一般大、中型鸡场和规模较大的养鸡户宜采用前一种方法，而小型鸡场和规模较小的养鸡户可采用后一种方法。湿拌料应拌成半湿状（手握成团，手松即散）。第一天喂给2～3次，以后每天喂5～6次，6周以后逐步过渡到4次。

在整个育雏阶段，不论是白壳蛋鸡、褐壳蛋鸡还是浅粉壳蛋鸡，都不限制饲喂，采取自由采食，喂料时要少喂勤添。育雏期雏鸡每天的饲料量见表3-4。

表3-4　蛋用型雏鸡饲料需要量

周　龄	轻型鸡（克/只·日）	中型鸡（克/只·日）
1	7	12
2	14	20
3	22	25
4	28	30
5	36	36
6	43	43

3. 环境管理　适宜的环境条件是雏鸡生长发育所必需的。在育雏阶段，饲养管理上必须人为地满足雏鸡所需要的温度、湿

度、空气、光照、营养及卫生等环境条件,才能有效地提高育雏成活率。

(1)育雏温度 适宜的环境温度是育雏的首要条件。温度是否得当,直接影响雏鸡的活动、采食、饮水和饲料的消化吸收,关系到雏鸡的健康和生长发育。

刚出壳的雏鸡绒毛稀而短,胃肠容积小,采食有限,产热少,易散热,抗寒能力差,特别是 10 日龄前雏鸡体温调节功能还不健全,必须随着羽毛的生长和脱换才能适应外界温度的变化。因此,在开始育雏时,要保证较高的环境温度,以后随着日龄的增长再逐渐降至常温。

育雏温度是指育雏器下的温度。育雏舍内的温度比育雏器下的温度低一些,这样可使育雏舍地面的温度有高、中、低 3 种差别,雏鸡可以按照自身的需要选择其适宜温度。培育雏鸡的适宜温度见表 3-5。

表 3-5 适宜的育雏温度

周 龄	舍温(℃)	育雏器温度(℃)
进雏 1～2 日龄	24	35
1	24	35～32
2	24～21	32～29
3	21～18	29～27
4	18～16	27～24
5	18～16	24～21
6	18～16	21～18

平面育雏时,若采用火炉、火墙或火炕等方式供温,测定育雏温度时要把温度计挂在离地面或炕面 5 厘米处。育雏温度,进雏后 1～3 天为 35℃～34℃,4～7 天降至 33℃～32℃,以后每周下

降 2℃～3℃,直至降到 20℃～18℃为止。

测定舍温的温度计应挂在距离育雏器较远的墙上,高出地面 1 米处。

育雏的温度因雏鸡品种、气候等不同和昼夜更替而有差异,特别要根据雏鸡的动态来调整。夜间外界温度低,雏鸡歇息不动,育雏温度应比白天高 1℃。另外,外界气温低时育雏温度通常应高些,气温高时育雏温度则应低些;弱雏的育雏温度比强雏高一些;蛋用型鸡比肉用型鸡低些。

给温是否合适也可从观察雏鸡的动态获知。温度正常时,雏鸡神态活泼,食欲良好,饮水适度,羽毛光滑整齐,白天勤于觅食,夜间均匀分散在育雏器的周围。温度偏低时,雏鸡靠近热源,拥挤扎堆,时发尖叫,闭目无神,采食量减少,有时被挤压在下面的雏鸡发生窒息死亡。温度过低,容易引起雏鸡感冒,诱发白痢病,使死亡率增加。温度高时,雏鸡远离热源,展翅伸颈,张口喘气,频频饮水,采食量减少。长期高温,则引起雏鸡呼吸道疾病和啄癖等。

(2)环境湿度　湿度也是育雏的重要条件之一,但养鸡户不够重视。育雏舍内的湿度一般用相对湿度来表示,相对湿度愈高,说明空气愈潮湿;相对湿度愈低,则说明空气愈干燥。雏鸡出壳后进入育雏舍,如果空气的湿度过低,雏鸡体内的水分会通过呼吸而大量散发出去,就不利于雏鸡体内剩余卵黄的吸收,雏鸡羽毛生长亦会受阻。一旦给雏鸡开饮后,雏鸡往往因饮水过多而发生下痢。

适宜的湿度要求:10 日龄前为 60％～65％,以后降至 55％～60％。育雏初期,由于垫料干燥,舍内常呈高温、低湿,易使雏鸡体内失水增多,食欲不振,饮水频繁,绒毛干燥发脆,脚趾干瘪。另外,过于干燥也易导致尘土飞扬,引发呼吸道和消化道疾病。因此,这一阶段必须注意舍内水分的补充。可在舍内过道或墙壁上面喷水增湿,或在火炉上放置一个水盆或水壶,烧水产生蒸汽,以提高舍内湿度。10 日龄以后,雏鸡发育很快,体重增加,采食量、饮水量、呼吸量及排泄量与日俱增,舍内温度又逐渐下降,特别是在盛夏和梅雨季节,很容易发生湿度过大的情况。雏鸡对潮湿的环境很不适应。育雏舍内低温、高湿时,会加剧低温对雏鸡的不良影响,雏鸡会感到更冷,甚至冷得发抖,这时易患各种呼吸道疾病;当育雏舍内高温、高湿时,雏体的水分蒸发和体热散发受阻,感到更加闷热不适,雏鸡易患球虫病、曲霉菌病等。因此,这段时期要注意勤换垫料,加强通风换气,加添饮水时要防止水溢到地面或垫料上。

(3)通风换气 雏鸡虽小,生长发育却很迅速,新陈代谢旺盛,需氧气量大,排出的二氧化碳也多,单位体重排出的二氧化碳量也比大家畜高 2 倍以上。此外,在育雏舍内,粪便和垫料经微生物的分解,产生大量的氨气和硫化氢等不良气体。这些气体积蓄过多,就会造成空气污浊,从而影响雏鸡的生长和健康。如育雏舍内二氧化碳含量过高,雏鸡的呼吸次数显著增加,严重时雏鸡精神委靡,食欲减退,生长缓慢,体质下降。氨气的浓度过高,会引起雏鸡肺水肿、充血,刺激眼结膜,引起角膜炎和结膜炎,并可诱发上呼吸道疾病的发生。硫化氢气体含量过高也会使雏鸡感到不适,食欲降低等。因此,要注意育雏舍的通风换气,及时排除有害气体,保持舍内空气新鲜,使人进入育雏舍后无刺鼻、刺眼感觉。在通风换气的同时也要注意舍内温度的变化,防止间隙风吹入,以免引起雏鸡感冒。

育雏舍通风换气的方法有自然通风和强制通风两种。开放式鸡舍的换气可利用自然通风来解决。其具体做法是:每天中午 12 时左右将朝阳的窗户适当开启,应从小到大最后呈半开状态;切不可突然将门窗大开,让冷风直吹雏鸡;开窗的时间一般为 0.5～1 小时。为防止舍温降低,通风前应提高舍温 1℃～2℃,待通风完毕后再降到原来的温度。密闭式鸡舍通常通过动力机械(风机)进行强制通风。其通风量的具体要求是:冬季和早春为每分钟每只雏鸡 0.03～0.06 立方米,夏季为每分钟每只雏鸡 0.12 立方米。

(4)光照制度 光照包括自然光照(太阳光)和人工光照(电灯光)两种。光照对雏鸡的采食、饮水、运动和健康生长都有很重要的作用,与成年后的生产性能也有着密切的关系。不合理的光照对雏鸡是极为有害的。光照时间过长,会使雏鸡提早性成熟,小公鸡早鸣,小母鸡过早开产。过早开产的鸡,体重轻,蛋重小,产蛋率低,产蛋持续期短,全年产蛋量不高;光照过强,雏鸡显得神经质,易惊群,容易引起啄羽、啄趾、啄肛等恶癖。而光照时间过短,强度过小,会影响雏鸡的活动与采食,还会使鸡性成熟推迟。异常光色如黄光、青光等易引起雏鸡的恶癖。

合理的光照方案,包括光照时间和光照强度两个方面。对于商品蛋鸡,应在育雏期和育成期采取人工控制光照来调节性成熟期。其具体方法如下。

①光照时间。雏鸡出壳后头 3 天视力较弱,为保证采食和饮水,每天可采用 23～24 小时的光照。从 4 日龄起,按鸡舍的类型和季节采取不同的光照方案。密闭式鸡舍,雏鸡从孵出后的 4～20 周龄(种鸡 22 周龄),每昼夜恒定光照 8～10 小时。有条件的开放式鸡舍(有遮光设备,能控制光照时间),在制订 4 日龄以后的光照方案时,要考虑当地日照时间的变化。我国处于地球的北半球,4 月上旬至 9 月上旬孵出的雏鸡,其育成后期正处于日照时间逐渐缩短的时期,故本批 4～20 周龄(种鸡 22 周龄)均可采用自然光照。9 月中旬至翌年 3 月下旬孵出的雏鸡,其大部分生长时期中日照时数不断增加,故本批鸡从 4～20 周龄(种鸡 22 周龄)应该控制光照时间。控制的方法有两种:一种是渐减法,即查出本批鸡达到 20 周龄(种鸡 22 周龄)的白天最长时间(如 15 小时),然后加上 3 小时作为出壳后 4 日龄应采用的光照时间(18 小时)。以后每周减少光照 20 分钟,直到 21 周龄(种鸡 23 周龄)以后按产蛋鸡的光照制度给光。另一种是恒定法,即查出本批鸡达到 20 周龄

（种鸡 22 周龄）时的白天最长时间（不低于 8 小时），从出壳后 4 日龄起就一直保持这样的光照时间不变，到 21 周龄（种鸡 23 周龄）以后，再按产蛋鸡的光照制度给光。

②光照强度。第一周龄内应稍亮些，每 15 平方米鸡舍用一只 40 瓦的白炽灯，悬挂于离地面 2 米高的位置即可。第二周龄开始，换用 25 瓦的灯泡就可以了。

人工光照常用白炽灯泡，其功率以 25～45 瓦为宜，不可超过 60 瓦。为使照度均匀，灯泡与灯泡之间的距离应为灯泡高度的 1.5 倍。舍内如安装两排以上的灯泡，应错开排列。缺电地区人工给光时，可使用煤油罩灯、蜡烛、气灯等。

（5）饲养密度　是指育雏舍内每平方米地面或笼底面积所容纳的雏鸡数。饲养密度与雏鸡的生长发育密切相关。鸡群密度过大，吃食拥挤，抢水抢食，饥饱不均，雏鸡生长缓慢，发育不整齐；密度过大还会造成育雏舍内空气污蚀，二氧化碳含量增加，氨味浓，卫生环境差，雏鸡易感染疾病，易产生恶癖。鸡群密度过小，虽然雏鸡发育好，成活率高些，但房舍利用率降低，不易保温，育雏成本增加，经济上不合算。蛋用型雏鸡的适宜饲养密度参见表 3-6。

表 3-6　蛋用型鸡不同饲养方式的适宜密度

地面平养		立体笼养		网上平养	
周　龄	只/米²	周　龄	只/米²	周　龄	只/米²
0～6	20	0～1	60	0～6	24
6～12	10	1～3	40	6～18	14
12～20	5	3～6	34		
		6～11	24		
		11～20	14		

确定适宜的饲养密度，要根据品种、季节、鸡舍的构造、通风条

件和饲养条件等具体情况而灵活掌握。一般来说,白壳蛋鸡品种的饲养密度要比褐壳蛋鸡品种高一些,每平方米可多养 3~5 只。弱雏经不起拥挤,饲养密度要比强雏低一些。鸡舍的通风条件不好,应考虑减小饲养密度。冬天和早春寒冷干燥,密度可高一些;夏、秋季节雨水多,气温高,密度可适当低一些。

育雏群的大小,要根据设备条件和饲养目的而定。每群数量不宜过多,小群饲养效果较好,但太少不经济。如为商品蛋鸡育雏,可采取大群饲养,每群 1 000~2 000 只,甚至可达 3 000~5 000只。但饲养种鸡,仍以小群饲养为好,通常每群 400~500 只,公、母雏分群饲养。

(6)环境卫生 雏鸡抗病力差,加之实行密集饲养,鸡群一旦发病,很易传播,难以控制。因此,除坚持正常的防疫消毒制度外,还须注意搞好舍内外清洁卫生,保持舍内空气新鲜,勤刷洗饲槽、水槽,勤换垫草,促进雏鸡健康生长。

4. 分群 雏鸡强、弱分群饲养可提高鸡群均匀度和成活率。笼育时,健康雏放于 3 层或 4 层,弱雏放入 2 层,最弱的雏鸡要单笼饲养。从笼育的饲养条件来说,2 层最好,3 层次之,其次是 4层,最差的是 1 层。为使整群雏鸡发育基本一致,就要不断地进行上、下各层调整。网上或地面平养时,弱雏鸡用席子围起来或用一个小单间单独饲养,精心照管,增加喂料次数,在饲料中添加促进食欲的药物。待弱雏鸡的生长发育同大群基本一致时,放入大群饲养,再从大群中挑出弱雏单独饲养。一般在育雏期可进行 3 次分群。第一次在雏鸡出壳后转入育雏舍时,将特弱雏鸡淘汰,将弱雏单独饲养;第二次在 10 日龄左右断喙或接种疫苗时,再将弱雏挑出;第三次在 4~6 周龄离温转群时,再按强、弱雏分群饲养。

5. 断喙 适时断喙有利于加强雏鸡的饲养管理。如果鸡舍通风不良,光照过强,饲养密度过大,饲粮营养不平衡,特别是缺乏动物性蛋白饲料和矿物质等,均会造成鸡群出现啄羽、啄趾、啄肛等恶癖。恶癖一旦发生,需要查明原因,改善饲养管理。但最有效防止恶癖发生的措施是断喙,而且断喙还能避免雏鸡勾抛饲料,减少饲料浪费。

鸡断喙一般进行 2 次。第一次断喙在育雏期内,时间安排在 7～10 日龄;第二次断喙在育成期内,时间在 10～14 周龄之间,目的是对第一次断喙不成功或重新长出的喙进行修整。大、中型鸡场给雏鸡断喙,多采用专用的电动断喙器。在电动断喙器(如 9QZ 型脚踏式切嘴机)上有一个直径为 0.44 厘米的小孔,断喙时将喙切除部分插入孔内,由一块热刀片(815℃)从上往下切,接触 3 秒钟后,切除与止血工作即行完毕。操作时,鸡头向刀片方向倾斜,使上喙比下喙多切些,切除的部分是上喙从喙端至鼻孔的 1/2 处,下喙是喙尖至鼻孔的 1/3 处,形成上短下长的状态。

没有专用的电动断喙器时,对小日龄雏鸡,也可选用电烙铁进行断喙。其方法是:取一块薄铁板,折弯(折角为 90°角)钉在桌、凳上,铁板靠上端适当位置钻一圆孔,圆孔大小依鸡龄而定(以雏鸡喙插入后,另一端露出上喙 1/2 为宜),直径为 0.40～0.45

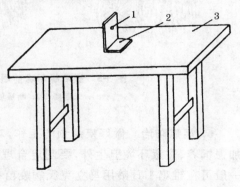

图 3-4　简易断喙器
1. 断喙孔　2. 铁板　3. 木桌

厘米(图 3-4);取功率为 150～250 瓦(电压 220 伏)的电烙铁一把,顶端磨成坡形(呈刀状)。断喙时,先将电烙铁通电 10～15 分钟,使烙铁尖发红,温度达 800℃ 以上,然后操作者左手持鸡,大拇指顶住鸡头的后侧,食指轻压鸡咽部,使之缩舌。中指护胸,手心握住鸡体,无名指与小指夹住爪进行固定,同时使鸡头部略朝下,将鸡喙斜插入(呈 45°角)铁板孔内,右手持通电的电烙铁,沿铁板由上向下将露于铁板另一端的雏鸡喙部分切掉(上喙约切去 1/2,上下喙呈斜坡状),其过程应控制在 3 秒钟以内。

断喙前、后一天,饲料中可适当添加维生素 K(4 毫克/千克),有利于凝血,加抗应激药物,以防应激。断喙后 2~3 天内,料槽内饲料要加满些,以利于雏鸡采食。

断喙前后喙的形态见图 3-5。

图 3-5 雏鸡喙断喙前后的形态

1. 未断喙 2. 断喙后

6. 疾病防治 做好疾病预防工作,对养好雏鸡非常重要。除加强饲养、注意环境卫生外,要制定合理的免疫和药物防病程序。一般可在雏鸡 1 日龄用马立克氏病疫苗在颈背皮下注射接种;1~2 日龄可用 4 000 单位/(只·日)青霉素饮水;3~5 日龄用传染性支气管炎疫苗 H_{120} 饮水;7~8 日龄用传染性法氏囊病疫苗滴鼻或饮水;同时,于 3~9 日龄在饮水中加入 20~60 毫克/升硫酸黏菌素;10~14 日龄用新城疫Ⅳ系苗点眼或滴鼻;12~15 日龄用土霉素 10~50 毫克/千克饲料混饲;15 日龄进行禽流感疫苗首免;15日龄以后在饲料中间断性添加一些抗球虫药物;23~25 日龄用传染性法氏囊病疫苗饮水二免;27~28 日龄用鸡痘疫苗刺种(成鸡的半量）；30 日龄可用传染性喉气管炎弱毒苗点眼滴鼻；35 日龄和 45 日龄分别用新城疫 Ⅳ 系或 Ⅱ 系苗和禽流感疫苗进行二免。鸡的免疫程序，应根据当地鸡病的发生和流行情况作灵活调整。

7. 离温　育雏期满（一般为 7 周龄）后要做好离温工作。离温要逐渐进行，开始时可采用晚上给温、白天停温的办法，经 6～7 天后雏鸡已习惯于自然温度时再完全停止给温。离温时环境温度以不低于 18℃ 为宜。同时，逐渐延长雏鸡在运动场的活动时间。开始离温时要注意观察，防止因温度低而造成不必要的损失。

（七）笼育雏鸡的饲养管理特点

用分层笼育雏时，必须实行全进全出制。在饲养管理中，要从笼育的实际出发，注意鸡舍保温、舍内密度适宜、通风良好和清洁卫生等事项。

1. 笼温　指笼内热源区即离底网 5 厘米高处的温度。可在笼内热源区离底网 5 厘米处挂一个温度计，以测笼温。笼育时给温标准主要根据舍温及雏鸡健康状态而定，育雏初期一般维持在 32℃～30℃，而后随雏鸡日龄增长而逐渐降低，每周下降 2℃～3℃，直至离温为止。注意观察雏鸡的表现，以确定温度是否适宜。当温度适宜时，雏鸡活动自如，分散在笼内网面上；温度过低时，雏鸡拥挤到笼内一角；温度过高时，雏鸡拥挤到笼内前侧，表现出抬翅张嘴喘气。

2. 舍温　指笼外离地面 1 米高处的温度。笼育时舍温应稍高些，以便保持笼内温度。育雏开始时要求 24℃～22℃，以后笼温与舍温的温差逐渐缩小，3 周龄时笼温与舍温接近，舍温应不低于 18℃，这样才能满足雏鸡的需要。但是，笼育时舍温也不宜过高，因雏鸡在网上饲养，羽毛生长较地面平养差，如果温度过高，更易引起雏鸡啄癖。夏季应尽量减少舍外高温的影响，要设有足够的通风装置，采取必要的措施防止舍温偏高。

3. 饮水与喂食 初生雏放入育雏笼后应立即给予饮水。为加快体质恢复,可在饮水中加入适量的葡萄糖、复合维生素 B,6 小时后换为清水。在整个育雏期不能断水。最初几天可用塔式饮水器,1 周龄后改用其他形式的饮水器,其高度随鸡日龄调整。

雏鸡开饮后 3 小时开食,可在底网上铺粗糙厚纸或塑料布,然后撒些碎料让雏鸡啄食。最初 2 天都采用这种喂食方法,以后改在笼外料槽饲喂。6 周龄前每只雏鸡需槽位 2.5 厘米,让其自由采食。

4. 密度与分群 笼内活动面积有限,饲养密度一定要适宜。如果密度过大,则会影响雏鸡的生长发育,并易发生恶癖,因而密度要随雏鸡日龄增长而不断地进行调整。对出现的强、弱雏要经常分群,将弱雏放在上层笼内饲养。

5. 清洁卫生 要保持笼养设备的清洁卫生,料槽、饮水器要经常刷洗、消毒,底网和承粪板及整个笼体,都要定期拆卸,进行彻底消毒。

(八)雏鸡饲养日程安排

在商品蛋鸡育雏期(0～6 周龄)内,随着雏鸡的生长发育,要满足其营养需要和提供适宜的环境条件。在生产实践中,要做到全期有计划,近期有安排,忙而不乱,才能收到预期的育雏效果。

进雏前必须用一定的时间消毒鸡舍和各种设备,铺好垫料,架好育雏网,安装好育雏笼,整理和检测育雏器或保温伞、围栏,饮水器要灌水,调整舍温,准备接雏。

接雏时间最好安排在早晨或上午,这样可利用白天来调整雏鸡的采食和饮水。整个育雏期的饲养日程安排如下。

1. 1～3 日龄 ①育雏器下和舍内温度要达到标准,不让鸡群在圈内聚堆。舍温保持 25℃～26℃,育雏器下为 34℃～35℃。②保持舍内湿度 65%～70%,如过于干燥要及时洒水来调整。③

供应充足的饮水。1～2 日龄每只每天可用 4 000 单位青霉素饮水。经长途运输的雏鸡可在饮水中加入 5％的葡萄糖或蔗糖。④饲喂开食料或干粉料,将饲料撒布在深色塑料布上或料盘中,细心调教雏鸡开食,每隔 2～3 小时给料一次,少给勤添,让雏鸡自由采食,并在饲料中添加适量的土霉素、恩诺沙星等抗菌类药物,以预防白痢病的发生。⑤1 日龄刺种马立克氏病疫苗。观察白痢病是否发生,对病雏要立即隔离、治疗或淘汰。⑥采用每天 23～24 小时光照,每平方米提供电灯光 4～5 瓦。⑦饲养密度:地面平养 30～40 只/米²,网上平养 40～50 只/米²,笼育 50～60 只/米²。进行第一次分群,使雏鸡按强、弱分群饲养。

2. 4～7 日龄　①育雏器下温度减为 32℃～33℃,舍温降至 24℃～25℃,并保证舍温平稳下降。②舍内湿度控制在 60％～65％。③饲喂全价配合饲料,把饲料放入饲盘或饲槽、料桶中,让雏鸡逐渐熟悉饲槽、料桶,每天给料 5～6 次。④饮水器洗刷换水。⑤按预先制定的光照制度给光,缩短光照时间,光照强度为 15 勒(3～4 瓦/米²)。⑥继续投喂抗白痢病药物。⑦在4～5 日龄,进行鸡传染性支气管炎免疫接种,用鸡传染性支气管炎 H$_{120}$ 苗滴鼻或双倍剂量饮水。⑧7 日龄时可酌情考虑对雏鸡进行断喙。⑨饲养密度:地面平养 30～40 只/米²,网上平养 40～50 只/米²,笼育 50～60 只/米²。

3. 8～14 日龄　①育雏器下温度降至 32℃～29℃,舍温降至 24℃～21℃。②加强通风换气,使舍温平稳下降,保持鸡舍有清爽感,清扫粪便,添加垫料。舍内湿度保持 55％～60％。③酌情投喂抗白痢病药物。④在 10 日龄进行鸡新城疫首免,用Ⅱ系或 F 系疫苗滴鼻。⑤在 12～13 日龄进行传染性法氏囊炎免疫接种,用鸡传染性法氏囊炎疫苗滴鼻或双倍剂量饮水。⑥在 14～15 日龄进行禽流感疫苗首免。⑦周末称重,检出弱小雏鸡分群饲养,并抽测耗料量。

4. 15～21 日龄 ①育雏器下温度降为 29℃～27℃,舍温降到 21℃～18℃。②地面平养撤去围栏,疏散饲养密度。地面平养 20～30 只/米²,网上平养 30～40 只/米²,笼育 30～40 只/米²。③饲料中添加克球粉、氯苯胍、鸡宝 20 等抗球虫药物,以防球虫病的发生。

5. 22～27 日龄 ①育雏器下温度降为 27℃～24℃,舍温降至 18℃～16℃。②增加通风量,添加垫料,调换水槽周围的潮湿垫料,注意防止舍内湿度过大和有害气体含量超标。③调整饲槽和饮水器使其高度适宜,保证每只雏鸡都能正常采食和饮水。④在 23～25 日龄再次进行传染性法氏囊炎免疫接种,用鸡传染性法氏囊炎疫苗滴鼻或双倍剂量饮水。

6. 28～35 日龄 ①育雏器下温度降为 24℃～21℃,舍温保持 18℃～16℃。②对雏鸡进行疏散,再一次降低饲养密度。地面平养,为充分利用育雏前期育雏舍,节省燃料,可考虑扩舍分群。这一时期的饲养密度:地面平养 15～20 只/米²,网上平养 20～25 只/米²,笼育 25～30 只/米²。③饲料中酌情添加抗球虫药物。④抽测雏鸡体重,检查采食量和体重是否达到预期增重和耗料参考标准,以便及时调整饲粮。⑤在 27～28 日龄进行鸡痘疫苗刺种(成鸡的半量)。⑥在 30～32 日龄用鸡传染性喉气管炎弱毒苗点眼滴鼻(可根据当地鸡群该病流行情况而定)。⑦在 32～35 日龄,再次用鸡新城疫Ⅱ系或 F 系疫苗饮水二免。

7. 36～42 日龄 ①在 35～40 日龄再次用禽流感疫苗加强免疫。②做好育雏期离温工作。③做好转群前的准备工作。④育雏期满,对雏鸡进行一次选择,把劣质雏鸡淘汰,并进行强、弱分群。抽测雏鸡体重,总结育雏工作。

(九)雏鸡日常管理细则

第一,进门换鞋消毒,注意检查消毒池内的消毒药物是否有效,是否应该更换或添加。

第二,观察鸡群活动规律,查看舍内温度计,检查温度是否合适。

第三,观察鸡群健康状况,看有没有"糊屁股"(多为白痢所致)的雏鸡,有无精神不振、呆立缩脖、翅膀下垂的雏鸡,有无腿部患病、站立不起的雏鸡,有无大脖子的雏鸡。

第四,仔细观察粪便是否正常,有无腹泻、绿便或便中带血等异常现象。一般来说,刚出壳尚未采食的幼雏排出的胎粪为白色和深绿色稀薄液体,采食以后排出的粪便呈圆柱形、条状,颜色为棕绿色,粪便的表面有白色的尿酸盐沉着。排稀便可能是肠炎所致;粪便绿色可能是吃了变质的饲料,或硫酸铜、硫酸锌中毒,或患鸡新城疫、霍乱、伤寒等病;粪便棕红色、褐色,甚至血便,可能是发生了球虫病;黄色、稀如水样粪便,可能是发生某些传染病,如法氏囊病、马立克氏病。发现异常现象后及时分析原因,采取相应措施。

第五,检查饮水器或水槽内是否有水,饮水是否清洁卫生。

第六,检查垫料是否干燥,是否需要添加或更换,垫草有无潮湿结块现象。

第七,舍内空气是否新鲜,有无刺激性气味,是否需要开窗通气。

第八,食槽高度是否适宜,每只鸡食槽占有位置是否充足,饲料浪费是否严重。

第九,鸡群密度是否合适,要不要疏散调整鸡群。

第十,笼养雏鸡有无跑鸡现象,并查明跑鸡原因,及时抓回,修补笼门或漏洞。

第十一,检查笼门是否合适,有无卡脖子现象,及时调换笼门。

第十二,及时分出小公鸡,进行淘汰或育肥。

第十三,检查光照时间与强度是否合适。

第十四，检查有无啄癖现象发生，如有被啄雏鸡，应及时抓出，涂上紫药水。

第十五，按时接种疫苗，检查免疫效果。

第十六，抽样检查体重，掌握雏鸡生长发育状况。

第十七，将病鸡隔离治疗，弱鸡分开饲养，促使鸡群整齐一致。

第十八，检查用药是否合理，药片是否磨细，拌和是否均匀。

第十九，掌握鸡龄与气温，确定离温时间，检查离温后果。

第二十，加强夜间值班工作，细听鸡群有无呼吸系统疾病，鸡群睡觉是否安静，防止意外事故发生。

（十）雏鸡发病及死亡原因分析

幼雏期（0～4 周龄）的小鸡对疾病抵抗力弱，常常发生一些疾病甚至死亡。其死亡原因是多方面的，概括起来有以下几点。

1. 传染性胚胎病　白痢病、副伤寒、败血霉形体病、马立克氏病等，可经种蛋传给后代。葡萄球菌、肠道杆菌、绿脓杆菌及许多霉菌等，可通过破损、甚至不破损的蛋壳从外源侵入蛋内，这些微生物在种蛋的收集、贮存、运输等过程中进行传播。以上原因可致胚胎残废或出壳后发病，可引起雏鸡脐炎、白痢病、慢性呼吸道病、大肠杆菌病等。

2. 消毒不严和孵化不良引发的疾病　育雏舍、孵化室、种蛋及各种用具消毒不严格，大肠杆菌、沙门氏菌、葡萄球菌等，可因脐孔闭合不好而侵入卵黄囊，引发脐炎。患此病的雏鸡有一半死于育雏头 3 天，绝大多数死于 10 天以内。孵化中温度过高或过低，通风换气不足等原因，均可导致胚胎出壳过早或过迟，易患各种疾病，成为弱雏，多在出壳 5 天后死亡。

3. 育雏温、湿度不适宜　有些农户的育雏舍保温不好，加温不正常，易使育雏温度偏低，引发感冒和消化系统疾病，发病率和死亡率均很高。有的单纯强调保温，通风不好，缺氧和有毒气体增加,易使雏鸡闷死和中毒死亡。还有的育雏温度过高,湿度不够,而使雏鸡脱水,偶尔开窗换气又易发生感冒而患呼吸道病。

4. 饲料营养不平衡　因饲料品种单一,饲粮中常缺乏蛋白质(特别是必需氨基酸)、矿物质、维生素等营养物质,易使雏鸡患营养缺乏症和其他传染病。若治疗措施不及时,常呈大批死亡。

5. 防疫措施不力　有的鸡场和养鸡户防疫不及时;或没有系统的免疫程序,防疫不规范;或免疫接种方法不当,防疫效果不理想;或未建立正常的消毒制度,均易造成传染病大面积发生并引发雏鸡死亡。

6. 雏鸡中毒、中暑　常见的有农药中毒、兽药中毒(用兽药防治疾病时剂量过大),发霉饲料中毒,棉籽饼、菜籽饼中毒等;夏季气温高,雏鸡易发生热应激而出现中暑死亡。

7. 饲养管理不完善引发啄食癖　饲粮营养不全,饲养密度大,光照紊乱,多批鸡混养,运动场地小等因素,易引起啄肛、啄趾、啄羽癖,严重时有的雏鸡可被活活啄死。

雏鸡疾病防治措施详见鸡病防治部分。

二、育成鸡的饲养管理

蛋鸡7～20周龄这个阶段叫育成期,处于这个阶段的鸡叫育成鸡(也叫青年鸡、后备鸡)。育成鸡生长发育旺盛,抗逆性增强,疾病也少。因此,鸡进入育成期后,在饲养管理上可以粗放一点,但必须在培育上下功夫,使其在以后的产蛋期保持良好的体质和产蛋性能,种用鸡发挥较佳的繁殖能力。

(一)育成鸡的生理特点

育成鸡仍处于生长迅速、发育旺盛的时期,尤其是各类器官已发育完善,功能健全。骨骼和肌肉生长速度比较快,但体重增长速度不及雏鸡;机体对钙质的沉积能力有所提高;羽毛几经脱换,最终长出了成羽;随着日龄增加,蓄积脂肪能力增强,易引起躯体过肥,将对其后产蛋量和蛋壳质量有重要影响;育成鸡的中、后期生殖系统开始发育至性成熟。若在育成期让鸡自由采食,供给丰富营养,特别是喂给高蛋白饲粮,则会加快性腺发育,使育成鸡过早开产。而这类早开产的鸡,产蛋持久力差,蛋重小,总产量不高,种用价值和经济效益低。若育成鸡饲粮中蛋白质水平适当低一些,既可使性腺发育正常,又可促进骨骼生长和增强消化系统的功能。因此,在育成鸡饲养管理中,要正确处理好"促"与"抑"的关系。

(二)育成鸡的饲养方式

1. 地面平养　指地面全铺垫料(稻草、麦秸、锯末、干沙等),料槽和饮水器均匀地布置在舍内,各料槽、水槽相距在 3 米以内,使鸡有充分采食和饮水的机会。这种方式饲养育成鸡较为落后,稍有条件和经验的养鸡者已不再采用这种方式。

2. 栅养或网养　指育成鸡养在距地面 60 厘米左右高的木(竹)条栅或金属网上,粪便经栅条之间的间隙或网眼直接落于地面,有利于舍内卫生和定期清粪。栅上或网上养鸡,其温度较地面低,应适当地提高舍温,防止鸡只相互拥挤、扎堆。同时注意分群,准备充足的料槽、水槽(或饮水器)。栅上或网上养鸡,取材方便,成本较低,应用广泛。

3. 栅地结合饲养　以舍内面积 1/3 左右为地面,2/3 左右为栅栏(或平网)。这种方式有利于舍内卫生和鸡的活动,也提高了舍内面积的利用,增加鸡的饲养只数。这种方式应用不很普遍。

4. 笼养　指育成鸡养在分层笼内。专用的育成鸡笼的规格与幼雏笼相似,只是笼体高些,底网眼大些。分层育成鸡笼一般为2～3 层,每层养鸡 10～35 只。这种方式应提倡发展。

笼养育成鸡与平养相比,由于鸡运动量减少,开产时体重稍大，母鸡体脂肪含量稍高，故对育成鸡应采取限制饲养，定期称重，测量胫长，以了解其生长发育和饲养是否合适，以便及时调整。

（三）育成鸡的饲养

1. 营养需要 在育成期的主要任务是培育健康、匀称、体重符合正常生长曲线的鸡群，以保证适时开产。因此，在生产中必须充分重视育成鸡的饲粮配合。饲粮中粗蛋白质的含量应适当降低，可从育雏期的 18%～19% 逐渐减少为 16%～15%。同时，降低饲粮中的能量浓度。配合饲粮时，可选用稻糠、麦麸等低能饲料替代一部分玉米等高能饲料，以利于锻炼胃肠，提高对饲料的消化能力，使育成鸡有一个良好的体况。要注意补充维生素和矿物质，饲粮中钙、磷、硒、锌等的含量及钙、磷比例要合适。

2. 饲料更换 在育成期内，至少于 6～7 周龄和 16～18 周龄有两次换料。每次换料都要有一个过渡阶段，不可以突然全换，要使鸡有一个适应过程。尤其从育雏期至育成期，饲料的更换是一个很大的转折，饲料的营养成分，如粗蛋白质含量从 18%～19% 降至 14%～15%。饲料原料的变化，易改变鸡的适口性，采食量会减少，此时若管理不好，鸡就容易发病。因此，可采取下列方法进行饲料过渡，即从 7 周龄的前 1～2 天，用 2/3 的育雏期饲料和 1/3 的育成期饲料混合喂给；7 周龄的 5～7 天，用 1/3 的育雏期饲料和 2/3 的育成期饲料混合喂；从 8 周龄开始，完全喂给育成期饲料。养鸡生产中常用的换料方法见表 3-7。

表 3-7 鸡的换料方法

换料方法	前料＋后料	饲喂时间（天）
方法 1	2/3＋1/3	2
	1/2＋1/2	2
	1/3＋2/3	3

续表 3-7

换料方法	前料＋后料	饲喂时间(天)
方法 2	2/3＋1/3	3
	1/3＋2/3	4
方法 3	1/2＋1/2	7

第一种换料的方法比较细,常用于雏鸡和饲料种类成分变化较大的情况下;第三种换料方法比较粗,一般用于成年鸡和饲料种类成分变化较小的时候;第二种换料方法介于两者之间,适用范围较广。

3. 限制饲养 限制饲养是根据育成鸡的营养特点,限制其饲料采食量,适当降低饲料营养水平的一种特殊的饲养措施。其目的是提高饲料利用效率,控制适时开产,保证高产、稳产,提高经济效益。

(1)限制饲养的意义 ①通过限饲可使性成熟延迟 5～10 天,使卵巢和输卵管得到充分的发育,功能活动增强,从而增加整个产蛋期的产蛋量。②保持鸡有良好的繁殖体况,防止母鸡过肥,体重过大或过小,提高种蛋合格率、受精率和孵化率,使产蛋高峰持续时间长。③可以节省饲料(一般为 10%～15%),提高成鸡产蛋的饲料效能。④可以降低产蛋期死亡率,因为健康状况不佳的病弱鸡,难以忍受自然淘汰这一过程,由于限饲反应在开产前就已被淘汰,从而提高了产蛋期的存活率。

(2)限制饲养的要求 ①应根据本单位具体情况采用最简便的方法,减少麻烦与负担,少费工时。②采用限制饲养要以增加经济效益为主要宗旨,加大产品成本则意味着失败。③其限制量不能有损鸡群健康,各种死亡率不能超过正常死亡率。④营养限制不能降低鸡蛋的品质。⑤限饲前须进行断喙,以防止发生啄癖。

（3）限制饲养方法　限制方法有多种，如限时法、限量法和限质法等。

①限时法。就是通过控制鸡的采食时间来控制采食量，从而达到控制体重和性成熟的目的。具体分为以下几种。

每日限喂。每天喂给一定量的饲料和饮水，规定饲喂次数和每次采食时间。此法对鸡的应激较小。有人采用每 2～3 小时给饲 15～30 分钟的方法，能提高饲料转化率。

隔日限喂。就是喂 1 天，停 1 天，把两天（48 小时）的饲料量集中在一天喂给。给料日将饲料均匀地撒在料槽内，停喂日撤去槽中的剩料，也不给其他食物，但供足饮水，尤其热天更不能断水。此法对鸡的应激较大，可用于体重超标的鸡群限饲，常用于肉种鸡 7～11 周龄的限喂。

每周限喂。即每周停喂 1～2 天。停喂两天的做法是：周日、周三停喂，将一周中限喂料量均衡地在 5 天中喂给。此法既节省了饲料，又减少应激，常用蛋用型鸡育成期的限喂。

②限量法。就是规定鸡群每日、每周或某阶段的饲料用量。在实行限量饲喂时，蛋用鸡一般喂给正常饲喂的 80%～90%，而肉用种鸡只喂给自由采食时的 60%～80%。此法易操作，应用比较普遍，但饲粮营养必须全价，不限定鸡的采食时间。

③限质法。就是限制饲粮营养水平，使某种营养成分低于正常水平。一般采用的有低能饲粮、低蛋白饲粮、低能低蛋白饲粮、低赖氨酸饲粮等，从而使鸡生长速度降低，性成熟延迟。农村粗放养鸡常采用此法。

（4）限制饲养的注意事项

①定期称测体重，掌握好给料量。限饲开始时，要随机抽样 30～50 只鸡称重并编号，每周或两周称重一次，将其平均体重与标准体重相比较，10 周龄以内的误差最大允许范围为 ±10%，10 周龄以后则为 ±5%，超过这个范围说明体重不符合标准要求，就

应适当减少或增加饲料喂量。每次增加或减少的饲料量以 5 克/（只·日）为宜,待体重恢复标准后仍按表中所列数量喂给。育成鸡的大致给料标准和体重应达到的范围见表 3-8。

表 3-8　育成鸡 7～20 周龄体重和给料量

周　龄	白壳蛋鸡品种		褐壳蛋鸡品种	
	每日每只给料（克）	体重范围（克）	每日每只给料（克）	体重范围（克）
7	45	420～520	50	560～680
8	49	500～600	55	650～790
9	52	570～710	59	740～900
10	54	660～820	63	830～1010
11	55	770～930	67	920～1120
12	57	860～1040	70	990～1220
13	59	940～1120	73	1070～1310
14	60	1010～1190	76	1130～1390
15	62	1070～1250	79	1200～1460
16	64	1120～1300	82	1260～1540
17	67	1160～1340	85	1320～1620
18	68	1190～1370	88	1390～1690
19	74	1210～1410	91	1450～1770
20	83	1260～1480	95	1500～1840

②确定起限时间。目前,生产中对蛋鸡的限制饲养多从 9 周龄开始,常采用限量法。

③设置足够的料槽。限饲时必须备足料槽,而且要摆布合理,防止弱鸡采食太少,鸡群饥饱不均,发育不整齐,要求每只鸡都要有一定的采食位置,最好留有占鸡数 1/10 左右的余位。

④限饲前应对母鸡断喙，以防相互啄伤。对公鸡可剪冠，用于自然交配的公鸡断内侧趾及后趾。

⑤限饲中特殊情况的处理。限饲过程中，如果鸡群发病、接种疫苗或转群时，可暂时停止限饲，待消除影响后再行限饲。

⑥应与控制光照相配合。实施限饲时，与控光相结合，效果会更好。

⑦限饲应以增加总体经济效益为主要宗旨。不能因限饲而加大产品成本，造成过多的死亡或降低产品质量。如鸡场的饲养条件不好，育成鸡体重又比标准轻，切不可进行限制饲养。

⑧笼养育成鸡的限饲。笼养育成鸡，控制饲养的技术措施比较容易实施，应激较小，如果管理正常，可获得85%甚至更高的均匀度。但由于笼养时鸡的运动量减少，应考虑适当降低饲养标准中的能量含量。另外，笼养时采取限制时间可适当提前。

（四）育成鸡的管理

1. 鸡舍和设备　转群前必须做好育成鸡舍的准备，如鸡舍的维修、清刷、消毒等，准备充足的料槽和水槽。

2. 淘汰病弱鸡　在转群过程中，挑选健康无病、发育匀称、外貌符合本品种要求的鸡只转入育成鸡舍，淘汰病弱鸡、残鸡及外貌不符合本品种要求的鸡。

3. 精心转群过渡　笼育或网育雏鸡进入育成期后，有的需要下笼改为地面平养，以便加强运动；有的需要转入育成鸡笼，以便于加强管理。这一转变使小鸡不太习惯，转群后有害怕表现，容易引起拥挤。必须提供采食、饮水的良好环境，注意观察鸡群，尤其是在夜间要加强值班，防止意外事故的发生。

4. 保持适宜的饲养密度　育成鸡无论是平养还是笼养，都要保持适宜的饲养密度，才能使鸡只个体发育均匀。密度过大，再加上舍内空气污浊，鸡的死亡率高，体重的均匀度较差，残鸡较多，合格鸡减少,影响育成计划。育成鸡的饲养密度见表 3-9 和表 3-10。

表 3-9　育成鸡在垫料上的密度

品系和性别	周　龄	只/米²
白壳蛋系蛋用母鸡	至 18 周龄	8.3
	至 22 周龄	6.2
褐壳蛋系蛋用母鸡	至 18 周龄	6.3
	至 22 周龄	5.4
白壳蛋系种用母鸡		5.4
白壳蛋系种用公鸡		5.4
褐壳蛋系种用母鸡		4.9
褐壳蛋系种用公鸡		4.3

注:栅养时所需面积为地面平养的 60%;栅养与平养结合时,为地面平养的 75%

表 3-10　笼养育成鸡密度

品种类型	周　龄	只/米²
白壳蛋系蛋用母鸡	至 14 周龄	232
	至 18 周龄	290
	至 22 周龄	389
褐壳蛋系蛋用母鸡	至 14 周龄	277
	至 18 周龄	355
	至 22 周龄	484

对群养育成鸡还要进行分群,防止群体过大不便管理,每群以不超过 500 只为宜。

5. 控制性成熟　育成鸡过早或过迟性成熟,均不利于以后产蛋力的发挥。性成熟过早,就会早开产,产小蛋,持续高产时间短,出现早衰,产蛋量减少。但性成熟过晚,则将推迟开产时间,产蛋量减少。因此,要合理控制育成鸡的性成熟,做到适时开产。

　　控制育成鸡性成熟的方法主要有两个方面:一是限制饲养,二是控制光照。关键是把限制饲养与光照管理结合起来,只强调某个方面都不会取得很好的效果。按限制饲养管理,鸡的体重符合标准,但延迟了开产日龄,原因是光照时间不足,体重较轻;如果增加光照时间,而忽视了饲料的营养和给量,达不到标准体重,结果是开产蛋重小,产蛋高峰期延迟。

　　6. 合理设置料槽和水槽　育成期的料槽位置,每只鸡为 8 厘米左右,水槽的位置为料槽的一半。料槽、水槽在舍内要均匀分布,相互之间的距离不应超过 3 米。其高度要经常调整,使之与鸡背的高度基本一致。

　　7. 加强通风　通风的目的,一是保持舍内空气新鲜,给育成鸡提供所需要的氧气,排除舍内的二氧化碳、氨气等污浊气体;二是降低舍内气温;三是排除舍内过多的水分,降低舍内湿度。开放式鸡舍要注意打开门、窗通风,封闭式鸡舍要加强机械通风。

　　8. 添喂沙砾　为提高育成鸡的胃肠消化功能及饲料利用率,育成期内有必要添喂沙砾,沙砾的直径以 2～3 毫米为宜。添喂方法,可将沙砾拌入饲料喂给,也可以单独放入沙槽内饲喂。沙砾要求清洁卫生,最好用清水冲洗干净,再用 0.1％的高锰酸钾水溶液消毒后使用。

　　9. 避免啄癖　笼养育成鸡容易发生啄癖。为减少啄癖造成的损失,一定要做好笼养鸡的断喙工作。鸡群出现啄癖后,要及时分析原因,并采取针对性措施,消除发病因素。

　　10. 预防疾病　由于育成鸡饲养密度大,要注意及时清除粪便,保持环境卫生,加强防疫,做好疫苗接种和驱虫工作。一般在育成鸡 70～90 日龄进行鸡新城疫 I 系疫苗接种,每年 6～7 月份进行一次鸡痘疫苗接种,在 120～130 日龄进行驱虫、灭虱。

　　11. 做好记录　在育雏和育成阶段都要有记录,这也是鸡群管理的必要组成部分。做好认真全面的记录,可使管理者随时了解鸡群状况,为即将采取的决策提供依据。记录的主要内容应包括以下诸方面:①雏鸡的品种(系)、来源和进雏数量;②每周、每日的饲料消耗情况;③每周鸡群增重情况;④每日或某阶段鸡群死亡数和死亡率;⑤每日、每周鸡群淘汰只数;⑥每日各时的温、湿度变化情况;⑦疫苗接种,包括接种日期、疫苗生产厂家和批号、疫苗种类、接种方法、接种鸡日龄及接种人员姓名等;⑧每日、每周用药统计,包括使用的药物、投药日期、鸡龄、投药方法、疾病诊断及治疗反应等;⑨日常物品的消耗及废物处理方法等;⑩其他需要记载的事项。

12. 分析育成记录 ①分析育成鸡群生长及死亡淘汰情况,计算每日或每周鸡群增重率和育成率。②分析育成期饲料利用情况,计算饲料利用率。③分析传染病或其他疾病的发生情况,总结防疫和用药效果。④计算成本,包括育雏期成本和育成期成本。如雏鸡价格、进雏数量、各期饲料价格和用量、疫苗及药品用量和所用款项、人员工资、易耗品支出、设备及鸡舍折旧、贷款利息支付、水电费用及其他用于养鸡生产的支出等。

三、商品产蛋鸡的饲养管理

饲养商品产蛋鸡的主要任务是创造尽可能良好的生活环境和生产条件,提高产蛋率,增加蛋重,降低饲料消耗、蛋的破损率及鸡群死亡率,达到高产、稳产和提高经济效益的目的。

(一)转群上笼

育成鸡早的可在 17～18 周龄进行转群上笼,最迟不应超过 22 周龄。早些上笼能使母鸡在开产前有足够的时间适应环境。上笼前应做好笼具安装、食槽与水槽的调试及蛋鸡舍保温等准备工作。值得注意的是,转群上笼会使鸡产生较大的应激反应,特别是育成期由平养转为笼养时应激反应尤为强烈,有些鸡经过转群上笼而体重下降,精神紧张,腹泻等,一般需经 3～5 天甚至 1 周以上才能恢复。因此,育成鸡转群上笼时必须注意以下几个问题。

第一,母鸡上笼前后应保持良好的健康状况。上笼前有必要对育成鸡进行整群,对精神不好、腹泻、消化道有炎症的鸡进行隔离治疗;对失去治疗价值的病、弱鸡及时淘汰;对羽毛松乱、无光泽、冠髯和脸色苍白、喙和腿颜色较浅的鸡挑出来进行驱虫(也可以对整个鸡群进行驱虫);把生长缓慢、体重较小的鸡单独饲养,给予较好的饲料,加强营养,使其尽快增重。对限制饲养的鸡群,转群上笼前 2～3 天可改为自由采食,上笼当天不需添加过多的饲料,以够食为度,让鸡将料吃干净。

第二,白壳蛋鸡品系的转群时间应早于褐壳蛋鸡品系。适当提前转群,有利于新母鸡逐渐适应新环境,有利于开产后产蛋率的尽快增加。

第三,转群上笼应尽量选择气候适宜的时间。夏季应利用清晨或晚上较凉爽时进行,冬季则应在中午较暖和的时候进行。上笼时舍内使用绿色灯泡或把光线变暗,减少惊群,捉鸡时要轻拿轻放,避免粗暴。

第四,转群抓鸡时应抓鸡的双腿,在装笼运输时严禁装得过多,以免挤伤、压伤。在运输过程中,尽量不让鸡群受惊、受热、受凉,切勿时间过长。若育成鸡舍与蛋鸡舍距离较近,可用人工提鸡双腿直接转入蛋鸡舍。

第五,上笼时不要同时进行预防注射或断喙,以免增加应激。

第六,装笼数量应根据笼位大小、鸡的品种和季节合理确定。在下层鸡笼中多装 2%～5% 的鸡,有利于提高笼位利用率。

第七,上笼后 2～3 天,不宜改变饲粮,视鸡采食情况,再决定是否恢复限制饲养。上笼后1周内的饲粮应增加多种维生素，以减少鸡群的应激反应。饲料要少给勤添。

第八，待鸡群稳定后再按免疫程序进行免疫接种。

（二）育成效果不好的补救

在实际生产中，不可能每批鸡都达到理想的育成效果，不同季节会出现不同的情况。如果育成后期仍然参差不齐，就应在转群时给予补救饲养。在转群时，首先按大、中、小和强弱分笼与分排，然后按鸡群的不同体况进行调整饲养。对发育极差的僵鸡应予淘汰。鸡群开产后，对未开产的瘦小鸡和发育异常健壮的肥胖鸡，继续饲养已没有经济价值，也应予以淘汰。通过转群后补救，逐步缩小体重差异，更好地发挥鸡的生产潜能。

（三）商品产蛋鸡的饲养

1. 分段饲养　根据鸡群周龄和产蛋率，将产蛋期分为若干阶段，不同阶段喂给含不同水平的蛋白质、能量和钙的饲粮，使饲养较为合理，且节省一部分蛋白质饲料，这种方法就叫分段饲养。

分段饲养分为两阶段饲养（即分产蛋前期和产蛋后期）和三阶段饲养，而三阶段饲养法又可分为按鸡群周龄分段和按鸡群产蛋率分段两种方法。

（1）两阶段饲养法　按鸡群产蛋周龄并结合产蛋率的升降变化分产蛋前期和产蛋后期。即从鸡群开产（鸡群产蛋率达5％）至产蛋高峰（鸡群产蛋率达85％）期过后为产蛋前期，产蛋高峰过后至鸡群淘汰这段时期为产蛋后期。两阶段饲粮营养水平及饲粮配方见表3-11和表3-12。

第三章 蛋用型鸡的饲养管理

表 3-11 产蛋鸡主要营养成分的需要量

项　目	产蛋阶段		种　鸡
	开产至高峰期 (产蛋率大于85%)	高峰后期 (产蛋率小于85%)	
代谢能（兆焦/千克）	11.29	10.87	11.29
粗蛋白质（%）	16.5	15.5	18.0
蛋白能量比（克/兆焦）	14.61	14.26	15.94
钙(%)	3.5	3.5	3.5
总磷（%）	0.60	0.60	0.60
有效磷（%）	0.32	0.32	0.32
钠(%)	0.15	0.15	0.15
氯(%)	0.15	0.15	0.15
蛋氨酸（%）	0.34	0.32	0.34
蛋氨酸＋胱氨酸（%）	0.65	0.56	0.65
赖氨酸（%）	0.75	0.70	0.70

注：摘自农业部2004年颁布的"鸡的饲养标准"

表 3-12 产蛋期两阶段(按产蛋周龄分段)饲粮配方

饲料种类及其营养含量	开产至高峰期(>85%)			高峰后期(<85%)		种　鸡	
	配方1	配方2	配方3	配方1	配方2	配方1	配方2
玉　米（%）	66.1	60.00	53.70	63.00	61.00	64.20	51.00
麸　皮（%）	—	10.00	—	—	5.00	—	—
豆　粕（%）	20.00	—	—	—	—	21.00	18.00
豆　饼（%）	—	10.00	28.00	23.80	18.00	—	—
棉　粕（%）	2.00	—	—	2.00	—	—	—
棉　饼（%）	—	—	—	—	3.00	—	—
高　粱（%）	—	—	5.00	—	—	—	15.00

・105・

续表 3-12

饲料种类及其营养含量	开产至高峰期(>85%)			高峰后期(<85%)		种　鸡	
	配方1	配方2	配方3	配方1	配方2	配方1	配方2
菜籽饼（%）	—	—	1.00	—	4.00	—	—
葵籽饼（%）	—	—	1.00	—	—	—	—
槐叶粉（%）	—	2.00	2.00	—	—	—	—
苜蓿粉（%）	—	—	—	—	—	—	1.00
鱼　粉（%）	—	10.00	—	—	—	4.00	5.00
骨　粉（%）	—	—	2.50	—	1.70	—	—
贝壳粉（%）	—	6.70	5.30	—	—	—	—
石　粉（%）	8.30	—	—	8.40	6.00	7.20	7.00
磷酸氢钙（%）	1.50	—	—	1.50	—	1.50	1.50
动物油（%）	—	—	—	—	—	0.80	—
植物油（%）	0.80	—	—	—	—	—	0.20
预混料（%）	1.00	1.00	1.00	1.00	1.00	1.00	1.00
食　盐（%）	0.30	0.30	0.50	0.30	0.30	0.30	0.30
代谢能(兆焦/千克)	11.27	11.34	11.26	11.15	10.38	11.43	11.14
粗蛋白质（%）	16.73	16.50	16.90	15.80	15.30	18.50	18.00
蛋白能量比(克/兆焦)	14.84	14.55	15.01	14.17	14.74	16.19	16.15
钙（%）	3.51	3.20	3.46	3.55	3.07	3.27	3.30
总磷（%）	0.67	0.70	0.65	0.65	0.58	0.77	0.79
有效磷（%）	0.47	—	—	0.48	—	0.58	0.61
赖氨酸（%）	0.70	0.91	0.96	0.76	0.69	0.85	0.81
蛋氨酸（%）	0.25	0.32	0.24	0.24	0.27	0.30	0.30
蛋氨酸＋胱氨酸（%）	0.51	0.59	0.55	0.50	0.54	0.57	0.54

（2）三阶段饲养法

①按鸡群周龄分段饲养。按鸡群周龄把产蛋期分为产蛋前期（20～42 周龄）、产蛋中期（43～62 周龄）和产蛋后期（63 周龄以后）三个阶段。

如果在育成期鸡群饲养管理得当，一般可在 20～22 周龄开始产蛋，在 28～32 周龄产蛋率达 90% 左右，至 40～42 周龄仍在80% 以上。体重也由 20 周龄的 1.7 千克左右，增加到 42 周龄时的 2.1 千克左右（42 周龄后体重只增加少许）。因此，加强鸡产蛋前期的饲养非常关键。要注意提高饲粮中蛋白质、矿物质和维生素的含量，促使鸡群产蛋率迅速上升达到高峰，并能持续较长时间。在产蛋前期，白壳蛋鸡母鸡每天每只需摄入蛋白质 18.9 克，代谢能 1 264 千焦，炎热天气代谢能应予减少。

产蛋中、后期，母鸡产蛋率逐渐下降，但蛋重仍有所增加。这一时期饲粮蛋白质含量可适当减少，但要注意保证鸡的营养需要，使鸡群产蛋率缓慢而平稳地下降。白壳蛋鸡三阶段给料标准及饲粮配方参见表 3-13 和表 3-14。

表 3-13　白壳蛋鸡三阶段饲养给料标准

项　目	产蛋时期		
	前　期 （20～42 周龄）	中　期 （43～62 周龄）	后　期 （63 周龄以后）
饲粮蛋白质含量（%）	18.0	16.5	15.0
饲粮代谢能含量（千焦/千克）	11966	11966	11966
每日每只代谢能（千焦）	1264	1249	1184
高峰产蛋率（%）	90	—	—
母鸡日平均产蛋率（%）	74.2	73.5	61.5
饲料消耗量（克/日·只）	105	104	90
蛋白质摄入量（克/日·只）	18.9	17.2	14.9

表 3-14　三阶段饲养法饲粮配方

饲料名称	配合比例(%)			营养成分	含量(%)		
	前期	中期	后期		前期	中期	后期
玉　米	59	60	61	代谢能(兆焦/千克)	11.51	11.46	11.46
豆　饼	21	20	19	粗蛋白质	18.2	17.10	16.29
麸　皮	4.5	5	6	钙	3.40	3.51	3.63
进口鱼粉	6	5	4	有效磷	0.55	0.56	0.54
骨　粉	2	2	1.5	蛋氨酸	0.34	0.34	0.30
贝壳粉	7	7.5	8	蛋氨酸+胱氨酸	0.62	0.55	0.53
食　盐	0.3	0.3	0.3	赖氨酸	0.99	0.90	0.84
微量元素	0.2	0.2	0.2	色氨酸	0.24	0.23	0.22
多维素	0.04	0.04	0.04				
蛋氨酸	0.06	0.06	0.06				

②按鸡群产蛋率分段饲养。按照鸡群的产蛋率把产蛋期划分为 3 个阶段,即产蛋率小于 65%、产蛋率 65%～80%、产蛋率大于80%。各段饲粮营养水平及饲粮配方见表 3-15 和表 3-16。

表 3-15　产蛋期蛋用鸡及种母鸡主要营养成分的需要量

项　目	产蛋鸡及种鸡的产蛋率(%)		
	大于 80	65～80	小于 65
代谢能(兆焦/千克)	11.50	11.50	11.50
粗蛋白质(%)	16.50	15.00	14.00
蛋白能量比(克/兆焦)	14.00	13.00	12.00
钙(%)	3.50	3.40	3.30
总磷(%)	0.60	0.60	0.60
有效磷(%)	0.33	0.32	0.30
食盐(%)	0.37	0.37	0.37
蛋氨酸(%)	0.36	0.33	0.31

续表 3-15

项 目	产蛋鸡及种鸡的产蛋率(%)		
	大于 80	65~80	小于 65
蛋氨酸＋胱氨酸（%）	0.63	0.57	0.53
赖氨酸（%）	0.73	0.65	0.62

表 3-16 产蛋鸡饲粮配方

饲料种类及其营养含量	小于 65%			65%~80%			大于 80%		
	配方 1	配方 2	配方 3	配方 1	配方 2	配方 3	配方 1	配方 2	配方 3
玉 米（%）	65.5	56.7	65.0	63.5	68.25	61.45	60.0	58.5	63.25
高 粱（%）	—	5.0	4.0	—	—	2.0	—	—	—
大 麦（%）	—	15.0	—	—	—	—	—	—	—
麦 麸（%）	7.0	—	2.75	7.98	—	5.0	5.0	6.0	—
豆 饼（%）	14.0	9.0	7.0	15.0	16.0	14.0	18.0	21.0	19.5
棉籽饼（%）	—	—	5.0	—	—	—	—	—	—
菜籽饼（%）	—	—	5.0	—	—	—	—	—	—
苜蓿草粉（%）	—	—	2.0	—	1.5	—	—	—	1.5
槐叶粉（%）	—	—	—	—	—	3.25	—	—	—
鱼 粉（%）	5.0	5.5	4.0	6.0	7.0	8.0	8.0	5.0	7.0
骨 粉（%）	1.0	2.5	2.0	—	—	—	1.0	1.35	1.5
贝壳粉（%）	—	6.0	—	—	—	—	—	—	—
石 粉（%）	7.4	—	—	7.5	—	—	8.0	8.0	—
蛎 粉（%）	—	—	—	—	4.0	6.0	—	—	—
无机盐添加剂（%）	—	—	3.0	—	3.0	—	—	—	3.0
蛋氨酸（%）	0.1	—	—	0.02	—	0.05	0.01	0.05	—
食 盐（%）	—	0.3	0.25	—	0.25	0.25	—	0.1	0.25
代谢能（兆焦/千克）	11.30	11.46	11.84	11.51	11.72	11.46	11.38	11.30	11.30
粗蛋白质（%）	13.7	15.0	15.0	14.8	16.4	16.4	16.8	16.9	18.0

续表 3-16

饲料种类及其营养含量	小于 65%			65%～80%			大于 80%		
	配方 1	配方 2	配方 3	配方 1	配方 2	配方 3	配方 1	配方 2	配方 3
粗纤维(%)	2.8	2.5	3.7	2.77	2.51	2.83	2.7	2.9	2.7
钙(%)	2.91	3.26	1.99	3.46	3.40	3.60	3.79	3.58	3.29
磷(%)	0.52	0.80	0.46	0.65	0.64	0.60	0.70	0.71	0.92
赖氨酸(%)	0.77	0.77	0.67	0.77	0.86	0.82	0.89	0.87	0.97
蛋氨酸(%)	0.35	0.30	0.52	0.26	0.53	0.30	0.26	0.26	0.57
胱氨酸(%)	0.25	0.24	—	0.26	—	0.24	0.20	0.30	—

(3)分段饲养应注意的问题

第一,各阶段饲粮过渡应逐渐进行,切忌因饲粮突然更换而使鸡群产蛋率下降。

第二,要考虑饲粮能量水平和环境温度对鸡采食量的影响。如果产蛋后期正处于夏季,此时便不宜降低饲粮蛋白质水平,因为炎热的气候会导致鸡采食量下降。

第三,要经常测定鸡的采食量。其测定方法,如按天或按顿人工供料,则当天鸡群耗料量除以存活母鸡数,便是鸡当天平均采食量。如采用贮料塔或贮料箱等机械供料,可在料塔(或料箱)全空后再装入一定数量的饲料,全部吃完后统计饲喂天数,则可大致算出鸡群平均采食量。

2. 喂料 蛋鸡的喂料既可以自动化,也可以手工操作。笼养蛋鸡对饲粮营养的要求比地面平养更为严格,应采用干粉料,少给勤添,每天喂料 2～3 次。人工添料时,添料量不要超过食槽的1/2,避免饲料撒到槽外,减少浪费。

为了使鸡群保持旺盛的食欲,每天必须留有一定的空槽时间,以免饲料长期在料槽内积存,使鸡产生厌食和挑食的恶习。

白壳蛋鸡和褐壳蛋鸡每只每天的大致给料量见表 3-17。

表 3-17　蛋鸡每只每天给料量标准

周　龄	给料量（克）		周　龄	给料量（克）	
	白壳蛋鸡	褐壳蛋鸡		白壳蛋鸡	褐壳蛋鸡
21	85	95	47	104	118
22	95	108	48	104	118
23	104	110	49	104	118
24	109	115	50	104	118
25	109	118	51	104	115
26	109	120	52	104	115
27	109	120	53	104	115
28	109	120	54	104	115
29	109	120	55	104	115
30	109	120	56	104	115
31	109	120	57	104	115
32	109	120	58	104	115
33	109	120	59	100	115
34	109	120	60	100	115
35	109	120	61	100	110
36	109	120	62	100	110
37	109	120	63	100	110
38	109	120	64	100	110
39	109	120	65	100	110
40	109	120	66	100	105
41	104	118	67	100	105
42	104	118	68	100	105
43	104	118	69	100	105
44	104	118	70	95	105
45	104	118	71	95	105
46	104	118	72	95	105

3. 饮水 成鸡体内含水量占体重的 50％,鸡蛋内含水量高达 70％,因此产蛋鸡需水量很大,必须供给足够的清洁饮水。否则,对产蛋将产生很大的影响。若鸡群断水 24 小时,产蛋量减少 30％,需 25～30 天的时间才能恢复正常;鸡群断水 36 小时,产蛋量不能恢复原来的水平;断水 36 小时以上,将会有部分母鸡停止产蛋,导致换羽,长时期产蛋受到限制。若高温季节断水,对产蛋影响更甚,不仅引起产蛋大幅度下降,严重时还将引起鸡只死亡。

当舍温不超过 24℃时,应保证每只产蛋鸡每天 210～300 毫升的饮水;在舍温超过 25℃时,饮水量必须适当增加。正常情况下,应让鸡群自由饮水。

除了供应充足的饮水外,还要保证饮水质量,以长流水为最好。若不具备这个条件,应每天换水 1～3 次,保持水槽卫生,使水清洁、无色、无异味、不浑浊。

4. 喂沙 无论是种鸡还是商品蛋鸡,无论是平养还是笼养,都要经常补饲消毒过的沙石,这对笼养鸡尤为重要。沙砾的大小要适中,以直径 4～5 毫米为宜。消毒的方法可用 0.1％高锰酸钾溶液或百毒杀 0.1％溶液浸泡。其喂法可按 0.5％的比例混合在饲料里。

(四)商品产蛋鸡的管理

1. 饲养密度 商品蛋鸡的饲养密度因不同类型而有差异。笼养时,白壳蛋系鸡为 26.3 只/米²,褐壳蛋系鸡为 21.3 只/米²。如长度为 1.9 米的 4 门笼,小笼宽度为相等的,每个小笼可养白壳蛋鸡 4 只,可养褐壳蛋鸡 3 只。

2. 鸡舍温度 鸡的产蛋性能只有在适宜的舍温条件下才能充分发挥,温度过低或过高,都会影响鸡群的健康和生产性能,使产蛋率下降,饲料报酬降低,并影响蛋壳品质。产蛋鸡舍的适宜温度为 13℃～23℃,最佳温度为 16℃～20℃,不能低于 7.8℃或高于 28℃。

3. 鸡舍湿度　鸡舍内的湿度主要来源于 3 个方面，一是外界空气中的水分进入鸡舍内，二是鸡的呼吸和排出的粪尿，三是鸡舍内水槽的水分蒸发。

产蛋鸡舍内的相对湿度应保持在 55%～65%。若舍内湿度过低，尘埃飞扬，容易导致鸡只发生呼吸道疾病；若舍内湿度过大，在冬季易使鸡体失热过多而受凉发生感冒，鸡群易患支原体病和腹泻；在夏季，鸡呼吸排散到空气中的水分受到限制，鸡的蒸发散热受阻。在养鸡生产中，鸡舍湿度过大的情况较多发生，必须注意采取降湿措施。

4. 通风　一般通风量夏季为 12～14 米^3/（小时·只），春、秋季为 6～7 米^3/（小时·只），冬季为 3～4 米^3/（小时·只）。当舍温超过 25℃时，机械通风鸡舍的风机应全部开启，自然通风鸡舍的窗户应全部打开。冬季要正确处理好通风和保温之间的关系，适时适度通风。

5. 光照强度　在鸡产蛋期间，光照强度和时间要保持相对稳定，严禁缩短光照时间。

（1）光照强度　鸡舍内光照强度一定要适宜，一般以 10～20 勒（3～4 瓦/米^2）为宜。光照分布要均匀，不要留有光照死角。如果光照过暗，不利于鸡只产蛋，而光照过强又会使鸡只显得神经质，易惊群，常发生相互啄斗现象。光源一般安装在走道上方，距地面 2 米，灯泡用普通的白炽灯，功率以 15～60 瓦为宜。

（2）光照时间　密闭式鸡舍可以人为控制光照，使鸡充分发挥其产蛋潜力，这是密闭式鸡舍产蛋量较高的主要原因之一。不同鸡种的光照方案略有区别，部分鸡种光照控制标准参见表 3-18。

表 3-18　部分鸡种光照标准(密闭式鸡舍)　(单位:小时)

周　龄	罗曼褐	伊莎褐	星杂 579	京白 904	巴布可克 B-300
17	8	9	9	8	10
18	8	10	10	9	10
19	8	11	10.5	10	10
20	10	12	11	10.5	10
21	12	12.5	11.5	11	11
22	12.5	13	12	11.5	12
23	13	13.5	12.5	12	12.5
24	13.5	14	13	12.5	13
25	14	14.5	13.5	13	13.5
26	14.5	15	14	13.5	14
27	15	15.5	14.5	14	14.5
28	15.5	以后 16.0	15	14.5	以后 15.0
29	以后 16.0	—	以后 16.0	15	—
30	—	—	—	15.5	—
31	—	—	—	以后 16.0	—

　　开放式鸡舍养鸡受自然光照的影响。自然光照的光照时间随季节的不同而变化很大。要保证产蛋鸡对光照的需要,就要根据不同季节和不同地区的自然光照规律,制定人工补光的管理制度。补光要循序渐进,每周增加半小时(不超过 1 小时),至满 16 小时为止,并持续到产蛋结束。夜间必须有 8 小时连续黑暗,以保证鸡体得到生理恢复,免于过度疲劳。黑暗时间要防止漏光。

　　(3)开放式鸡舍人工补光方法　对照标准,查出需要补充的人工光照时间。补充光照,可全部在天亮以前补给,也可以全部在日落后补给,还可以在天亮前和日落后各补一半,以两头补光方法效果最好。因为有些鸡在早晨活动力较强,有些鸡在晚上活动力较强,采用早晚各半的补光方法,可提高人工光照效果。

6. 料槽与水槽的位置　产蛋鸡的料槽和水槽位置,因鸡的不同类型而有差异,白壳蛋系鸡为 10 厘米/只,褐壳蛋系鸡为 15 厘米/只。

7. 开产前后的管理　开产前后的饲养管理相当重要,如果饲养管理得当,鸡群产蛋率可适时达到标准曲线。

(1)增加光照　鸡开产后的光照原则,是只能延长不能缩短。延长光照时间应根据 18 或 20 周龄时抽测的体重而定。如果鸡群平均体重达到标准,则应从 20 周龄起每周逐渐增加光照时间,直至增加到 15~16 小时后稳定不变;如果在 20 周龄仍达不到体重标准,可将补充光照的时间往后推迟 1 周,即在 21 周龄时进行。通过逐渐增加光照,刺激母鸡适时开产和达到预期的产蛋高峰。

(2)补钙和调换饲粮　生长鸡过早补钙,不利于钙质在母鸡的骨骼中沉积。这是因为母鸡在生殖期,许多骨骼的骨髓里由骨腔内壁长出一些互相交错的小骨针,外观很像松质骨,其间隙内充满了红骨髓和血窦,称为髓质骨,具有贮存钙质的功能,而在生长期则不具备这些生理特点。鸡产蛋后,骨髓中贮存的钙被动员出来,通过血液循环到达子宫部的蛋壳腺,参与蛋壳的形成。母鸡体内骨钙贮备基本上处于一种动态平衡。在一般情况下,母鸡骨骼中有足够形成几个蛋所需的钙贮备,通常骨钙贮备被动员出来后,又可通过采食补充。当从饲料中得不到足够的钙时,蛋壳质量就会变差,产软壳蛋或无壳蛋,甚至造成母鸡瘫痪。夜间形成蛋壳期间母鸡易感到缺钙。光照期间前半天鸡摄食的钙经消化道,在小肠中被吸收进入血液,沉积在骨骼中,然后需要时动用以形成蛋壳。只有后半天摄食的钙,才被直接用于形成蛋壳。普遍采用骨粉、贝壳粉和石粉作钙源,饲粮中贝壳粉和石粉为 2 : 1 的情况下,蛋壳强度最好。鸡对动物性钙源吸收最好,对植物性钙源吸收较差。

经过高温消毒的蛋壳是最好的钙源。补钙时间可从 18 周龄开始，可将育成鸡料的含钙量由 1％提高到 2％。待母鸡全群产蛋率达 5％时(理想的鸡群应在 20 周龄)，由育成鸡料改换为产蛋鸡料，这时饲料中钙的水平进一步提高到 3.2％～3.4％。如果饲料中钙不足，蛋壳质量就不好。

(3)保持鸡舍安静　鸡性成熟时是新生活阶段的开始，特别是产头两个蛋的时候表现出精神亢奋、行动异常和神经质，因此在开产期应尽量避免惊扰鸡群，创造一个安静的环境。

(4)根据体重变化增加喂料量　蛋鸡在产蛋率达 50％前 2～3 周和后 1～2 周，体重仍有较快增长。如从 19～23 周龄，罗曼褐蛋鸡和迪卡褐蛋鸡的体重分别增长 240 克和 320 克，维持体重所需的饲料用量在增加，加上产蛋所需的营养，此阶段给料量需要有较大幅度的增加，鸡的只日喂料量参见表 3-17。

8. 产蛋高峰期的管理　一般鸡群开产后的 1 个月左右可达产蛋高峰(80％以上产蛋率)。在产蛋高峰期，鸡体代谢旺盛，营养要求高，抗应激能力减弱。不仅要千方百计满足鸡群的各种营养需要，特别是蛋白质、钙、磷和维生素 A 与维生素 D_3 等不能低于应给的水平，而且要尽可能保持鸡舍的安静和环境条件的稳定。这一时期无特殊情况，不要安排免疫、驱虫，严禁调群和投放影响食欲的药物。否则，因环境条件突然变化，鸡的产蛋高峰便会下降。而对鸡体的影响愈大，产蛋高峰下落的速度与程度就愈甚，日后即使回升，也达不到应有的水平，将会造成鸡群严重减产。进入产蛋高峰期蛋鸡的光照应继续有序增加，达到光照最大值后保持稳定。此阶段要保证饮水不间断，供给足够的饮水，注意通风换气，保持舍内空气新鲜。在正常饲料之外，有条件的应另外补加颗粒状蛎壳，蛎壳直径从米粒大至黄豆大均可，每周添加 1 次，每次每只鸡添加 5 克，在下午捡蛋后撒在料槽内。补加颗粒状蛎壳，有利于增加蛋壳质量，防止软骨症的发生和减少蛋的破损。

9. 产蛋后期的管理　蛋鸡经过产蛋高峰后,体内营养消耗很多,体质下降。到产蛋后期鸡的产蛋量逐渐下降,同时由于体内钙质消耗过大,蛋壳质量也逐渐下降。此阶段要做好以下三点:一是适时调整饲料配方,降低饲料中的蛋白质含量,以防止鸡体过肥而影响产蛋,同时降低饲料成本;二是补钙,在正常饲料之外另外补加颗粒状蛎壳,直径从米粒大至黄豆大均可,每周添加 2 次,每次每只鸡添加 5 克,于下午捡蛋后撒在料槽中;三是及时发现并淘汰停产鸡,以节省饲料。

10. 日常管理

(1)观察鸡群　观察鸡群的目的,在于掌握鸡群的健康与食欲状况,捡出病、死鸡;检查饲养条件是否合理。观察鸡群最好在清晨或夜间进行。夜间鸡群平静,有利于检出患呼吸器官疾病的鸡只。如发现异常应及时分析原因,采取措施。鸡的粪便可以反映鸡的健康情况,要认真观察,然后对症处理,如巧克力粪便,则是盲肠消化后的正常排泄物,绿色下痢可能由消化不良、中毒或鸡新城疫引起,红色或白色粪便可能由球虫、蛔虫或绦虫病引起。另外,要经常淘汰病鸡与停产鸡,以减少饲料浪费,提高经济效益。

(2)捡蛋　捡蛋是正常管理工作中的重要内容之一。及时捡蛋,能减少鸡蛋相互碰撞造成的破损和粪便造成的污染。捡蛋时要轻拿轻放,尽量减少破损;发现产在笼内未及时滚入集蛋槽中的蛋要及时取出,以免由于鸡的践踏而增加破损。发现破损蛋时,要及时将流在集蛋槽上的蛋液清除干净,以免污染其他蛋。保持蛋盘或蛋箱的清洁干燥,每次用过的蛋盘或蛋箱应清洗、消毒,并晾干备用。用蛋箱捡蛋时,箱底应铺上干燥清洁的垫料。捡出的蛋要将清洁正常蛋、畸形蛋、脏蛋、破蛋分类码放。每天应统计蛋数和称蛋重。

(3)防止应激反应　对产蛋鸡来讲,保持环境稳定,创造适宜的饲养条件至关重要。特别是轻型蛋鸡,产蛋鸡对环境变化非常敏感,任何环境条件的突然变化,如抓鸡、注射、断喙、换料、停水、光照制度改变、灯影晃动、新奇颜色、飞鸟窜入等,都可以引起鸡群惊乱而发生应激反应。

(4)防止啄癖 不仅笼养育成鸡容易发生啄癖,笼养产蛋鸡的啄癖发病率也较高,特别是在光照强度较大情况下,啄癖更易发生。开放式鸡舍靠鸡舍外周的鸡笼光线较强,可采取适当的遮阳措施,有助于减少啄癖发病率。

11. 产蛋鸡的夏季管理 我国南方诸省夏季常出现高温天气,且持续时间长,造成鸡出现热应激。蛋鸡热应激时,会减少运动,翅下垂,张口呼吸,频频饮水,采食减少,造成产蛋率下降,蛋型变小,蛋壳变薄、变脆,表面粗糙,破蛋率上升。特别是笼养蛋鸡的饲养密度,受高温的威胁很大,死亡率也较高。由于鸡没有汗腺,主要依靠呼吸进行散热。因此,高温条件下母鸡自身做出的生理反应对缓解高温的不良影响,作用是有限的。管理上必须采取下列措施。

(1)加强鸡舍通风 开放式的鸡舍要打开门、窗,让空气自由流通。要排除鸡舍周围影响通风的障碍物,并开启吊扇和排气扇,促进鸡体热的散发。密闭式鸡舍要加强机械通风。

(2)隔热遮阳和喷水降温 对墙壁和天花板都必须安装各种绝热材料。屋顶除使用隔热材料和建成隔热层外,还可以用麦秸、稻草等铺盖屋顶,或栽种藤蔓植物,让其爬上屋顶遮阳;可在鸡舍两侧墙壁栽种丝瓜、南瓜或爬山虎等,以减少热辐射。条件好的鸡场可在鸡舍屋顶上安装喷淋水管,以利舍内降温。鸡舍四周和运动场以种落叶树遮阳为好。这样,营造一个良好的小气候环境,鸡舍可降温2℃～3℃。

(3)供给清洁的凉水 低温的饮水能降低鸡的体温,减少热应激对其采食量的影响。利用常流动的自来水可以达此目的。没有自来水可用井水代替。若用水盆或自动饮水器供水,则应注意勤换饮水。

(4)调整饲粮配方　适当降低饲粮中的能量水平,提高蛋白质含量,矿物质元素和维生素的含量也作适当提高,有利于夏季蛋鸡的稳产。

(5)改变喂料时间　中午气温高,鸡的体温也上升 0.3℃~1.5℃,这时鸡极少采食。鸡多在清晨和傍晚较凉爽的时候进食。这时喂料,可提高鸡的采食量。而在中午时,应让鸡休息。

(6)在饲粮中添加抗热应激的添加剂　在饲粮中添加 0.02%~0.04%的维生素 C,能明显抑制体温上升,提高鸡的采食量。有人报道,在饲粮中补充 0.02%的维生素 C,能使蛋鸡的产蛋率提高 9%。也可在饲粮或饮水中补充氯化钾,一般在饮水中添加 0.15%~0.3%,在饲粮中补充 0.3%~0.5%,能减少鸡的热应激。此外,还有报道在饲料中添加 0.05%~0.1%阿司匹林,可有效地缓解热应激。实际生产中常同时使用两种或三种添加剂,效果更佳。据试验,在饲料中添加 0.02%的维生素 C 和 0.5%的氯化钾,可以有效地防止蛋鸡热应激引起的生产性能下降。

生产者要特别注意每年夏季开始的几次高温应激。因为热应激导致笼养产蛋鸡死亡,大多发生于夏季开始时的几次热浪,过后鸡的耐热性能明显提高,死亡减少。

12. 产蛋鸡的冬季管理　冬季气温低,冷空气和寒流频繁袭击,风力大,日照短。冬季鸡用于维持体温的热能增多,采食量增加,基础代谢率升高。为了适应环境温度的变化,鸡羽毛变厚变密,心、肝、肾等内脏器官增大,胸肌相对增厚。低温会使鸡产蛋率下降,饲料报酬降低,甚至使鸡抵抗力减弱。

为了使鸡群在冬季保持理想的产蛋率,应着力做好以下几项工作。

(1)防寒保温　开放式鸡舍北面的窗户要关闭严实,并钉上塑料布,简易鸡舍北墙要增挂草帘;朝南的门窗除白天中午定时打开通风换气外,一般也要关闭,以防寒风吹袭。密闭式鸡舍则适当减少通风量。在长城以北地区,当舍温低于 8℃时,也可生炉火或砌火墙以增加舍温,使舍内温度最好保持在 13℃以上。

(2)增加喂料量　由于温度下降,鸡为了保持体温,就要增加采食量。冬天鸡的采食量约比温暖季节增加 10%。同时,要适当提高饲粮的能量水平,保证鸡的营养需要。注意给料量的增加应适可而止,防止鸡长得过肥。

(3)补充光照　冬季日照时间短,为提高产蛋率,开放式鸡舍必须进行人工补光。当蛋鸡达到 26 周龄时,每天的光照时间一般不少于 14 小时。密闭式鸡舍按既定的光照制度执行。

(4)预防呼吸道疾病发生　由于寒冷应激以及过分强调舍内保温而忽视通风换气,易使鸡舍内空气污浊,病原微生物增加,使得冬季鸡易发生传染性喉气管炎、新城疫、传染性支气管炎等呼吸道疾病。因此,在注意保温的同时,兼顾通风换气。要按程序做好免疫工作,保证鸡安全越冬。

13. 降低鸡蛋破损率的主要措施　在正常情况下,鸡蛋破损率一般在 1%～3%。若鸡场的破蛋率高,每年造成的损失是相当惊人的。蛋的破损,已成为国内外养鸡者十分关注的问题之一。

(1)破损蛋产生的原因　因蛋壳质量差而造成破损率高,有很多原因。主要与鸡的品种、年龄、气温、营养、管理、疾病等因素有关。

①鸡种的影响。不同品种、品系之间,其蛋壳强度存在着一定的差异。一般白壳蛋比褐壳蛋的破损率高,褐壳蛋又比粉壳蛋破损率高些,产蛋多的鸡比产蛋少的鸡破损率高。

②年龄的影响。鸡开产后,随着周龄的增加,蛋型也逐渐增大。在整个产蛋期间,随着蛋重的增加,蛋表面积增大,使蛋壳变薄,蛋壳强度降低。因此,随着母鸡年龄的增长,产蛋破损率逐渐升高,即使提高饲粮中钙的水平,也不能防止这一现象。

③环境温度的影响。鸡舍温度对蛋壳质量影响最大,舍温愈高,蛋的破损率也愈多。同时,随着舍温升高,蛋鸡采食量下降,相应降低了钙的摄入量,也减少了其他养分的摄入量。若高温,相对湿度又高时,蛋的破损率更高。气温超过 32℃ 以后,蛋的破损率明显上升。

④营养的影响。饲料中钙、磷含量不足或比例不协调,维生素 D_3 不足,就会影响蛋壳质量,使蛋的破损增多。若饲粮中含有效磷超过生理量时,也使蛋壳质量下降。因为过量的磷在蛋壳形成时,干扰钙从骨骼进入血液。而低于正常生理需要的磷,也将导致笼养鸡的疲劳征,并使死亡率提高。缺乏维生素 D_3,不利于钙、磷吸收和蛋壳形成。

⑤光照的影响。光照时间过长,母鸡活动频繁,会影响蛋壳的钙化过程,使破蛋率增加。上午产的蛋破损率比例较高,下午产的蛋破损率低,这与蛋壳形成时处于夜间安静时间长短有关。同时,下午产的蛋其产蛋间隔较长,鸡能得到足够的钙补充。

⑥疾病的影响。某些疾病干扰鸡形成蛋壳的能力。如鸡群发生传染性支气管炎时,蛋壳明显变差,破损率增加。黄曲霉菌病也可直接地影响蛋壳质量。大剂量使用磺胺类药物也会影响蛋壳质量。另外,有机氯杀虫剂如滴滴涕,工业污染剂中重金属如汞、铅等,由于它们在体内的积累作用而破坏蛋壳腺体的功能,因而对蛋壳质量有影响。

(2)降低鸡蛋破损率的综合性措施

第一,选择蛋壳质量较好的鸡种饲养。加强蛋鸡的育种工作,改进蛋壳质量。对一年以上的老鸡群及时淘汰,或采取强制换羽措施。

第二,合理调配饲料,按饲养标准供给足量比例合理的钙、磷,并且补充足够的维生素 D_3,防止营养缺乏症。最好在下午喂含钙较高的饲粮,以便在夜间形成蛋壳期间得到充足的钙源。

第三,加强鸡的保健,及时有序地开展鸡的免疫接种工作。预防引起蛋壳品质下降的传染病,避免在产蛋期进行一些不必要的预防接种。尽可能少喂或不喂磺胺类药物。

第四,及时修补笼具,防止因笼具问题而引起的鸡蛋破损。如及时修复底网、护蛋板等设施。

第五,在收集、运输鸡蛋的过程中,应做到轻拿轻放,运输途中避免颠簸。集蛋时,蛋盘应为标准产品,蛋箱中应放置一些垫料,并增加捡蛋次数。

第六,保持适宜的鸡舍温度,避免惊吓鸡群。高温季节要采取必要的防暑降温措施,提高鸡的采食量,保证鸡采食到足够的钙、磷。

第七,执行合理的光照制度,保证光照时间和光照强度适宜。

第八,补喂贝壳粒。在产蛋中后期,每周1次或2次加喂颗粒状蛎粉补充钙质。每次每只鸡的喂量为5克,于下午捡蛋后均匀撒于饲槽中。

14. 鸡群淘汰后的清理工作

(1)**彻底冲刷鸡舍设备** 冲刷之前先用塑料布将鸡舍内电器设备包好,以防漏电短路。注意冲刷应彻底,不留任何死角。

(2)**检修设备** 对鸡笼和其他设备进行一次彻底检修,保证下一个饲养期内少出问题,减轻平时修理对鸡群产生的应激反应。

(3)**消毒鸡舍设备** 为消灭毒源,杜绝舍内疫源隐患,鸡舍、设备可用2%～3%的火碱溶液或0.5%的过氧乙酸溶液或2%～3%的次氯酸钠溶液喷洒消毒,然后再用高锰酸钾加福尔马林熏蒸消毒,以达到彻底消毒的目的。

四、种用蛋鸡的饲养管理

饲养种鸡,不仅要使之产蛋多,而且还要注意种蛋合格率、受精率、孵化率和产蛋均衡性，从而使每只种母鸡提供更多的优质雏鸡。

（一）种鸡的饲养方式

种鸡饲养方式有笼养、栅（网）上饲养和地面平养。由于饲养管理水平的提高，目前鸡场和养鸡专业户多不采用地面平养方式，下面仅介绍前两种。

1. 笼养　种鸡笼养，多采用二阶梯式笼养，这样有利于人工授精技术的操作，而三阶梯式笼养种鸡，由于笼架比较高，不便于人工授精操作。种鸡笼养，采用人工授精配种，节省了大量公鸡，也相对节省了饲料，减少了大群饲养公鸡间的争配和啄斗，易于管理。

2. 栅（网）上饲养　指在离地面一定高度处设置栅架，栅架既可用木条、竹片、小圆竹制成，又可用铁丝网制成，饲养种鸡的栅架一般离地60～80厘米。种鸡栅（网）上饲养有以下几点好处：一是饲养环境较为卫生，鸡粪可从栅条间隙或网眼落下，鸡脚不直接接触粪便，有利于减少疾病的发生；二是种公、母鸡按比例合群饲养，可以适当运动，有利于增强繁殖能力，种蛋的受精率比较高；三是栅（网）上饲养种用蛋鸡，体质较为健壮，种鸡不至于偏肥，也不易发生笼养鸡疲劳征和脂肪肝综合征；四是蛋壳质量较好。

对于成年种鸡来说，木条栅架用的木条宽2.5～3厘米，空隙宽2.5厘米，木条走向与鸡舍的长轴平行；竹条栅架用竹竿或竹片制成，其直径或宽度与空隙一般均为2～2.5厘米；网状床架多用8号、10号或12号镀锌铁丝搭配编制，网格的大小为2.5～3厘米。栅（网）上饲养种鸡应注意以下3点。

（1）**建好支架**　栅条或网状床架应既便于拆卸和组装，又便于清洗和消毒。

（2）**种鸡合理分群**　因为群体过大或过小都会影响种蛋受精

率,所以种鸡大群配种时,每群一般以 300～500 只为宜,轻型蛋鸡公、母比例为 1∶12～15,中型蛋鸡公、母比例为 1∶10～12。

(3)设置产蛋箱 分为在鸡舍内设置产蛋箱和在鸡舍外设置产蛋箱两类。舍内产蛋箱常分为多叠层,置于鸡舍一侧,以木质产蛋箱多见。其规格为:宽 30 厘米,深 35 厘米,高 30 厘米。底板向后倾斜 6°～8°,板后设一蛋槽,蛋可自动滚出。箱顶呈 45°倾斜,以防鸡栖息排粪。箱门外还需设一鸡踏脚板,方便鸡进入产蛋箱(图 3-6)。每箱可供 6～8 只蛋鸡用。

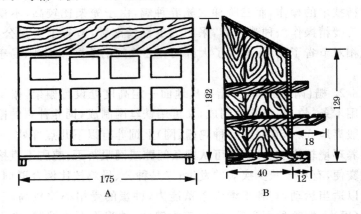

图 3-6 普通式产蛋箱 (单位:厘米)
A. 正面 B. 侧面

(二)后备鸡的转群

后备鸡一般在 18 周龄即转入种鸡舍饲养,20～22 周龄为过渡期饲养管理,22 周龄以后则按种用蛋鸡的饲养管理方法执行。转群时必须尽量保证两舍环境一致,如温度、湿度、光照、饲喂方式等都不要变化太大。另外,要保证鸡进入新鸡舍后能够得到充足的水、料,限饲的鸡也要适当增加饲料。

（三）种用蛋鸡的营养需要

为尽可能多地获取受精率和孵化率都较高的合格种蛋,种鸡必须喂给营养全价的饲料。饲料中各种营养成分要足够,尤其是维生素、微量元素的供给要充分。一旦饲粮中缺乏,就会引起种鸡发病,降低种蛋的受精率和孵化率。但有些微量元素含量过高,也会引起不良后果,出现中毒病状。在生产实践中,要考虑到饲料种类、鸡群状况及各种环境条件的影响,有时应加倍添加维生素。

种鸡饲粮中蛋白质的含量不能太低,也不能太高,产蛋期一般掌握在 16%～17%,应根据品种、年龄、体重、产蛋率和气候等具体条件来确定。若饲粮中蛋白质含量过低,则产蛋率下降;若饲粮中蛋白质含量过高,不但造成饲料浪费,而且还会产生尿酸盐沉积,引发鸡痛风病。

种用蛋鸡的营养需要与商品蛋鸡基本相同。罗曼褐父母代种鸡的营养需要参见表 3-19。

表 3-19　罗曼褐父母代种鸡的营养需要　（推荐量）

周　龄	0～8 周龄 （雏鸡）	9～20 周龄 （育成鸡）	21～42 周龄 （产蛋鸡）	42 周龄以后 （产蛋鸡）
代谢能（兆焦/千克）	11.51	11.30～11.72	11.30～11.72	11.30～11.72
粗蛋白质（%）	18.5	14.5	17.0	16.0
钙（%）	1.0	0.8	3.4	3.7
总磷（%）	0.7	0.55	0.65	0.55
有效磷（%）	0.45	0.35	0.45	0.35
钠（%）	0.16	0.16	0.16	0.16
蛋氨酸（%）	0.38	0.29	0.35	0.33
蛋氨酸＋胱氨酸（%）	0.67	0.52	0.63	0.59
赖氨酸（%）	0.95	0.65	0.76	0.72

续表 3-19

周　龄	0～8 周龄 （雏鸡）	9～20 周龄 （育成鸡）	21～42 周龄 （产蛋鸡）	42 周龄以后 （产蛋鸡）
精氨酸（%）	1.10	0.82	0.97	0.92
色氨酸（%）	0.20	0.16	0.18	0.17
亚麻油酸（%）	1.4	0.8	1.5	1.2
饲料添加剂（每千克饲料中含量）				
维生素 A（单位）	12000	8000	15000	15000
维生素 D_3（单位）	2000	2000	2500	2500
维生素 E（毫克）	10	5	30	30
维生素 K_3（毫克）	3	3	3	3
维生素 B_1（毫克）	1	1	2	2
维生素 B_2（毫克）	4	4	8	8
维生素 B_6（毫克）	3	2	4	4
维生素 B_{12}（毫克）	0.01	0.01	0.02	0.02
泛酸（毫克）	8	7	18	18
烟酸（毫克）	30	30	40	40
叶酸（毫克）	1	0.5	1	1
生物素（毫克）	0.025	0.025	0.1	0.1
氯化胆碱（毫克）	400	300	500	500
锰（毫克）	100	100	100	100
锌（毫克）	60	60	60	60
铁（毫克）	25	25	25	25
铜（毫克）	5	5	5	5
钴（毫克）	0.1	0.1	0.1	0.1
碘（毫克）	0.5	0.5	0.5	0.5
硒（毫克）	0.2	0.2	0.2	0.2

（四）种鸡的标准配套

为使鸡群高产，并获得更高的经济效益，最好饲养标准配套系种鸡，严格按照高产杂交鸡的繁育体系模式：曾祖代→祖代→父母代→商品代逐级制种。

目前，生产中饲养的配套系种鸡大多为四系配套，有的品种为三系配套或五系配套等。每个品系都有其特点，如高产系、大蛋系、抗病系、抗炎热系等。其杂交配套的组合是特定的，不能相互调换。否则，将来商品鸡的杂交代优势就不一样。因此，在引种饲养和进行繁殖时，各亲本鸡一出雏就要做好标记。如给雏鸡佩带翅号、脚号、断趾、断冠等，作为不同品系鸡之间的区别。如果搞混杂了，将来后代就无法自别雌、雄。白壳蛋鸡配套系因为都是白色，最容易发生父、母本的混杂问题，所以，一定要做好区分标记。另外，三系以上配套的鸡若不经过父、母代而直接用祖代生产的商品鸡，其制种程序是不合理的，商品代鸡未能获得应有的杂种优势。若鸡群数量大，最好按品系分开饲养，防止混杂，以免给制种带来困难。

（五）种公鸡的饲养管理

种公鸡的饲养管理水平对其种用价值影响很大。尤其在配种季节，要注意加强种公鸡的营养。在人工授精条件下强制利用的种公鸡，若营养跟不上，则会影响射精量、精子浓度和活力。因此，饲粮需要补充大量营养，尤其要注意供给足够的蛋白质、维生素 A 和维生素 E，以便改善精液品质。

笼养人工授精的种公鸡，最好单笼饲养。因为 2 只以上的公鸡养在一个笼内，公鸡间有同性恋的现象出现，结果多半只有 1 只能采出精液，另 1 只采不到精液。

（六）种鸡的人工授精技术

1. 公鸡的调教训练　用作人工授精的公鸡要采用笼养，最好单笼饲养，以免啄架和相互爬跨影响采精量。平时群养的公鸡，应在采精前1周转入笼内，熟悉环境，便于采精。开始采精前要进行调教训练。先把公鸡泄殖腔外周约1厘米宽的羽毛剪掉，并用生理盐水棉球擦拭干净，或用酒精棉球擦拭（待酒精挥发后方可采精），以防采精时污染精液；同时剪短两侧鞍羽，以免采精时挡住视线。

调教训练方法：操作人员坐在凳子上，双腿夹住公鸡的双腿，使鸡头向左、鸡尾向右。左手放在鸡的背腰部，大拇指在一侧，其余四指在另一侧，从背腰向尾部轻轻按摩，连续几次。同时，右手辅助从腹部向泄殖腔方向按摩，轻轻抖动。注意观察公鸡是否有性感，即表现翘尾，出现反射动作，露出充血的生殖突起。每天调教1～2次，一般健康的公鸡经3～4天训练即可采出精来。若是发育良好的公鸡，有时在训练当天就可采到精液。

种公鸡一般经过数次调教训练后，即可建立性条件反射。采精人员要固定，以使公鸡熟悉和习惯采精手势，培养和建立性反射。

2. 采　精

（1）公鸡采精前的准备　除调教训练之外，采精前还应注意以下几点：①供给充足的全价饲粮，保证足够的光照时间，以获得数量较多、品质优良的精液；②采精前3～4小时，对公鸡停喂饲料和水，以防过饱和排便，影响精液品质；③准备好采精和输精器具，将集精杯、贮精器、输精器等先用清水冲洗，再用蒸馏水冲洗，最后用生理盐水冲洗干净，置恒温干燥箱中烘干备用；④保持环境安静和场地清洁，避免惊扰种鸡。

（2）采精操作　一般采用背腹式按摩法。

采精时需两人操作,一人保定,一人采精。

①保定方法。助手用左、右手各握住公鸡一只腿,使之自然分开。以拇指扣其翅,使公鸡头部向后,类似自然交配姿势。

②采精方法。采精人员左掌心向下,拇指为一方,其他四指为另一方,从背部靠翼基处向背腰部至尾根处,由轻至重来回按摩,刺激公鸡将尾羽翘起。右手中指和无名指(或食指)夹住集精杯,杯口朝下藏于手心内,以免按摩时粪便、毛屑等污染杯子。待公鸡有性反射时,用左手将尾羽翻向背部,右手掌紧贴公鸡腹部柔软处,拇指与食指分开,置于耻骨下缘,迅速地抖动按摩,当公鸡引起强烈性感,泄殖腔外翻并露出退化的交接器时,立即用左手拇指和食指捏住泄殖腔外缘,做适当的挤压,公鸡即射精。这时,右手迅速将集精杯口朝上贴向泄殖腔的开口,承接乳白色的精液。

有时人员紧缺,也可一人采精。采精员坐在凳子上,将公鸡两腿夹持在两大腿间,公鸡头朝左下侧。其他要求同上所述。

(3)注意事项 采精时按摩动作要轻而快,时间过长会引起公鸡排粪;左手挤压泄殖腔的力量不要过大,以免损伤黏膜引起出血,使透明液增多,污染精液。采到的精液要注意保温,最好立即放到装有30℃左右温水的保温杯里,切不可让水进入集精杯中。公鸡每两天采精一次为宜,配种任务大时可每天采精一次,采精3天后休息1天;采精出血的公鸡要休息3~4天。集精时,应每只公鸡用一个集精杯,采到后再将精液用滴管合并,以防一只公鸡的不洁精液影响整杯精液质量,被粪便等污染的精液应弃去。要做好采精记录工作。

3. 精液的稀释与低温保存

(1)精液的稀释 精液稀释是指在精液里加入按一定比例配制好的并能保持精子授精力的稀释液。通过稀释后,既解决了原精量少、输精只数少、输精量不好控制等问题,又延长了精子在体外的保存时间。这样,采精和输精时间安排的机动性就大得多了,种鸡场之间交换精液也可解决引种问题,运输精液比引进种鸡、种蛋更方便快捷,且费用低廉。

鸡精液的稀释液配方很多,适合目前农村使用的简单方法主要有以下几种。

①葡萄糖稀释液。在1000毫升蒸馏水中加57克葡萄糖。

②蛋黄稀释液。在1000毫升蒸馏水中加42.5克葡萄糖和15毫升新鲜蛋黄。

③生理盐水稀释液。在1000毫升蒸馏水中加10克氯化钠。

在每1000毫升稀释液中加40毫升双氢链霉素预防细菌感染,效果较好。

(2)低温保存　将采取的新鲜精液用刻度试管测量后,按1:1或1:2稀释,然后混匀。将稀释后的精液在15分钟内逐渐降至2℃~5℃,可以保存9~24小时。

4. 输精　输精就是用人工方法将公鸡精液输入母鸡的输卵管内。要获得较高的种蛋受精率,输精是关键环节之一。

(1)操作方法　输精时由两人配合,一人抓鸡翻肛,一人输入精液。输精方法多采用母鸡阴道口外翻输精法。

助手(负责翻肛人员)用左手伸入笼内抓住母鸡双腿,拉到笼门口,并稍提起,右手拇指与食指、中指在泄殖腔周围稍用力向腹部挤压;同时抓腿的左手一边微向后拉,一边用中指、食指在胸骨后端处稍向上顶,泄殖腔即向外翻出。内有两个开口,右侧为直肠口,左侧为阴道口。这时输精人员将已吸有精液的注射器套上塑料管(也可用专用的输精器)插入阴道,慢慢注入精液。同时,助手右手缓缓松开,以防精液溢出。注意不要将空气或气泡输入输卵管,否则将影响受精率。输精结束,把母鸡放回笼内。

在翻肛时,不要大力挤压腹部,以防排出粪尿,污染肛门或溅射到输精人员身上。如果轻压发现有排粪迹象,重复几次翻肛动作,使粪便排出后再输精。一般来讲,产蛋的母鸡翻肛是十分容易的,而休产的母鸡翻肛比较困难。

(2)输精时间 把握好输精时间,是获得高受精率的必要条件。由于蛋在子宫内停留时间有 19 小时之多,如果蛋在子宫内时输精,就会阻止精子沿着输卵管向上运动。精子在漏斗部与卵子相遇时才相互结合,产生受精现象。假如漏斗部没有足够数量的精子,受精就会受到影响。因此,当卵子未进入子宫之前输精效果最好。在生产中,只有绝大多数母鸡产完蛋之后输精,才能获得较好的受精率,即在每天下午 4～5 时以后进行输精,最早不能早于下午 3 时。试验证明,下午 3 时前输精的受精率,要比下午 5 时后输精低 4%;上午输精效果远不及下午输精好。

(3)输精深度 生产中多采用浅部输精。当翻肛后看到阴道口与排粪口时,将输精器插入阴道内 1.5 厘米左右即可。这样就不会碰伤输卵管而影响受精率。

(4)输精量 用新鲜精液输精时,每只母鸡只需输入 0.025～0.03 毫升;用稀释精液输精时,每只母鸡应输入 0.05～0.1 毫升。每次输入的有效精子数应在 1 亿个以上。

(5)输精间隔 输精间隔就是指前后两次输精的间隔天数。鸡的输精间隔时间因品种、精液品质及每次输精剂量的不同而异。在一般情况下,输精间隔时间为 5～6 天,即每周输精 1～2 次。为获得较高的受精率,在不影响产蛋的前提下,最好每 4～5 天输精 1 次。输精后第三天开始收集种蛋。对第一次输精的母鸡,需在翌日重复一次输精。

(七)提高种蛋合格率和受精率的办法

影响种蛋合格率和受精率的因素很多,有种鸡因素、饲养管理因素、配种因素、消毒防病投药因素等。要提高种蛋的合格率和受精率,需要做好以下几项工作。

1. 培育优良的种鸡 种鸡群体的质量对种蛋合格率和受精

率的提高十分重要,体重适度、体型匀称、体况良好的鸡群,才能满足配种繁殖的需要。种公鸡体重过大,就会增加腿病和脚病的发病机会,配种能力降低,失去种用价值;种母鸡体重过大,则产蛋小,受精率和孵化率降低,耗料也多。因此,无论是育成鸡还是产蛋鸡,都要把公、母鸡体重控制在标准体重范围内,在育成期采取公、母分饲,并将后备公鸡饲粮所需的蛋白质含量增加 1%～2%,视体重状况给料,提高公鸡群和母鸡群的均匀度。育成期满选择优秀公鸡留作种用。

2. 做好公、母鸡比例的协调 大群配种的鸡群,公、母鸡的比例大小与种蛋受精率和公鸡伤残有关。若公、母比例过大,就有部分母鸡得不到公鸡配种;反之,若公、母比例过小,公鸡之间就会因争配母鸡而相互啄斗,造成伤残而影响配种。因此,在生产中必须保持公、母鸡比例适宜。如果鸡群中的公鸡死亡和病弱公鸡被淘汰,使公、母比例增大,应及时补充新公鸡。国内外一些种鸡场常采用更换公鸡的办法来提高种鸡群产蛋后期的受精率。一般在44～50周龄之间,将鸡群中发育不良、有病或有外伤的老龄公鸡挑出一部分淘汰,然后投放一些新的公鸡(24～26周龄)。为防止鸡群排斥新的公鸡,通常在夜间将公鸡放入鸡群中。同时,新投入的种公鸡必须体况良好,健康无病,具有理想的雄性特征和配种能力,与老龄公鸡为同一品种、同一代次。

3. 配备足够的产蛋箱 种鸡平养时要配备足够数量的产蛋箱,箱内要垫 1/3 干净的垫料,并及时进行补充和更换,以减少破蛋和脏蛋的数量。

4. 适当进行补钙和光照 在种鸡产蛋中后期,每周要补充1～2次颗粒状贝壳粉,下午补喂效果更佳。要正确使用人工光照。公鸡每天的光照时间为12～14小时者,可产生优质精液,光照强度 10 勒(3～4 瓦/米²)即可;母鸡的光照按规定程序给予。有条件的鸡场可采取公、母鸡分栋饲养,各自给光。

5. 加强疾病防制工作　要严把四道关口：一是加强进场人员的消毒，如职工进入生产区必须洗澡更衣，进场时要脚踏消毒池；二是每栋鸡舍前设一消毒池，禁止饲养员乱串鸡舍；三是定期带鸡消毒，如使用百毒杀定期喷雾，饮水中添加消毒药物等；四是实行免疫程序化，确保鸡群的健康。

6. 搞好人工授精　笼养种鸡采用人工授精方式配种，既充分发挥了优良种公鸡的配种潜力，降低了种公鸡的饲养成本，又提高了种蛋的受精率。

7. 做好其他管理工作　饲养人员喂食、换水、清扫、捡蛋动作要轻，防止惊群。公鸡的内趾及后趾第一关节要断去，以免抓伤母鸡或抓伤授精人员。

（八）种蛋的收留与管理

按种蛋标准，蛋重必须在 50 克以上才能用于孵化。现代种鸡场一般要到 24～28 周龄才开始收留种蛋，以保证种蛋合格率、孵化率和健雏率高。不同品种、不同代次的种鸡，开始收留种蛋的时间略有差异。笼养种鸡每天应捡蛋 5～6 次，平养种鸡每天应捡蛋 4～5 次，以减少脏蛋和破蛋，防止细菌污染。捡蛋的次数多，种蛋破损率低，清洁卫生，细菌污染的机会相对减少。种鸡场应最大限度地减少过夜蛋，缩短种鸡在产蛋箱或蛋槽内的停留时间。捡蛋时注意轻拿轻放，钝端向上。捡出的种蛋经过初步挑选后，即送入种蛋库进行消毒保存。最好使蛋库保持恒温恒湿，在 4 天内送入孵化车间孵化，存蛋时间一般不要超过 7 天，以免影响孵化率。

五、鸡的强制换羽技术

换羽是鸡脱落旧羽毛、长出新羽毛的自然生理现象。在自然状态下，不论是母鸡还是公鸡，每年都要更换一次羽毛，一般在秋季进行。换羽早的在夏末秋初进行,换羽迟的临近初冬进行。鸡的自然换羽时间较长,一般需要 3～4 个月,但高产鸡和低产鸡参差不齐。高产鸡换羽时间迟,一般在 10 月份和 11 月份,旧羽脱落和新羽生长的速度快,呈比较短促的换羽过程;低产鸡换羽时间早,在夏末就开始了,旧羽脱落和新羽生长的速度缓慢,呈较长的换羽过程。因此,可根据换羽时间和速度来鉴别高产鸡和低产鸡。

所谓人工强制换羽,就是人为地给鸡施加一些应激因素,造成强刺激,引起鸡体器官和系统发生特有形态和功能的变化,表现为停止产蛋、体重下降、羽毛脱落和更换新羽,从而达到在短期内使鸡群停产、换羽和休息,然后恢复产蛋,并提高蛋的品质,延长蛋鸡利用期的目的。目前,人工强制换羽技术已广泛应用于种鸡和商品蛋鸡。

(一)适于强制换羽的鸡群

在生产中,处于下列情形的鸡群可采取强制换羽措施。

1. 鸡群第一年产蛋率、存活率高,有继续利用价值 如果蛋鸡在第一年里产蛋成绩好,表现出很高的生产性能,平均产蛋率高,鸡群整齐度好,存活率理想,有继续利用的经济价值,这样可采取强制换羽措施,在翌年加以利用。

2. 从国外引进的高价种鸡,延长其利用期 我国从国外引进的一些高产配套系曾祖代、祖代和父母代鸡,引种费用昂贵,若只利用 1 年确很可惜,因而可采取强制换羽措施,延长其利用期。

3. 鸡蛋货紧价扬,继续饲养有利可图 当市场上鸡蛋价格较高,而且货源偏紧、蛋价呈上扬趋势时,对鸡群实行强制换羽后继续饲养,可较快地增加收入,取得较好的市场回报率。

4. 后备鸡群断档或雏鸡供应紧缺,必需留养老鸡 后备鸡群在育雏和育成阶段发生了重大疫情,造成"全军覆灭"或损失很大,打乱了生产计划,后继无鸡;或者由于雏鸡紧缺而造成供鸡时间过晚。为了充分利用鸡舍,增加收入,均需要留养老鸡群。在这种情况下,则需要对鸡群采取强制换羽措施。

5. 大型鸡场和育种中心为创利和育种需要,选留部分高产鸡

一些大型鸡场为了减少育成鸡的费用开支,有计划地选留一部分高产鸡并继续利用。育种中心有目的地选留高产鸡用于育种,继续饲养。这些均需对鸡群采用强制换羽措施。

(二)强制换羽的方法

1. 强制换羽的基本要求 对鸡群进行强制换羽,要求在很短的时间内使鸡群停止产蛋,在强制换羽后 5~7 天,务必使产蛋率降到 1% 以下。在鸡群停产期间,要控制所有的鸡不产蛋,一般理想的停产时间为 6~8 周。在鸡群采取强制换羽措施后的 5~6 天,体羽开始脱落,15~20 天脱羽最多,一般 35~45 天换羽结束。羽毛脱落顺序一般为:头部→颈部→胸部及两侧→大腿部→背部→主翼羽→尾羽。当鸡群产蛋率达 50% 时,主翼羽 10 根中有 5 根以上脱落为换羽成功,不足 5 根的为不成功。断料后期应天天称重,及时掌握体重的变化,一般体重减轻 25%~30% 即开始喂料。强制换羽期间的死亡率最好控制在 2%~3%,即 7 天内为 1%;10 天内为 1.5%;5 周内为 2.5%;8 周内为 3%。断水时,若死亡率达到 5%,应立即饮水;在绝食期间,若死亡率达到 5%,应立即给料。

2. 强制换羽前的准备工作 为保证强制换羽的效果,在开始前须做好整群、消毒、疾病预防和设备检修等工作。

(1)整群 对鸡群进行全面观察,及时发现和淘汰病、弱鸡,只选择健康的鸡进行强制换羽。因为只有健康的鸡才能耐受断水、断料的强烈应激影响,也只有健康的鸡才能有希望在第二年获得高产。若病、弱鸡参与强制换羽,在断水断料期间很快死亡,而死亡率达到一定指标时,会让人误认为已达到目的,致使换羽不彻底。用病鸡强制换羽,还很可能成为换羽期间暴发疾病的诱因。因此,采取强制换羽必须事先挑选健康鸡只并群饲养。

(2)疾病预防和消毒 在强制换羽前,应对鸡群进行驱虫,接种鸡新城疫Ⅰ系苗及其他疫苗,待1周后抗体效价达到理想水平时才能实施强制换羽措施。换羽后免疫会对鸡群造成不良的应激反应,而换羽前进行,鸡群反应小。此外,还要在实施强制换羽前清理鸡舍粪便,并对鸡舍进行带鸡消毒。消毒时,用0.1%过氧乙酸或百毒杀1∶6 000浓度进行喷雾,同时按治疗量喂给鸡3～5天抗菌素,如青霉素、链霉素等,以消灭鸡舍内和鸡体内潜伏的病原菌。

(3)设备检修 在强制换羽前,还要对舍内外设备进行一次全面检查、维修,确保正常运转,在换羽过程中不出问题。

3. 强制换羽的具体做法 强制换羽的方法主要有4种,即化学法、饥饿法、激素法和饥饿—化学合并法。虽然具体做法不一,但原理大同小异,都是采用人工应激手段,促进换羽停产。生产中常用的是化学法、饥饿法及合并法。

(1)化学法 化学法使用最多的是喂高锌饲粮。高锌饲粮可在较短时间内诱发较多的主翼羽脱落,从而达到强制换羽的目的。据研究发现,锌是通过抑制类固醇生成酶或有限底物的可利用率,来实现其抑制末梢促黄体素(LH)受体上环磷酸苷的形成和阻碍孕酮的产生。因此,阻碍了更多的卵细胞发育到成熟期。

方案一。在配合饲料中加入2.5%氧化锌,让母鸡自由采食,自由饮水。开放式鸡舍可以停止人工补充光照,密闭式鸡舍由原来的光照时间减至8小时/天。鸡的采食量逐渐减少,第一天减少一半,7天后减至1/5;体重迅速减轻。8天后喂给正常的配合饲料(把含锌粉的配合饲料弃掉),逐步恢复光照。在应用含氧化锌饲料时,锌粉称量要准确,搅拌饲料要均匀,切勿过量,以免中毒。

方案二。在配合饲料中加入2%硫酸锌,让母鸡自由采食,自由饮水。开放式鸡舍停止人工补充光照,密闭式鸡舍由原来的光照时间减至 8 小时/天。4 天后鸡的采食量下降 75％,8 天后全部母鸡停产,14 天后主翼羽开始脱换,21 天后开始恢复产蛋,33 天后产蛋率达 50％。

(2)饥饿法　它是传统的强制换羽方法,也是最实用、效果最好的方法。生产中可根据实际情况,选择下列一种方案。

方案一。断料 10 天。开放式鸡舍停止补充光照,密闭式鸡舍光照时间减为 8 小时/天。自由饮水。断料期间适当喂些贝壳粉。从 11 天起恢复喂料,最初几天可以适当限喂,喂料量逐日增加,以后自由采食;光照采取逐周增加的办法,一直增加到强制换羽前的光照时间。

方案二。断料 12～15 天(主要取决于鸡种和季节)。不断水或开始断水 1～3 天,然后自由饮水。密闭式鸡舍光照时间改为 8 小时/天,开放式鸡舍停止补光。根据体重变化,当体重减少 25％～30％时,恢复喂料,第一天喂 30 克/只,以后每天增加 10～15 克/只,一直增至 90 克/只时恢复自由采食。从恢复喂料开始,把光照逐渐恢复到原来的光照时间。

方案三。断料 2 周,从 15 天起每只给料 20 克,然后每天增加 15～20 克/只,7～10 天后自由采食。不断水,或断料 10 小时后断水,但不得超过 3 天,然后自由饮水。密闭式鸡舍光照时间减至 8 小时/天,开放式鸡舍停止人工补充光照,从 25 天起光照 15 小时/天,当产蛋率达 50％时增至 16 小时/天,2 周后增至 17 小时/天,并固定下来。

(3)饥饿—化学合并法　即将饥饿法和喂锌的化学法两者结合进行的一种方法。这种方法具有安全、简便易行、换羽速度快、休产期短等优点。但仍有化学法的缺点,母鸡换羽不彻底,恢复后鸡群产蛋性能较差。

实施方法是:①断料、断水 2.5 天,停止人工补充光照,然后开始给水；②从 3 天起让鸡自由采食含锌粉 2％或 2.5％硫酸锌的饲料，连续 7 天；③一般 10 日后全部停产，此时恢复正常的光照。换羽开始后约 20 天，母鸡就重新产蛋。换羽开始后 50 天，母鸡产蛋率达 50％。

(三)强制换羽的注意事项

1. 选择好换羽季节和换羽时间　在强制换羽时，不仅要考虑经济因素，而且要考虑鸡群的状况和季节。在秋、冬之交的季节进行强制换羽的效果最好，因为这与自然换羽的季节相一致。盛夏酷暑和严寒的冬季进行强制换羽，会影响换羽的效果。如果在夏季换羽，天气炎热，断水使鸡难以忍耐干渴；而在冬季换羽，鸡挨饿受冻，羽毛又脱落，体质急剧下降，对健康不利。一般来说，冬季换羽的效果好于夏季，死亡率低些，产蛋量可多 5％～7％。当然，由于有些鸡场的鸡群可能生不逢时，在秋、冬换羽不一定合适，但只要措施得当，在其他季节换羽也能成功。另外，夏季断水时间要短，冬季饥饿的时间不可过长。

2. 调节好舍内温度　鸡舍温度忽高忽低，对鸡换羽不利。一般应使舍温保持在 15℃～20℃之间。在冷天进行强制换羽，必须通过减少通风换气保存热量和使用发热器产生辅助热量，以达到舍内目标温度。一旦开始限制饲养，鸡群的正常体热产生会迅速减少，这时必须结合控制通风和增加辅助热量来维持舍内温度和空气质量。恢复饲喂期仍应维持舍内温度，以提高体重恢复速度。鸡群达 50％产蛋率时长出的羽毛足以维持体温，舍内温度可开始恢复正常。

3. 掌握好饥饿时间的长短　根据季节和鸡的体况，一般断料时间以 10～12 天为宜，断水时间不应超过 3 天。饥饿时间过短，达不到停产换羽的目的；饥饿时间过长，鸡群死亡率增加，对鸡的体质也有较大损伤。

4. 注意体重和死亡率的变化　通过称重,掌握体重下降幅度。换羽期间的体重以比换羽前减轻 25%～35% 为适度。这需要从断料 5 天后(指春、秋两季,冬季早 2 天,夏季迟 2 天)起,每天在同一时刻称重。同时注意鸡群死亡率的变化。一般认为,头 1 周鸡群死亡率不应超过 1%,头 10 天不应高于 1.5%;头 5 周超过 2.5% 和 8 周超过 3% 是不容许的。

5. 控制好鸡舍内的光照　在实施强制换羽的同时,密闭式鸡舍的光照减至 8～10 小时/天,开放式鸡舍采用自然光照,但要尽可能遮光,使光照强度减弱。一般在强制换羽处理后的 20 天内,光照时间不能提高。

6. 搞好换羽期间的饲养管理

(1)把握好鸡的开食时间　当鸡的体重减少 25%～30% 时,鸡体内营养消耗过多,体力不支,应立即喂料。最初几天,喂量逐日增加。

(2)软化开食饲料　将开食饲料软化处理后,有利于鸡的消化吸收,能明显降低死亡率。这是因为长时间的饥饿,造成鸡体质虚弱,消化道变薄,消化功能降低,从而导致有些鸡食入饲料后无力消化而死亡。

(3)保证换羽期间的营养　经过强制手段处理的母鸡在恢复产蛋前,必须喂给能促进羽毛生长、肌肉发育和生殖功能恢复的饲料。表 3-20 推荐的两种饲粮营养标准,就是为满足换羽鸡这些需要而制定的。"换羽 1 号"饲粮营养标准,用于恢复饲喂至达到 5% 产蛋率期间,"换羽 2 号"饲粮营养标准,则用于 5%～50% 产蛋率期间。当产蛋率达到 50% 以上时,则应用与开产母鸡相同的营养标准,使每只鸡每天摄取含硫氨基酸达 610 毫克,以帮助控制蛋重。

表 3-20　推荐用于换羽蛋鸡的饲粮营养标准

营养成分	换羽 1 号	换羽 2 号
粗蛋白质(%)	16.00	16.00
代谢能(千焦/千克)	11.51	11.51
赖氨酸(%)	0.85	0.85
含硫氨基酸(%)	0.68	0.65
精氨酸(%)	1.05	1.05
钙(%)	2.00	3.75
可利用磷(%)	0.40	0.40

7. 切忌连续强制母鸡换羽和强制公鸡换羽　已结束了换羽的母鸡不应再进行强制换羽,种公鸡强制换羽会影响受精率,所以强制换羽制度不适于种公鸡。

8. 强制换羽母鸡的使用期　强制换羽的母鸡,从达 50％产蛋率起,经 6 个月就应淘汰。因为换羽母鸡产蛋 6 个月后,产蛋率下降,蛋的品质也明显恶化。

六、塑料暖棚养鸡新技术

我国北方地区寒冷季节较长,气温较低,最低时可达 −30℃。多年来,除少数有条件的鸡场和部分专业户在冬季利用密闭式鸡舍养鸡外,绝大多数农户因受资金等因素的制约,只能利用较为简陋的鸡舍养鸡,无法满足鸡生长、发育、产蛋所需的适宜环境条件。蛋鸡产蛋率下降,甚至停产。如果没有密闭式鸡舍就无法养肉鸡,四季不能均衡生产,致使养鸡生产出现明显的季节性。因此,冬季气温低严重地制约着我国北方地区养鸡业的发展。

近年来,在日光温室种蔬菜的启发下,塑料暖棚开始用到鸡舍的建筑之中。利用塑料暖棚养鸡,不仅可以为鸡生长、发育、产蛋提供一个较为适宜的环境,而且该项技术是一项投资少、见效快、易于推广的新技术。该项技术的推广,完全可以解决冬季广大农民的养鸡问题,促进养鸡业的发展。

(一)塑料暖棚鸡舍的设计

1. 塑料暖棚鸡舍的环境卫生要求 在适宜的环境条件下,必须满足鸡生长、发育、产蛋的需求。

(1)温度 鸡的生产力只有在适宜的温度下,才能得到充分发挥。温度过高或过低,都会使鸡的生产力下降,甚至使鸡的健康受到影响。当鸡舍的温度下降到-9℃时,鸡行动迟钝,产蛋率迅速下降,鸡冠开始受冻;当鸡舍的环境温度超过30℃时,鸡的产蛋量大幅度地减少,每产1千克蛋需要的饲料量明显增加。鸡所需的适宜温度为:育成鸡10℃~27℃,产蛋鸡13℃~30℃。

(2)湿度和有害气体含量 鸡在饮水、呼吸、排粪过程中,不断地产生水汽、二氧化碳和氨气等有害气体。在利用塑料大棚养鸡时,由于塑料薄膜的封闭性较好,透气性较差,阻止了水汽和有害气体的散发,因此,要采取有效措施控制塑料大棚鸡舍内的水汽和有害气体含量,防止其含量过高影响鸡的生长、发育和产蛋。产蛋鸡所需要的适宜湿度为55%~65%;鸡舍内氨气的含量不宜超过0.15%。实践证明,采取选择合理的棚舍地址,选用适宜的料型,适时通风换气和及时清除粪尿等有效措施,可以大幅度地降低棚舍内水汽和有害气体的含量,满足鸡对环境的需求。

(3)通风换气与气流速度 为调节舍内温度,降低水汽和有害气体含量,必须进行通风换气。在冬季气温较低时,气流速度大会降低鸡的生产性能;在夏季湿度高时,适当提高气流速度,有利于提高鸡的生产性能。在通风换气时,要注意控制换气速度,以促进生产性能的提高。冬季棚舍气流速度以0.1~0.2米/秒为好,不宜超过 0.3 米/秒。切不可单纯为了保温而停止通风换气,使棚舍内空气处于静止状况,这将会对鸡群产生不利影响。夏季棚舍内气流速度保持在 0.5 米/秒左右,效果较好,最大不宜超过 1.5 米/秒。

2. 塑料暖棚鸡舍的设计要求 塑料暖棚鸡舍的设计是否科学,选用的材料是否合理,是否能为鸡提供一个适宜环境条件的关键。因此,搞好塑料暖棚鸡舍的设计是非常必要的。

(1)塑料暖棚鸡舍的地址及朝向 塑料暖棚鸡舍地址的选择,直接关系到鸡舍获得太阳能的多少及湿度大小。实践证明,棚舍的地址要选择在地势高燥、无高大建筑物或树林遮蔽处。选择在地势高燥处,既可防止地下水位高而引起的潮湿,防止舍外脏水流入舍内,又便于排除薄膜表面滴落的积水,降低舍内湿度。如果棚舍的前部或上部有高大建筑物或树木遮蔽,将会影响鸡舍获得太阳能的数量。因此,选择棚舍地址要避开遮蔽物。

鸡舍的朝向一般以坐北朝南为宜,这样可获得最长的光照时间。但考虑到当地的主导风向,为达到背风的目的,可适当偏东或偏西,偏离角度不宜超过 15°。若偏离角度超过 15°,每天获得的光照时间就会明显地缩短。

(2)棚舍的几项建筑指标

①棚舍前屋面采光角。塑料暖棚鸡舍前屋面采光角是指塑料薄膜的最高点和棚舍后墙基部的连线与地面水平线间的夹角。根据各地日光温室多年生产实践,全国日光温室协作网专家组合理时段采光设计,即前屋面的采光角为当地纬度减去 6.5°。如北纬 40°地区塑料暖棚鸡舍前屋面采光角以 33.5°为适宜。这样太阳光在整个冬季都可以照到棚舍内的地面上,获得最大的光照面积。

②对塑料薄膜的选择。选择暖棚薄膜的原则有两点:一是对太阳光的透过率要高,二是对地面辐射的长波红外线透过率要低。这样既可充分吸收太阳能,又能有效地保存已蓄积的能量。实践

证明,在建筑塑料暖棚鸡舍时,选择聚氯乙烯薄膜较好。

（二）塑料暖棚鸡舍的建造

1. 形状及结构　棚舍的东侧、西侧和北侧为墙壁,前坡是用竹条、木杆或钢筋做成的弧形拱架,外罩塑料薄膜,呈三面为围墙、一面为塑料薄膜的起脊式鸡舍。墙壁建成夹层,以增强防寒保温的能力,夹层内径在 10 厘米左右,建墙所需的原料可以是土或砖。后坡可用油毡纸、稻草、麦秸、玉米秸、泥土等按常规建造,外面再铺一层稻壳等物。一般来讲,鸡舍的后墙高为 1.2～1.5 米,脊高为 2.2～2.5 米,跨度为 6.0 米,脊到前坡面的垂直距离为 2 米,脊到后墙的垂直距离为 4.0 米。鸡舍长度可根据养鸡的数量来确定,按每平方米笼养蛋鸡 15～25 只计算。塑料暖棚鸡舍形状及结构见图 3-7,图 3-8。

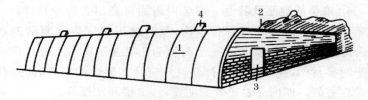

图 3-7　暖棚鸡舍示意图
1. 前坡塑料棚　2. 后坡　3. 门　4. 通风孔

2. 暖棚鸡舍的封闭性　塑料薄膜与地面、墙的接触处,要用泥土压实,防止贼风进入。每隔 50 厘米,用绳子将薄膜缚牢,防止风将薄膜刮掉。每两条拱杆间设 1 条压膜线,上端固定于棚脊上,下部固定在地锚上。压膜线最好用尼龙绳,既具有较高的强度,又容易拉紧。

3. 通风换气口的设置　棚舍的排气口应设在棚顶部背风面,并高出棚顶 50 厘米,在其顶部要设置防风帽。这样不仅有利于通

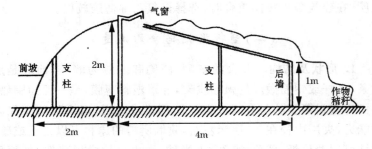

图 3-8 暖棚鸡舍侧面图

风换气，又可防止冷风灌入。进气口应设在南部或东墙的底部，其面积应为排气口面积的一半。排气口的大小应根据养鸡数量而定。一般面积为 100 平方米（12.5 米×8 米），饲养 1 500 只鸡的暖棚，可设置 6 个 25 平方厘米的排气口。

4. 鸡舍的地面及其他　棚舍内地面应高出舍外地面 30～40 厘米。棚舍的南部要设置排水沟，及时排出薄膜表面滴落的水。棚舍的北墙每隔 3 米设置一个面积为 1.0 米×0.8 米的窗户，在冬季时要封严，夏季时逐渐打开。门应设在棚舍的东侧，向外开，门轴在右侧。棚内还要设置照明设备、食槽和水槽等。

（三）塑料暖棚鸡舍的管理

1. 保持塑料薄膜的清洁　薄膜的透光率一般在 80％ 左右，这是指清洁薄膜的透光率。随着薄膜的使用，薄膜不断发生老化现象，薄膜的表面还会附有水滴、灰尘等，这些因素都会影响薄膜的透光率。据资料介绍，薄膜上附有水滴会使光发生散射现象，使可见光损失 10％ 左右；如果薄膜表面附有灰尘，使可见光损失 15％～20％。因此，必须经常擦拭薄膜表面的灰尘，及时敲落薄膜表面的水滴，保持薄膜的清洁。

2. 要备有厚纸和草帘　为防止舍内温度在夜间不致降到过

低的程度,尤其是在较寒冷的地区,单靠一层薄膜是不够的,必须备有厚纸和草帘。要将厚纸和草帘的一端固定在薄膜的顶端,白天卷起来,晚上将其覆在薄膜的表面。厚纸放在草帘和薄膜之间,既可防止草帘扎漏薄膜,又可增加保温效果。据报道,夜间在薄膜的表面覆加厚纸被和草帘可获得与双层薄膜同样的保温效果。

3. 适时通风换气 棚舍内中午时温度较高,并且舍内、外温差较大。因此,通风换气应在中午前后进行。这样既有利于通风换气的进行,又不致使棚舍内温度下降到过低的程度。每次通风换气时间以 10~20 分钟为宜。幼雏或中雏阶段产生的有害气体和水汽较少,一般每次通风换气 10 分钟即可;随着鸡的生长,应逐渐增加通风换气时间。如果鸡较大,饲养密度又偏高,则每天要进行两次通风换气。

4. 加固薄膜 我国北方地区冬季风雪较大,如果薄膜固定不牢,就会被风刮掉或被雪压塌。因此,要经常注意天气变化,及时清掉棚顶部的积雪;并要经常检查薄膜是否有漏洞,如有要及时修补。

5. 棚舍的消毒 在入雏前,对塑料棚舍要进行彻底的消毒。对棚舍的地面、墙壁,最好采用火焰喷灯消毒,既可取得较好的消毒效果,又利于降低舍内湿度。对棚舍内的空间,可用熏蒸消毒的方法,即先将棚舍封闭,按每立方米用 30 毫升福尔马林、15 毫克高锰酸钾熏蒸 1~2 小时。

6. 塑料棚舍的夏季利用 我国北方地区利用封闭式塑料棚舍养鸡的时间,一般为每年的 10 月末或 11 月初至翌年的 2 月末或 3 月初。到了夏季,塑料棚舍仍可使用,但需采取一些必要措施,做好防暑降温工作。随着气温的升高,应由底向上逐渐揭开塑料薄膜,直至距地面 1.0~1.2 米时为止,如温度过高可适当放下草帘。这时的塑料薄膜和草帘起到的是遮阳的作用,以减少吸收太阳能。被揭开的部分用尼龙网代替,防止有的鸡跑出来。未揭掉的塑料薄膜还可起到防雨的作用。同时,还要逐渐打开北窗,保证空气流通,以降低舍内的温度。

七、山林散养鸡技术要求

目前市场上散养蛋鸡鸡蛋和散养肉鸡,非常受消费者欢迎,价位较高。因此,若利用天然草场和果树下放牧养鸡,可广泛利用自然资源,节省饲料,降低饲养成本,增加经济效益。鸡的山地放牧技术应注意以下几个方面。

第一,散养鸡品种可选择适应性强的地方品种或杂交鸡。一般在 60 日龄前舍饲,60 日龄后散养。

第二,鸡场选择远离村庄、背风向阳的南山坡,散养 1 000 只鸡约需 1 公顷(15 亩)的山林。四周埋上木桩,拉上 2 米高的尼龙网。鸡场附近要有水源,以便鸡上山后饮用。鸡舍要建在鸡场的中间,地势要平坦,便于鸡群夜间休息和避雨。饲养肉鸡,饲养期要避开寒冷季节,鸡舍可用塑料薄膜等搭建简易房;饲养蛋鸡,鸡舍要求保温性能较好。舍内设有料槽、饮水器和产蛋箱(养蛋鸡),鸡的饲养密度一般为 8～10 只/平方米。

第三,放牧与补饲相结合。在夏季,草木茂盛,是鸡群放牧的最好季节,可充分利用野生青草营养价值高、适口性好和消化利用率高的优点,采取白天放牧,早晚补饲一定量精料的饲养方法。每天喂饲 2 次,早晚各 1 次。饲粮配方为:玉米 50％,稻糠 15％,浓缩料 35％。全天供应清洁的饮水。

第四,做好疫病防治工作。鸡舍要保持清洁卫生,空气新鲜,通风良好,饲养用具要经常洗刷消毒。依据免疫计划,做好免疫接种。为防止啄肛、啄羽,鸡长到 0.5 千克时,要喂啄羽灵、啄肛灵,每袋 500 克,拌 100 千克饲料。

第五,对放牧鸡群要用木棒敲打空盆进行训练调教,两天后形成条件反射,鸡听到声音后会马上回到鸡舍饮水、吃料。

第六,饲养蛋鸡,在开产前要做好在产蛋箱内产蛋的调教。可事先在产蛋箱内放一些空蛋壳作为"引蛋",以免在野外丢蛋。

第七,饲养人员要经常巡视鸡群,捡回个别鸡在野外产的蛋,并对野外产蛋鸡进行调教。要防止野兽侵害鸡群。

八、药疗鸡蛋的生产技术

药疗鸡蛋作为食疗保健品,以其对一些慢性病的独特疗效,受到部分人群的欢迎。目前,国内外市场对药疗鸡蛋需求量增大,国内药疗鸡蛋的生产处于起步阶段,不能满足消费需要,因此,大力开发药疗鸡蛋,前景十分广阔。现介绍几种药疗鸡蛋的生产方法如下。

(一)高碘蛋

在鸡饲料中添加 4%～6% 的海藻粉,或在 100 千克饲料中添加 50 克碘化钾,每只鸡日喂饲料 100～125 克,连喂 7～10 天,可以生产出高碘蛋。蛋中含碘量为 200～300 微克/个,比普通鸡蛋(3～30 微克/个)高十倍至数百倍。食用高碘蛋可能对中老年人心血管病、缺碘性甲状腺肿大、甲亢、糖尿病、脂肪肝和骨质疏松症等有一定防治作用。方法是日食 2～3 个,40～60 天为一疗程。

(二)高锌蛋

在鸡饲料中添加 1% 的锌盐(如氧化锌、碳化锌),饲喂 20 天后,即可生产出高锌蛋。高锌蛋中含锌(1 500～2 000 微克/个)比普通鸡蛋(400～800 微克/个)高 2～4 倍。食用此蛋可防治儿童缺锌综合症、伤口久治不愈、性功能减退或不育症等。方法是日食 1～2 个,20～40 天为一疗程。

（三）高 铁 蛋

在鸡饲料中添加适量的硫酸亚铁，经饲喂 7～20 天即可产出高铁蛋。此蛋中含铁量为 1 500～2 000 微克/个，比普通鸡蛋（800～1 000 微克/个）高 0.5～1 倍。食用高铁蛋可防治缺铁性贫血症，并对失血过多患者有滋补作用。

（四）低胆固醇鸡蛋

在饲养管理中，注意鸡舍通风，降低鸡舍内氨气和灰尘的含量，安装特殊光源，并给鸡饮中性水，喂以玉米、熟豆粉、酒槽等无鱼粉和肉骨粉的饲料，使鸡产出的蛋比普通蛋中的胆固醇含量降低 55％，钠含量降低 25％左右。

（五）鱼 油 蛋

在鸡饲料中添加 5％鱼油喂养蛋鸡，可使鸡蛋中的胆固醇含量下降 15％～20％。

（六）辣 椒 蛋

用含 1％辣椒粉的饲料，加入适量苜蓿粉和少量植物油喂养蛋鸡，使其产出蛋的蛋黄呈橙色，富含维生素 A 和其他维生素。

九、鸡场废弃物的无公害处理

（一）鸡粪的无公害处理

1. 干 燥 法

（1）直接干燥法　常采用高温快速干燥，又称火力快速干燥，即用高温烘干，迅速除去湿鸡粪中水分的处理方法。在干燥的同时,起到杀虫、灭菌和除臭的作用。

(2)发酵干燥法　利用微生物在有氧条件下生长和繁殖,对鸡粪中的有机和无机物质进行降解和转化,产生热能,进行发酵,使鸡粪容易被植物吸收和利用。由于发酵过程中产生大量热能,使鸡粪升温至 60℃～70℃,再加上太阳能的作用,可使鸡粪中的水分迅速蒸发,并杀死虫卵、病菌,除去臭味,达到既发酵又干燥的目的。

(3)组合干燥法　即将发酵干燥法与高温快速干燥法相结合。本法既能利用发酵干燥法能耗低的优点,又能利用直接干燥法不受气候条件影响的特点。

2. 发酵法　即利用厌氧和好氧菌使鸡粪发酵的处理方法。

(1)厌氧发酵(沼气发酵)　这种方法适用于处理含水量很高的鸡粪。一般经过两个阶段:第一阶段是由各种产酸菌参与发酵液化过程,即复杂的高分子有机质分解成分子量小的物质,主要是分解成一些低级脂肪酸;第二阶段是在第一阶段的基础上,经沼气细菌的作用变换成沼气。沼气细菌是厌氧细菌,所以在沼气发酵过程中必须在完全密闭的发酵罐中进行,不能有空气进入。沼气发酵所需热量要由外界提供。厌氧发酵产生的沼气,可作为居民生活燃料,沼渣还可用作肥料。

(2)快速好氧发酵法　利用鸡粪本身含有的大量微生物,如酵母菌、乳酸菌等,或采用专门筛选出来的发酵菌种,进行好氧发酵。通过好氧发酵可改变鸡粪品质,使鸡粪熟化并杀虫、灭菌、除臭。

(二)污水的无公害处理

除鸡粪以外,蛋鸡场污水对环境的污染也相当严重。因此,污水处理工程应与养鸡场主建筑同时设计、同时施工、同时运行。

蛋鸡场的污水来源主要有 4 条途径:①生活用水;②自然雨水;③饮水器终端排出的水和饮水器中剩余的污水;④洗刷设备

及冲洗鸡舍的水。

养鸡场污水处理的基本方法和污水处理系统多种多样,有沼气处理法、人工湿地分解法、生态处理系统法等。各场可根据本场具体情况选择应用。下面介绍一种处理法,详见如下流程图(图3-9)。

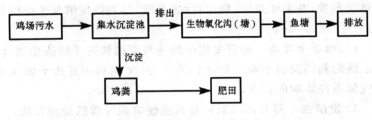

图 3-9　鸡场污水处理流程

全场的污水经各支道汇集到场外的集水沉淀池,经过沉淀,鸡粪等固形物留在池内,污水排到场外的生物氧化沟(或氧化塘)。污水在氧化沟内缓慢流动,其中的有机物逐渐被分解。据测算,氧化沟尾部污水的化学耗氧量(COD)可降至 200 毫克/升左右。这样的水再排入鱼塘,剩余的有机物经进一步矿化作用,为鱼塘中水生植物提供肥源,化学耗氧量可降至 1 毫克/升以下,符合污水排放标准。

(三)死鸡的无公害处理

在养鸡生产过程中,由于各种原因使鸡死亡的情况时有发生。如果鸡群暴发某种传染病,则死鸡数会成倍增加。这些死鸡若不加处理或处理不当,其病原微生物会污染大气、水源和土壤,造成疾病的传播与蔓延。死鸡的处理可采用以下几种方法。

1. 高温处理法　即将死鸡放入特设的高温锅(490 千帕,150℃)内熬煮,也可用普通大锅,经 100℃以上的高温熬煮处理,均可达到彻底消毒的目的。对于一些危害人、畜健康，患烈性传染病死亡的鸡，应采取焚烧法处理。

2. 土埋法 这是利用土壤的自净作用使死鸡无害化。采用土埋法，必须遵守卫生防疫要求，即尸坑应远离鸡场、鸡舍、居民点和水源，掩埋深度不小于 2 米。必要时尸坑内四周应用水泥板等不透水材料砌严，死鸡四周应洒上消毒药剂，尸坑四周最好设栅栏并做上标记。较大的尸坑盖板上还可预留几个孔道，套上硬塑料管，以便不断向坑内扔死鸡。

（四）垫料的无公害处理

蛋鸡在育雏、育成期常在垫料上平养。清除的垫料实际上是鸡粪与垫料的混合物，对这种混合物的处理可采用如下几种方法。

1. 窖贮或堆贮 鸡粪和垫料的混合物可以单独地窖贮或堆贮，通过发酵做无公害处理。

为了使发酵作用良好，混合物的含水量应调至 65%。否则，鸡粪的黏性过大会使操作非常困难。混合物在堆贮的第四天至第八天，堆温达到最高峰（可杀死多种微生物）。保持若干天后，逐渐与气温平衡。

2. 直接燃烧 如果鸡粪垫料混合物的含水率在 30% 以下，就可以直接燃烧，作为燃料来供热。鸡粪垫料混合物的直接燃烧，需要专门的燃烧装置。如果养鸡场暴发某种传染病，此时的垫料必须用燃烧法进行处理。

3. 生产沼气 用鸡粪作为沼气原料，一般需要加入一定量的植物秸秆，以增加碳源。而用鸡粪垫料混合物作为沼气原料，由于其中已含有较多的垫草，碳氮比例较为合适，作为沼气原料，使用起来十分方便。

第四章 肉用仔鸡的饲养管理

一、进雏前的准备

(一)人员的安排

实行机械化饲养,每人可饲养 10 000～20 000 只鸡,人工饲养,每人可饲养 2 000～3 000 只鸡。根据饲养规模的大小,确定好人员,在上岗前对饲养人员要进行技术培训,明确责任,确定奖罚指标,调动生产积极性。

(二)饲料、垫料及常用药品的准备

用成品颗粒料饲喂肉用仔鸡,喂至 2.5 千克重的毛鸡每只需用料 5～5.5 千克,如果自配料,按所用的饲料配方计算好所需要的各种原料并备足,喂至 2.5 千克重的毛鸡需配合料 5.5～5.8 千克。厚垫料地面平养要提前准备好垫料,垫料要求干燥、清洁、柔软及吸水性强。饲养期间常用的抗菌药有庆大霉素、卡那霉素、青霉素、链霉素、土霉素、氟哌酸、北里霉素等,常用的消毒药有百毒杀、过氧乙酸、爱迪福、卡酉安、威岛、抗毒威、高锰酸钾、福尔马林等。

(三)房舍及用具的准备与消毒

要选择有利于夏季防暑降温、冬季保温的鸡舍来饲养肉用仔鸡。对养过鸡的鸡舍,待上一批鸡出栏后,抓紧时间清洗、维修房舍及用具。其工作包括以下几项。

1. 清洗鸡舍设施和用具　撤出所用过的饲用工具、饮水用具、塑料网、金属网、保温伞、电灯泡等设备,并用清水洗净、晾干,消毒后备用。破损的要进行维修或补充。

2. 清除垫料和粪便　对鸡舍要彻底进行清扫。清除的垫料和粪便,要运到远离鸡舍的地方进行焚烧或发酵处理,用作农肥。对天棚、墙壁、窗台等进行彻底清洗,堵严鼠洞,不准有死角。

3. 安装维修好饲养设备　在已清洗好的房舍内安装养鸡所需要的设备,并做好检修,如喂料系统、供水系统、供热系统、供电系统、通风系统、围栏等。

4. 鸡舍及用具的消毒　消毒的目的是杀死病原微生物。消毒的方法可采用药液浸泡消毒法、药液喷雾消毒法、熏蒸消毒法等。旧鸡舍消毒后要求空舍 10 天以上。

5. 预温　无论采用哪种供热方式,在进雏前(远处进雏提前 5～10 小时,近处进雏提前 2～3 小时)把舍温升高至 34℃(由距离床面 10 厘米高处测得)。同时,保持舍内相对湿度 70% 左右。

二、饲养方式的选择

饲养肉用仔鸡主要有地面平养、网上平养、笼养和笼养与地面平养相结合 4 种饲养方式。

(一)地面平养

是饲养肉用仔鸡较普遍的一种方式,适用于小规模养鸡的农户。要首先在鸡舍地面上铺设一层 4～10 厘米厚的垫料,注意垫料不宜过厚,以免妨碍鸡的活动甚至小鸡被垫料覆盖而发生意外。随着鸡日龄的增加,垫料被践踏,厚度降低,粪便增多,应不断地添加新垫料。一般在雏鸡 2～3 周龄后,每隔 3～5 天添加一次,使垫料厚度达到 15～20 厘米。垫料太薄,养鸡效果不佳。因垫料少粪便多,鸡舍易潮湿,氨气浓度会超标,这将影响肉用仔鸡的生长发育,并易暴发疾病,甚至造成大批死亡。同时,潮湿而较薄的垫料还容易造成肉用仔鸡胸骨囊肿。因此,要注意随时补充新垫料,对因粪便多而结块的垫料,及时用耙子翻松,以防止板结。要特别注意防止垫料潮湿。首先在地面结构上应有防水层,其次对饮水器应加强管理,控制任何漏水现象和鸡饮水时弄湿垫料。用作垫料的原料一般是木屑、谷壳、甘蔗渣、干杂草和稻草等。总之,垫料应吸水性强,干燥清洁,无毒无刺激,无发霉等。每当一批肉用仔鸡全部出栏后,应将垫料彻底清除更换。

这种饲养方式的优点是设备简单,投资少,垫料可以就地取材,雏鸡可以自由活动,光照充足,鸡体健壮。缺点是饲养密度小,雏鸡与鸡粪直接接触,容易感染疾病,特别是球虫病。同时,需要大量的垫料,饲养人员劳动强度大。

(二)网上平养

即把肉用仔鸡饲养在舍内高出地面 60～70 厘米的铁丝网或塑料网上,粪便通过网孔漏到地面上,一个饲养周期清粪一次。网孔约为 2.5 厘米×2.5 厘米。头两周为了防止雏鸡脚爪从孔隙落下,可在网上铺上网孔 1.25 厘米×1.25 厘米的塑料网或硬纸或 1 厘米厚的整稻草、麦秸等,2 周后撤去。网片一般制成长 2 米、宽 1 米的带框架结构,并以支撑物将网片撑起。网片要铺平,并能承重饲养人员在上面操作,便于管理。为了防止雏鸡粪便中的水分蒸发造成湿度增加和氨气的增多,可在地面上铺 5 厘米厚的垫料,吸收水分和吸附有害气体,防止地面产生的冷空气侵袭雏鸡腹部,造成腹泻。

网上饲养可避免雏鸡与粪便直接接触,减少疾病的传播,不需要更换垫料,减少肉用仔鸡活动量,降低维持消耗,卫生状况较好,有利于防止雏鸡白痢和球虫病。但一次性投资较多,对饲养管理技术要求较高,要注意通风,防止维生素及微量元素等营养物质的缺乏。

(三)笼　养

即将雏鸡养在 3～5 层的笼内。笼养提高了房舍利用率,便于管理。由于鸡活动量小,可节省饲料。笼养具有网上饲养的优点,可提高劳动效率。但一次性投资大,电热育雏笼对电源要求严格,鸡舍通风换气要良好,并要求较高的饲养管理技术。现代化大型肉鸡场使用会收到更好的效益。

(四)笼养与地面平养相结合

这种饲养方式的应用,我国各地多是在育雏期(出壳～28 日龄)实行笼养,育肥期(5～8 周龄)转到地面平养。

育雏期舍温要求较高,此阶段采用多层笼育雏,占地面积小,房舍利用率高,环境温度比较容易控制,也能节省能源。

在 28 日龄以后,将笼子里的肉用仔鸡转移到地面上平养,地面上铺设 10～15 厘米厚的垫料。此阶段虽然鸡的体重迅速增长,但在松软的垫料上饲养,也不会发生胸部和腿部疾病。所以,笼养与平养相结合的方式兼备了两种饲养方式的优点,对小批量饲养肉用仔鸡具有推广价值。

三、初生雏的选择与安置

(一)雏鸡的订购

从可靠的种鸡孵化厂家选购品种优良、纯正、种鸡群没有发生过疫病的商品杂交雏鸡,并按生产计划安排好进雏时间与数量。同时,要签订购雏合同。

（二）初生雏鸡的选择

选择符合品种标准的健壮雏鸡,是提高肉用仔鸡成活率的重要环节。健壮雏鸡的特征是眼大有神,活泼好动,叫声响亮,腹部柔软、平坦,卵黄吸收良好,脐口平整、干净,手握雏鸡有弹性,挣扎有力,体重均匀,符合品种要求。

（三）初生雏的安置

出壳后的雏鸡,待绒毛干燥后应立即用专门的运雏盒包装雏鸡,选择平稳快速的交通工具组织发运。运输途中应定时观察盒内雏鸡表现,防止过冷、过热和挤压死亡。运到育雏室后,应及时检查清点,捡出死雏,分开强、弱雏,并将弱雏安置在温度稍高的位置饲养。

四、雏鸡的喂饲与饮水

（一）开食与喂饲

在首次饮水后2～3小时进行开食,先饮水而后开食,有利于雏鸡的胃肠消毒,减少肠道疾病。

1. 饲喂用具　通常雏鸡的饲喂用具采用料盘(塑料盘或镀锌铁皮料盘),也可采用塑料膜、牛皮纸、报纸等。开食用具要充足,每个40厘米×40厘米的正方形料盘,可供50只雏鸡开食用。雏鸡5～7日龄后,饲喂用具可采用饲槽、料桶、链条式喂料机械等。

2. 饲喂方法　首先饮水。2～3小时后,将所用的开食用具放在雏鸡当中,然后撒料,先撒料0.5～0.8厘米厚。让每只雏鸡都能吃到食,但不宜喂得太饱。对靠边站而不吃料的弱雏,统一放到弱雏区进行补饲。第一天喂8～10次,平均2～3小时喂料1次,以后逐渐减少到日喂 4 次。要加强夜间饲喂工作。每次饲喂时，添料量不应多于料槽容量的 1/3，每只鸡应有 5～8 厘米的槽位（按料槽两侧计算）。喂料时间和人员都要固定，饲养人员的服装颜色不宜改变，以免引起鸡群的应激反应（惊群）。饲养肉用仔鸡，宜实行自由采食，不加以任何限量。添料量要逐日增加，原则上是饲料吃光后 0.5 小时再添下一次料，以刺激肉用仔鸡采食。开食后的前一周，采用细小全价饲料或粉料，以后逐渐过渡到小雏料、中雏料、育肥料和屠宰前期料。饲养肉用仔鸡，最好采用颗粒料。颗粒料具有适口性好、营养成分稳定、饲料转化率高等优点。

3. 饲料消耗 肉用仔鸡每周耗料量，因饲粮含能量不同而有一定差异（表 4-1）。

表 4-1　每 100 只肉用仔鸡耗料量 （单位：千克）

周　龄	12.15 兆焦/千克	12.54 兆焦/千克	13.38 兆焦/千克
1	14.0	13.5	13.1
2	33.2	31.5	29.7
3	49.1	46.0	42.8
4	70.2	67.2	64.3
5	90.0	88.5	85.1
6	111.5	109.6	105.4
7	128	126.2	123.0
8	150	147.6	144.8
9	162	159	156.6

注：公、母混养

4. 肉用仔鸡的饲粮配合 肉用仔鸡具有快速生长的遗传特性，营养需要是充分发挥其特性的基本条件。肉用仔鸡对营养要求严格，应保证供给其高能量、高蛋白质及维生素、微量元素丰富而平衡的饲粮。肉用仔鸡对营养物质需要的特点是：前期蛋白质高、能量低，后期蛋白质低、能量高。这是因为，肉用仔鸡早期组织器官发育需要大量优质蛋白质，而后期脂肪沉积能力增加，需要较高的能量。目前饲养快大型肉用仔鸡，饲养期可分为以下3个阶段：0～21日龄为饲养前期，22～42日龄为饲养中期，42日龄以后为饲养后期。按我国现行肉用仔鸡饲养标准要求，0～21日龄：蛋白质21.5%，代谢能12.54兆焦/千克；22～42日龄：蛋白质20.0%，代谢能12.96兆焦/千克；42日龄以后：蛋白质18.0%，代谢能13.17兆焦/千克。

　　肉用仔鸡饲粮配方应以饲养标准为依据，结合当地饲料资源情况而制定。在设计饲粮配方时，不仅要充分满足鸡的营养需要，而且也要考虑饲料成本，以保证肉用仔鸡生产的经济效益。肉用仔鸡的饲粮配方参见表4-2。

表4-2　肉用仔鸡典型饲粮配方

饲料种类及其营养成分	0～3周龄饲粮配方			4～7周龄饲粮配方		
	1	2	3	1	2	3
玉　米(%)	60.71	63.1	31.0	68.1	47.05	51.58
高　粱(%)	—	—	—	—	15.0	15.0
碎　米(%)	—	—	30.0	—	—	—
米　糠(%)	—	—	—	—	2.0	2.0
豆　饼(%)	14.0	10.0	25.0	20.0	—	—
豆　粕(%)	—	—	—	—	18.5	17.5
棉籽饼(%)	15.0	10.0	—	—	—	—
菜籽饼(%)	—	8.0	—	3.0	—	—
鱼　粉(%)	9.0	7.0	10.0	7.0	7.0	6.0
肉骨粉(%)	—	—	—	—	3.0	3.0
动物油(%)	—	—	1.8	—	6.0	3.8
骨　粉(%)	0.5	1.0	1.5	—	—	—

续表 4-2

饲料种类及其营养成分	0～3 周龄饲粮配方			4～7 周龄饲粮配方		
	1	2	3	1	2	3
贝壳粉(%)	—	—	0.5	—	—	—
磷酸氢钙(%)	0.58	0.5	—	1.6	0.7	0.3
碳酸钙(%)	—	—	—	—	0.4	0.5
蛋氨酸(%)	0.11	0.14	—	—	0.1	0.07
赖氨酸(%)	0.1	0.16	—	—	—	—
食　盐(%)		0.1	0.2	0.3	0.25	0.25
代谢能(兆焦/千克)	12.41	12.28	12.83	12.75	13.59	13.18
粗蛋白质(%)	24.0	21.5	21.3	19.8	20.40	19.70
粗纤维(%)	4.3	4.21	2.4	2.80	2.50	2.40
钙(%)	0.89	0.91	1.21	0.90	1.11	0.99
磷(%)	0.63	0.06	0.71	0.73	0.80	0.70
赖氨酸(%)	1.29	1.49	0.96	1.04	1.01	0.95
蛋氨酸(%)	0.47	0.5	0.42	0.32	0.40	0.35
胱氨酸(%)	0.30	0.35	0.09	0.30	0.30	0.31

（二）饮　水

雏鸡在出壳后 24 小时内就给予饮水，以防止雏鸡由于出壳太久，不能及时饮到水，造成失水过多而脱水。雏鸡在进舍前，应将饮水器均匀地安置妥当，以便所有的雏鸡能及时饮到水。饮水器供水时，每 1 000 只鸡需要 15 个雏鸡饮水器，3 周龄后更换大的(4升)。使用长形水槽每只鸡应有 2 厘米直线的饮水位置。采用乳头供水系统，每个乳头可供 10～15 只鸡使用。

饮水器应放置于喂料器与热源之间，并距喂料器近些。肉雏鸡进舍休息1~2小时后饮水,以后不可间断。

初次饮水,可在饮水中加入适量的高锰酸钾,经历长途运输或高温环境下的雏鸡,最好在饮水中加入5%~8%的白糖和适量的维生素C,连续用3~5天,以增强鸡的体质,缓解运输途中引起的应激,促进体内胎粪的排泄,降低第一周雏鸡的死亡率。最初一周内最好饮用温开水,水温基本与室温一致,一周后可改饮凉水。通常情况下鸡的饮水量是采食量的1~2倍。当气温升高时,饮水量增加。

鸡的饮用水必须清洁新鲜。使用饮水器供水时,每天至少清洗消毒一次。更换饮水器设备时应逐渐进行。饮水设备边缘的高度以略高于鸡背为宜,饮水器下面的垫料要经常更换。采用乳头式自动供水系统,进雏前应将水压调整好,将整个供水系统清洗消毒干净,并逐个检查每个乳头,以防堵塞或漏水。饲养期应经常检查饮水设备,对于漏水、堵塞或损坏的应及时维修、更换,确保使用效果。

五、饲养环境管理

影响肉用仔鸡生长的环境条件有温度、湿度、通风换气、饲养密度、光照、卫生等。

(一)温　度

生产实践证明,保持适宜温度是养好雏鸡的关键。在生产中要注意按标准供温与看雏施温相结合,效果才会更好。

1. 肉用仔鸡适宜的环境温度　测温位置,如果采用全舍供热方式,应在距离墙壁1米与距离床面5~10厘米交叉处测得;如果采用综合供热方式,应在距保温伞或热源25厘米与距床面5~10厘米交叉处测得。适宜的育雏温度是以鸡群感到舒适为最佳标准。这时肉用仔鸡表现活泼好动，羽毛光顺，食欲良好，饮水正常，分布均匀，体态自然，休息时安静无声或偶尔发出悠闲的叫声，无挤堆现象。

饲养肉用仔鸡施温标准为：1日龄34℃～35℃，以后每天降低0.5℃，每周降3℃，直到4周龄时，温度降至21℃～24℃，此后维持此温度不变。当鸡群遇有应激如接种疫苗、转群时，温度可适当提高1℃～2℃，夜间温度比白天高0.5℃。雏鸡体质弱或有疫病发生时，温度可适当提高1℃～2℃。但温度要相对稳定，不能忽高忽低，降温时应逐渐进行。温度高时，雏鸡表现伸翅，张口喘气，不爱吃料，频频饮水，影响增重；温度低时，雏鸡表现挤堆，闭眼缩脖，不爱活动，发出尖叫声，饲料消耗增多。

2. 供热方式

（1）全舍供热 将整个鸡舍供热同温度，使用暖气、火墙、火炉等。

（2）综合供热 雏鸡有一个供热中心，其余空间另行加温，用电热伞、煤气伞及暖气、火墙、火炉等。

（3）局部供热 雏鸡有中心热源，四周有凉爽的非加热区，用电热伞、煤气伞等。

3. 节省能源 降低养鸡成本必须合理利用能源，重点放在育雏期的管理上。育雏时要采用干燥垫料，以免热量随水分蒸发而散失；房舍的保温性能要好，冬季房舍可增加一层稻草，窗户要用塑料膜封好；育雏器的热源悬挂应采用厂家建议的高度；要经常查看温度计的准确性及鸡群的表现；每个育雏器要放有足够数量的雏鸡；若采用全舍供暖或综合供暖平养时，要在整个鸡舍内用塑料膜围起一个育雏空间，然后再逐渐放开；使用煤或炭等要燃烧彻底，防止不应有的浪费。

（二）湿　度

湿度是指空气中含水量的多少,相对湿度是指空气实际含水量与饱和含水量的比值,用百分比来表示。

1. 适宜的湿度　饲养肉用仔鸡,最适宜的湿度为:$0\sim7$日龄$70\%\sim75\%$;$8\sim21$日龄$60\%\sim70\%$,以后降至$50\%\sim60\%$。湿度过高或过低,对肉用仔鸡的生长发育都有不良影响。鸡体散热主要通过加快呼吸来实现。在高温高湿时,肉用仔鸡羽毛的散热量减少,但这时呼出的热量扩散很慢,并且呼出的气体也不易被外界潮湿的空气所吸收,因而这时鸡不爱采食,影响生长。低温、高湿时,鸡体本身产生的热量大部分被环境湿气所吸收,舍内温度下降速度快,因而肉用仔鸡维持本身生理需要的能量多,耗料增加,饲料转化率低。另外,湿度过高还会诱发肉用仔鸡患多种疾病,如球虫病、腿病等。

湿度过低时,肉用仔鸡羽毛蓬乱,空气中尘埃量增加,患呼吸道系统疾病增多,影响增重。

2. 增加和降低舍内湿度的办法　在生产中,由于饲养方式不同,季节不同,鸡舍不同,舍内湿度差异较大。为了满足肉用仔鸡的生理需要,时常要对舍内湿度进行调节。

(1)增加舍内湿度的办法　一般在育雏前期,需要增加舍内湿度。如果是笼养或网上平养育雏,可以往水泥地面上洒水来增加湿度;若厚垫料平养育雏,则可以向墙壁上面喷水或在火炉上放一个水盆蒸发水蒸气,以达到补湿的目的。

(2)降低舍内湿度的办法　降低舍内湿度的办法主要有升高舍内温度,增加通风量。加强平养的垫料管理,保持垫料干燥。冬季房舍保温性能要好,房顶要加厚,如在房顶加盖一层稻草等。加强饮水器的管理,减少饮水器内的水外溢。

（三）光　照

光照是鸡舍内小气候的因素之一，对肉用仔鸡生产力的发挥有一定影响。合理的光照有利于肉用仔鸡增重，节省照明费用，便于饲养管理人员的工作。

光照分自然光照和人工光照两种。自然光照就是依靠太阳直射或散射光通过鸡舍的开露部位如门窗等射进鸡舍；人工光照就是根据需要，以电灯光源进行人工补光。

1. 光照方法及时间

（1）连续光照　目前饲养肉用仔鸡大多实行 24 小时全天连续光照，或实行 23 小时连续光照，1 小时黑暗。黑暗 1 小时的目的是为了防止停电，使肉用仔鸡能够适应和习惯黑暗的环境，不会因停电而造成鸡群拥挤窒息。有窗鸡舍，可以白天借助于太阳光的自然光照，夜间实行人工补光。

（2）间歇光照　指光照和黑暗交替进行，即全天实行 1 小时光照、3 小时黑暗或 1 小时光照、2 小时黑暗交替。大量的试验表明，实行间歇光照的饲养效果好于连续光照。但采用间歇光照方式，鸡群必须具备足够的饲料和饮水槽位，保证肉用仔鸡有足够的采食和饮水时间。

（3）混合光照　即将连续光照和间歇光照混合应用，如白天依靠自然光连续光照，夜间施行间歇光照。要注意白天光照过程中需对门窗进行遮挡，尽量使舍内光线变暗些。

2. 光照强度　在整个饲养期，光照强度原则是由强到弱。一般在 1～7 日龄，光照强度为 20～40 勒，以便让雏鸡熟悉环境。以后光照强度应逐渐变弱，8～21 日龄为 10～15 勒，22 日龄以后为 3～5 勒。在生产中，若灯头高度 2 米左右，1～7 日龄为 4～5 瓦/平方米；8～12 日龄为 2～3 瓦/平方米；22 日龄以后为 1 瓦/平方米左右。

3. 光源选择 选用适宜的光源有利于节省电费开支,又能促进肉用仔鸡生长。一盏 15 瓦荧光灯的照明强度相当于 40 瓦的白炽灯,而且使用寿命比白炽灯长 4～5 倍。另外,有试验表明,在肉用仔鸡 3 周龄以后,用绿光荧光灯代替白炽灯,其光照强度为 6～8 勒,结果肉用仔鸡增重速度快于对照组。

在生产中无论采用哪种光源,光照强度不要太大(白炽灯泡以不大于 60 瓦为宜),使光源在舍内均匀分布。要经常检查更换灯泡以保持清洁,白天闭灯后用干抹布把灯泡或灯管擦干净。

(四)通风换气

通风是适当排除舍内污浊气体,换进外界的新鲜空气,并借此调节舍内的温度和湿度的重要措施。鸡舍内空气新鲜和适当流通是养好肉用仔鸡的重要条件。足够的氧气可使肉用仔鸡维持正常的新陈代谢,保持健康,发挥出最佳生产性能。

进行通风换气时,要避免贼风。可根据不同的地理位置、不同的鸡舍结构、不同的季节、不同的鸡龄、不同的体重,选择不同的空气流速。在计划通风需要量时,要安装足够的设备,以便必要时能达到最大功率。

如果通风换气不当,舍内有害气体含量多,则导致肉用仔鸡生长发育受阻。当舍内氨气含量超过 20 毫克/米^3 时,对肉用仔鸡的健康有很大影响,氨气会直接刺激肉用仔鸡的呼吸系统,刺激黏膜和角膜,使肉用仔鸡咳嗽、流泪;当氨气含量长时间在 50 毫克/米^3 以上时,会使肉用仔鸡双目失明,头部抽动,表现出极不舒服的姿势。我国无公害养殖 GB 18407.3 标准规定,雏禽舍的氨气含量＜8 毫克/米^3,成禽舍的氨气含量＜12 毫克/米^3。

(五)饲养密度

影响肉用仔鸡饲养密度的因素,主要有品种、周龄与体重、饲养方式、房舍结构及地理位置等。

一般来说，房舍结构合理，通风良好，饲养密度可适当大些，笼养密度大于网上平养，而网上平养又大于地面厚垫料平养。近几年农户饲养肉用仔鸡多实行网上平养，其优点是便于管理，不需垫料，鸡粪可以回收，经过处理可作为猪和鱼的饲料，同时也有利于防疫。

如果饲养密度过大，舍内的氨气、二氧化碳、硫化氢等有害气体增加，相对湿度增大，厚垫料平养的垫料易潮湿，肉用仔鸡的活动受到限制，生长发育受阻，鸡群生长不齐，残次品增多，增重受到影响，易发生胸囊肿、足垫炎、瘫痪等疾病，导致发病率和死亡率偏高。若饲养密度过小，虽然肉用仔鸡的增重效果好，但房舍利用率降低，饲养成本增加。

饲养肉用仔鸡，适宜的饲养密度可参照表 4-3 执行。

表 4-3　肉用仔鸡饲养密度　（单位：只/米²）

饲养方式		周　龄				
		1～2	3～4	5～6	7～8	9～10
笼养（以每层笼计算）	夏　季	55	30	20	13	11
	冬　季	55	30	22	15	13
	春　季	55	30	21	14	12
网上平养	夏　季	40	25	15	11	10
	冬　季	40	25	17	13	12
	春　季	40	25	16	12	11
地面厚垫料平养	夏　季	30	20	14	13	8
	冬　季	30	20	16	13	12
	春　季	30	20	15	11.5	10

注：笼养密度是指每层笼每平方米饲养只数

六、饲养期内疾病预防

肉用仔鸡饲养密度大，生长快，抗病力差，患病机会多，因而必须做好疫病的预防工作。要根据疫病的多发期、敏感阶段及当地疫病流行情况，进行预防性投药。

(一)雏鸡白痢的预防

雏鸡白痢多发生于 10 日龄以前，选用药物有氟哌酸、庆大霉素、青霉素、链霉素、土霉素等。在生产中，可于雏鸡初饮时用 0.05％～0.1％高锰酸钾饮水；1～2 日龄每只每天用青霉素、链霉素 4 000 单位饮水，日饮 2 次；3～9 日龄用土霉素钙 10～50 毫克/千克饲料混饲。

(二)球虫病的预防

肉用仔鸡球虫病多发于 2 周龄以后，选用药物有盐霉素、马杜霉素铵盐、莫能菌素钠等。生产中预防球虫病，可在肉用仔鸡 2 周龄以后，选用 2～3 种抗球虫药物，每种药以预防量使用 1～2 个疗程，交替用药。如 12～28 日龄用马杜霉素铵盐 50 毫克/千克饲料拌料，29～40 日龄用磺胺氯吡嗪钠 0.3 克/升饮水，41～52 日龄用盐霉素 60 毫克/千克饲料混饲。

(三)呼吸道疾病的预防

肉用仔鸡呼吸道疾病多发于 4 周龄以后而影响增重，常用的药物有庆大霉素、卡那霉素、北里霉素、链霉素等。

(四)疫苗接种

1 日龄，根据种鸡状况和当地疫病流行情况决定是否接种马立克氏病疫苗,7~10 日龄滴鼻、点眼接种鸡新城疫Ⅱ系弱毒苗或鸡新城疫 Lasota 系弱毒苗,14 日龄饮水接种鸡传染性法氏囊病弱毒疫苗,25~30 日龄饮水接种鸡新城疫 Lasota 系弱毒疫苗。

（五）环境消毒

目前常用的消毒药物有氢氧化钠、石灰、过氧乙酸、百毒杀、农福等。消毒时按药品说明要求的浓度进行。带鸡消毒一般每 5~7 天进行 1 次。要达到药物浓度,各种消毒药物应交替使用,必要时还应实行饮水消毒。

七、日常管理

肉用仔鸡的日常管理是一项辛苦而细致的工作,需要持之以恒。工作中要注意以下几个问题。

（一）用好垫料,适时清粪

不同的饲养方式,其管理方法也不尽相同。下面就地面厚垫料平养、网上平养、笼养的垫料、粪便处理分别阐述。

1. 地面厚垫料平养

（1）垫料的选择 作为垫料的种类很多,总的要求是干燥清洁、吸湿性好,无毒、无害、无刺激、无霉变,质地柔软。常用的垫料有稻壳、铡碎的稻草、麦草及干杂草、干树叶、秸秆碎段、细沙、锯末、刨花及碎纸等。

（2）垫料的管理与清粪 垫料的厚度要适当。雏鸡入舍首次铺垫料的厚度为 5~10 厘米,不宜过厚。垫料过厚会妨碍雏鸡的活动,还易导致雏鸡被垫料覆盖而窒息。待垫料被践踏潮湿或太脏时,要注意及时部分更换和铺垫新的垫料。铺垫料时要均匀,避免高低不平。一批鸡结束后,垫料厚度可达 15~20 厘米。鸡出栏后彻底清理垫料,并运到远离鸡舍的地方处理,不可用上一批鸡垫料养下一批鸡。实行厚垫料平养时,要求房舍地势要高,要加强饮水的管理,避免水外溢弄湿垫料。夏季高温季节可以用细沙作为垫料平养育肥鸡,其好处是有利于防暑降温。

地面厚垫料平养肉用仔鸡,首次铺垫料后,肉用仔鸡生活在垫料上,以后经常铺垫新的垫料,使鸡的粪便与垫料混在一起。鸡出栏后,将粪便与垫料一起清出舍外。

2. 网上平养或笼养 为了完善网底结构,防止肉用仔鸡发生外伤和胸囊肿,可以采用塑料网铺在竹帘、木条或金属网上。每周清粪 1 次,以便降低舍内湿度和有害气体含量。

(二)合理分群,及时调整饲粮结构

饲养人员应对肉用仔鸡按强弱、大小定期分群。要加强喂饮,注意环境安静,防止鸡群产生任何应激。在饲养后期,要及时提高饲粮的能量水平,可在饲粮中适当添加植物油。

(三)公、母鸡分群饲养

公、母鸡分群饲养具有很多优点。随着我国肉鸡生产的发展和大规模机械化养鸡场的兴起,公、母鸡分群饲养方式将逐渐代替混饲。有条件的大型鸡场可进行初生雏的雌、雄鉴别,实行公、母分群饲养。农户饲养的肉用仔鸡,一般在 4 周龄结合分群,一次分出公、母鸡为好。

(四)适时增加维生素和微量元素

在 1～4 周龄时,饮水中加入蔗糖或速补,以增强体质。在 7～10 日龄、14～16 日龄和 25～30 日龄接种疫苗期间,多种维生素和微量元素的给量可增加 0.3～0.5 倍,另外添加适量的维生素 E 和亚硒酸钠,以防应激。

（五）注意饲料的过渡

由于肉用仔鸡随着日龄的增长，对饲粮营养要求不同，饲养期内要更换 2～3 次料。为了减少应激，更换饲料时要注意饲料的过渡，不能突然改变。过渡期一般为 3 天，具体方法是：第一天饲粮由 2/3 过渡前料和 1/3 过渡后料组成，第二天饲粮由 1/2 过渡前料和 1/2 过渡后料组成，第三天饲粮由 1/3 过渡前料和 2/3 过渡后料组成，第四天起改为过渡后料。

（六）适时断喙

对肉用仔鸡断喙的主要目的是防止啄癖和减少饲料浪费。肉用仔鸡啄癖包括啄肛、啄羽、啄尾、啄趾等。引起啄癖的因素较多，如温度高、光线强、饲养密度大、通风差、饲粮中缺少食盐及营养不足等。随着生产中肉用仔鸡公、母分饲的进展，自别雌雄系公鸡的羽毛生长速度慢，也容易引起啄癖。肉用仔鸡啄癖发生率比蛋鸡小得多。主要采用改善环境条件、平衡饲粮营养措施来预防。一般肉用仔鸡在较弱的光照强度下饲养，可以不实施断喙。

肉用仔鸡的断喙时间一般在 7～8 日龄。具体要求是：断喙器的刀片要快，刀片预热烧红呈樱桃红色，上喙断去 1/2～1/3（喙端至鼻孔为全长），下喙断去 1/3。断喙不宜过度，要烫平、止血。断喙期间，在饮水中或饲料中加入抗应激药物，同时适当提高舍温，以减少应激。

（七）做好卫生防疫消毒工作

良好的卫生环境、严格的消毒和按期接种疫苗，是养好肉用仔鸡的关键一环。对于每一个养鸡场（户），都必须保证鸡舍内外卫生状况良好，严格对鸡群、用具、场区进行消毒，认真执行防疫制度，做好预防性投药，按时接种疫苗，确保鸡群健康生长。

1. 环境卫生 包括舍内卫生、场区卫生等。舍内垫料不宜过脏、过湿,灰尘不宜过多,用具安置应有序不乱,经常杀灭舍内外蚊、蝇。对场区要铲除杂草,不能乱放死鸡、垃圾等,保持卫生状况良好。

2. 消毒 场区门口和鸡舍门口要设有火碱液消毒池,并经常保持火碱液的有效浓度。进出场区或鸡舍要脚踩消毒液,杀灭鞋底带来的病菌。饲养管理人员要穿工作服进鸡舍工作,同时要保证工作服干净。鸡场(舍)应限制外人参观,更不准拉鸡车进入生产区。饲养用具应固定鸡舍使用,饮水器每天进行消毒,然后用清水冲洗干净。对其他用具,每 5 天进行一次喷雾消毒。

3. 疫苗接种 根据当地疫病流行情况,按免疫程序要求及时接种各类疫苗。肉用仔鸡接种疫苗的方法,主要有滴鼻点眼法、气雾法和饮水法等。

(八)测　重

每周末早晨空腹随机抽测 5%,并做好记录,掌握鸡群的个体发育情况。与标准相对照,分析原因,肯定成绩,找出不足,以便指导生产。

(九)减少应激

应激是指一切异常的环境刺激所引起的机体紧张状态,主要是由管理不良和环境不利造成的。

管理不良因素,包括转群、测重、疫苗接种、更换饲料、饲料和饮水不足、断喙等。

环境不利因素有噪声,舍内有害气体含量过多,温、湿度过高或过低,垫料潮湿,鸡舍及气候变化,饲养人员变更等。

根据分析以上不利因素,在生产中要加以克服,改善鸡舍条件,加强饲养管理,使鸡舍小环境保持良好状况。制定一套完善合理、适合本场实际的管理制度,并严格执行。同时应用药物进行预防,如遇有不利因素影响时,可将饲粮中多种维生素含量增加10%~50%,同时加入土霉素、杆菌肽等。

(十)死鸡处理

在观察鸡群过程中,发现病鸡和死鸡要及时捡出来,对病鸡进行隔离饲养或淘汰,对死鸡要进行焚烧或深埋,不能把死鸡存放在舍内、饲料间和鸡舍周围。捡完病死鸡后,工作人员要用消毒液洗手。

(十一)观察鸡群

认真细致地观察鸡群,能及时准确掌握鸡群状况,以便及时发现问题,及时解决,确保生产正常运行。作为养鸡的技术人员和饲养人员,都必须养成"脑勤、眼勤、腿勤、手勤、嘴勤"的工作习惯,这样才能观察管理好鸡群。

1. 饮水的观察　检查饮水是否干净,有无污染,饮水器或水槽是否清洁,水流是否适宜,有无不出水或水流外溢的,看鸡的饮水量是否适当,防止不足或过量。

2. 采食的观察　饲养肉用仔鸡,实行自由采食,其采食量应是逐日递增的,如发现异常变化,应及时分析原因,找出解决的办法。在正常情况下,添料时健康鸡争先抢食,而病鸡则呆立一旁。

3. 精神状态的观察　健康鸡眼睛明亮有神,精神饱满,活泼好动,羽毛整洁,尾翘立,冠红润,爪光亮;病鸡则表现冠发紫或苍白,眼睛浑浊,无神,精神不振,呆立在鸡舍一角,低头垂翅,羽毛蓬乱,不愿活动。

4. 啄癖的观察　若发现鸡群中有啄肛、啄趾、啄羽、啄尾等啄癖现象,应及时查找原因,采取有效措施。

5. 粪便的观察　一般刚清完粪便时好观察,经验丰富的人可以随时观察。主要观察鸡粪的形状、颜色、干稀、有无寄生虫等,以此确定鸡群健康与否。如雏鸡排白色稀便并有糊屁股症状,则可疑为鸡白痢,血便可疑为球虫,绿色粪便可疑为伤寒、霍乱等,稀便可疑为消化不良、大肠杆菌病等。发现异常情况后要及时诊治。

6. 听呼吸 一般在夜深人静时听鸡群的呼吸声音,以此辨别鸡群是否患病。异常的声音有咳嗽、啰音、甩鼻等。

7. 计算死亡率 正常情况下第一周死亡率不应超过3%,以后平均日死亡率在0.05%左右。若发现死亡率突然增加,要及时进行剖检,查明原因,以便及时治疗。

(十二)减少胸囊肿、足垫炎

肉用仔鸡胸部囊肿、足垫炎和外伤,严重影响其胴体品质和等级,给养鸡场(户)造成一定的经济损失。分析原因是:肉用仔鸡采食量多、生长快、体重大、长期卧伏,厚垫料平养时胸部与不良潮湿垫料摩擦,笼养时笼底结构不合理等,使胸部受到刺激,引起滑液囊炎而形成胸部囊肿。

(十三)节约饲料

饲养肉用仔鸡,饲料成本占总成本的70%～80%。为降低养鸡成本,提高经济效益,抓好节约饲料工作具有重要意义。节约饲料的主要途径有:提高饲料质量、合理保管饲料、科学配合饲粮、加强日常饲养管理等。

据调查统计,饲料因饲槽不合理浪费2%,因添料太满浪费4%,流失及鼠耗1%,疫病死亡损失3%～5%。对于这些损失,只要在日常工作中细心想办法,是可以克服的。

(十四)正确抓鸡、运鸡,减少外伤

据统计,肉用仔鸡等级下降的原因,除其胸部囊肿外,另一个就是创伤，而且这些创伤多数是在出栏时抓鸡、装笼、装卸车和挂鸡过程中发生的。

为减少外伤，肉用仔鸡出栏时应注意以下几个问题。

第一，在抓鸡之前组织好人员，并讲清抓鸡、装笼、装卸车等有关注意事项，使他们胸中有数。

第二，对鸡笼要经常检修，鸡笼不能有尖锐棱角，笼口要平滑，没有修好的鸡笼不能使用。

第三，在抓鸡之前，把一些养鸡设备如饮水器、饲槽或料桶等拿出舍外，注意关闭供水系统。

第四，关闭大多数电灯，使舍内光线变暗，在抓鸡过程中要启动风机。

第五，用隔板把舍内鸡隔成几群，防止鸡挤堆窒息，方便抓鸡。

第六，抓鸡时间最好安排在凌晨进行。这时鸡群不太活跃，而且气候比较凉爽，尤其是夏季高温季节。

第七，抓鸡时要抓鸡腿，不要抓鸡翅膀和其他部位。每只手抓3～4只，不宜过多。入笼时要十分小心，鸡要装正，头朝上，避免扔鸡、踢鸡等动作。每个鸡笼装鸡数量不宜过多，尤其是夏季，防止鸡被闷死、压死。

第八，装车时注意不要压着鸡头部和爪等。冬季运输时，上层和前面要用苫布盖上；夏季运输时，中途尽量不停车。

（十五）适时出栏

根据目前肉用仔鸡的生产特点，公、母分饲，一般母鸡50～52日龄出售。临近卖鸡的前一周，要掌握市场行情，抓住有利时机，集中一天将一房舍内肉用仔鸡出售完毕，切不可零卖。

八、夏、冬季肉用仔鸡的饲养管理

（一）夏季肉用仔鸡的饲养管理

我国大部分地区夏季的炎热期持续 3～4 个月，给鸡群造成强烈的热应激。肉用仔鸡表现为采食量下降、增重慢、死亡率高等。因此，夏季的管理特点是努力消除热应激对肉用仔鸡的不良影响，确保肉用仔鸡生产顺利进行。

1. 做好防暑降温工作　鸡羽毛稠密，无汗腺，体内热量散发困难，因而高温环境影响肉用仔鸡的生长。一般 6～9 月份的中午气温达 30℃ 左右，育肥舍温度高达 28℃ 以上，使鸡群感到不适，必须采取有效措施进行降温。夏季防暑降温的措施主要有鸡舍建筑合理、植树、鸡舍房顶涂白、进气口设置水帘、房顶洒水、舍内流动水冷却、增加通风换气量等。

（1）鸡舍的方位　应坐北朝南，屋顶隔热性能良好，鸡舍前无其他高大建筑物。

（2）搞好环境绿化　鸡舍周围的地面尽量种植草坪或较矮的植物，不让地面裸露。四周植树，如大叶杨和梧桐树等。

（3）将房顶和南侧墙涂白　这是一种降低舍内温度的有效方法，对气候炎热地区屋顶隔热差的鸡舍适宜采用，可降低舍温3℃～6℃。但在夏季气温不太高或高温持续期较短的地区，一般不宜采取这种方法，因为这种方法会降低寒冷季节鸡舍内温度。

（4）在房顶洒水　这种方法实用有效，可降低舍温 4℃～6℃。其方法是：在房顶上安装旋转的喷头，有足够的水压使水喷到房顶表面。最好在房顶上铺一层稻草，使房顶长时间处于潮湿状态，房顶上的水从房檐流下，同时开动风机，则效果更佳。

（5）在进风口处设置水帘　采用负压纵向通风，外界热空气经过水帘时,水分蒸发吸热,从而使空气温度降低。外界湿度愈低时,蒸发就愈多,降温就愈明显。采用此法可降温5℃左右。

(6)进行空气冷却 通常用旋转盘把水滴甩出成雾状,使空气冷却。一般结合载体消毒进行,2～3小时1次,可降低舍温3℃～6℃。适于网上平养方式采用。

(7)使用流动水降温 可往运行的暖气系统内注入冷水,也可向笼养鸡的地沟中注入流动冷水,使水槽中经常有流动水。此法可降温3℃～5℃。

(8)采用负压或正、负压联合纵向通风 负压通风时,风机安装在鸡舍出粪口一端,启动风机前先把两侧的窗口关严,进风口(进料口)打开,保证鸡舍内空气纵向流动,使启动风机后舍内任何部位的鸡只均能感到有轻微的凉风。此法可降温3℃～8℃。

2. 调整饲粮结构及喂料方法,供给充足饮水 在育肥期,如果温度超过27℃,肉用仔鸡采食量明显下降。因此,可采取如下措施:①提高饲粮中蛋白质含量1%～3%,多种维生素增加0.3～0.5倍,保证饲粮新鲜,禁喂发霉变质饲料;②饲喂颗粒饲料,提高肉用仔鸡的适口性,增加采食量;③将饲喂时间尽量安排在早、晚凉爽期,日喂4～6次,炎热期停喂,让鸡休息,减少鸡体代谢产生的体热,降低热应激,提高成活率。另外,炎热季节必须提供充足的凉水,让鸡饮用。

3. 在饲粮(或饮水)中补加抗应激药物

(1)在饲粮中添加杆菌肽粉 每千克饲粮中添加0.1～0.3克,连用。

(2)在饲粮(或饮水)中补充维生素C 热应激时,机体对维生素C的需要量增加,维生素C有降低体温的作用。当舍温高于27℃时,可在饲料中添加维生素C 150～300毫克/千克饲料,或在饮水中加维生素C 100毫克/升,白天饮用。

(3)在饲粮(饮水)中加入小苏打或氯化铵 高温季节,可在饲粮中加入 0.4%～0.6% 的小苏打,也可在饮水中加入 0.3%～0.4% 的小苏打于白天饮用。注意使用小苏打时应减少饲粮中食盐(氯化钠)的含量。在饲粮中补加 0.5% 的氯化铵有助于调节鸡体内的酸碱平衡。

(4)在饲粮(或饮水)中补加氯化钾 热应激时出现低血钾,因而在饲粮中可补加 0.2%～0.3% 的氯化钾,也可在饮水中补加氯化钾 0.1%～0.2%。补加氯化钾有利于降低肉用仔鸡的体温,促进生长。

(5)加强管理,做好防疫工作 在炎热季节,搞好环境卫生工作非常重要。要及时杀灭蚊蝇和老鼠,减少疫病传播媒介。水槽要天天刷洗,加强对垫料的管理,定期消毒,确保鸡群健康。

(二)冬季肉用仔鸡的饲养管理

肉用仔鸡的冬季管理,主要是防寒保温、正确通风、降低舍内湿度和有害气体含量等。

第一,减少鸡舍的热量散发。对房顶隔热差的要加盖一层稻草,窗户要用塑料膜封严,调节好通风换气口。

第二,供给适宜的温度。主要靠暖气、保温伞、火炉等供热。舍内温度不可忽高忽低,要保持恒温。

第三,减少鸡体的热量散失。要防止贼风吹袭鸡体;加强饮水的管理,防止鸡的羽毛被水淋湿;最好改地面平养为网上平养,或对地面平养增加垫料厚度,保持垫料干燥。

第四,调整饲粮结构,提高饲粮能量水平。

第五,采用厚垫料平养育雏时,注意把空间用塑料膜围护起来,以节省燃料。

第六,正确通风,降低舍内有害气体含量。冬季必须保持舍内温度适宜,同时要做好通风换气工作。只看到节约燃料,不注意通风换气,会严重影响肉用仔鸡的生长发育。

第七，防止一氧化碳中毒。加强夜间值班工作，经常检修烟道，防止漏烟。

第八，增强防火观念。冬季养鸡火灾发生较多。尤其是农户养鸡的简易鸡舍，更要注意防火，包括炉火和电火。

九、肉用仔鸡8周龄的饲养日程安排

肉用仔鸡在8周龄的饲养管理过程中，随着鸡的生长发育，要满足其营养需要和提供适宜的环境条件。在生产实践中，要做到全期有计划，近期有安排，忙而不乱，这样才能收到预期的经济效益。

进雏前必须用一定时间进行鸡舍和各种设备的消毒，铺好网栅，垫好垫料。整理和检测育雏器、保温伞，用席子等围好圈，饮水器灌水，调整舍温，准备接雏。

接雏宜在早上进行，这样可以利用白天来调整雏鸡的采食和饮水。若在下午接雏，当天夜间应用持续光照，进行开食和饮水。

（一）1～2日龄

1. 育雏器下和舍内的温度要达到标准，不让鸡群在圈内拥挤扎堆。舍温保持24℃左右，育雏器下温度为34℃～35℃。

2. 保持舍内湿度在70%左右，如过于干燥要及时喷洒水来调整。

3. 供给足够的雏鸡饮水，并每隔1.5～2小时给雏鸡开食1次，直到全部会饮水、吃食为止。

4. 接种马立克氏病疫苗；初饮时用0.05%～0.1%高锰酸钾饮水；在饮水中加入青霉素、链霉素各4 000单位/日·只，日饮2次；观察白痢病是否发生，对病雏要立即隔离治疗或淘汰。

5. 采用24小时光照，白天用日光，晚上用电灯光，平均每平方米 4～5 瓦。

(二)3～4 日龄

1. 严格观察鸡群,添加土霉素等药物预防白痢病的发生。

2. 饲喂全价配合饲料。饲喂时先把厚塑料膜铺在地上,然后撒上饲料,每次饲喂 30 分钟,每天喂 8～10 次。

3. 对饮水器洗刷换水。

4. 适当缩短照明时间(全天为 22～23 小时),照度以鸡能看到采食和饮水即可。

5. 舍温保持 24℃,育雏器下温度减为 32℃～33℃。

(三)5～7 日龄

1. 加强通风换气,使舍温均匀下降,保持鸡舍有清爽感,舍内湿度控制为 65％。

2. 大群饲养可考虑进行断喙。

3. 饲喂次数可减少到每天 8～10 次。

4. 换用较大饮水器,保持不断水。

5. 继续投药预防白痢。

6. 将育雏器下的温度降至 31℃～32℃。

(四)8～14 日龄

1. 增加通风量,清扫粪便,添加垫料。

2. 对饲槽、水槽常用消毒药消毒。

3. 进行鸡新城疫首免和传染性法氏囊病免疫。即在 10 日龄用鸡新城疫Ⅱ系或 Lasota 系疫苗滴鼻点眼,14 日龄用鸡传染性法氏囊病疫苗饮水。

4. 每周末称重,拣出弱小的鸡分群饲养,并抽测耗料量。

(五)15～21 日龄

1. 调整饲槽和饮水器,使之高度合适,长短够用。

2. 在饲料中添加氯苯胍、盐霉素等药物,预防球虫病。

3. 换用小灯泡,使舍内光线变暗一些。

4. 每周抽测一次体重,检查采食量和体重是否达到预期增重和耗料参考标准,以便适时改善饲粮配方和饲喂方法,调整饲喂次数。

5. 适当调整饲养密度。

(六)22～42 日龄

1. 改喂中期饲料,降低饲粮中蛋白质含量,提高能量水平。

2. 撤去育雏伞,降到常温饲养。

3. 经常观察鸡群,将弱小鸡挑出分群,加强管理。

4. 进行新城疫 Lasota 系疫苗饮水免疫,接种禽霍乱菌苗。

5. 在饲料或饮水中继续添加抗球虫药物。

6. 每周抽测一次体重,检查采食量和体重是否达到预期增重和耗料参考标准,以便适时改善饲粮配方和饲喂方法,调整饲喂次数。

7. 及时翻动垫草,增加新垫料,注意防潮。

8. 根据鸡群状况,在饲粮中添加助长剂及促进食欲的药物。

(七)43～56 日龄

1. 改喂后期饲料,采取催肥措施,降低饲粮中蛋白质含量,提高能量水平。

2. 减少光照强度,使其运动降到最低限度。

3. 停用一切药物。

4. 饲粮中加喂富含黄色素饲料或饲料添加剂——着色素。

5. 联系送鸡出栏，做好出栏的准备工作。

6. 出栏前 10 小时，撤出饲槽。抓鸡入笼时，装卸要小心，防止外伤。

第五章　鸡常见病的防治

鸡病防治工作是养鸡生产的重要环节之一。疫病的发生不仅影响鸡只的生长发育和产蛋量，而且某些传染病还会引起鸡群的大批死亡，造成重大经济损失。在鸡病防治工作中，预防疫病的发生是主动措施，而鸡病的治疗是被动的办法，而且花费大量的人力物力，还不一定奏效。

一、鸡群疫病预防的基本措施

实践证明，鸡群疫病的预防必须从两方面入手：一是加强饲养管理，即合理饲养，精心照料，提高鸡群的健康水平，适时免疫接种，使之不发病或少发病；二是搞好环境卫生，消灭传染源，切断传染途径，防止疫病侵袭和传播。

为了预防鸡群发病，在日常管理上要做好以下几项工作。

（一）实行科学的饲养管理

按饲养标准设计饲粮配方，精心照料鸡群，增强鸡的体质，提高鸡群的抗病能力。

（二）实行全进全出制

坚持自繁自养，如必须从外场进鸡时，鸡进场后应隔离饲养观察 1 个月，经检查无病方可入群。

（三）防止外来人员传播疫病

谢绝外来人员进场参观，工作人员不要串舍，进场进舍要更衣、换鞋、消毒。

（四）防止猫、狗等动物传播疫病

防止猫、狗等动物进入鸡舍，要做好防鼠灭鼠工作。

（五）做好灭蝇灭蚊工作

要采取各种有效措施，做好灭蝇灭蚊工作。

（六）防止饲料、用具等传播疫病

鸡舍内各种用具要固定使用，不要相互借用；避免从有传染病的地区和鸡群发病的邻场调入或串换饲料。

（七）做好鸡舍卫生消毒工作

鸡场和鸡舍的进出口都应设置消毒池，在池内经常保持有效的消毒药物，以便人员车辆出入时消毒。孵化用具也要经常消毒。

（八）定期进行预防接种

具体免疫程序见各种疫病的防治部分。

（九）进行预防性投药

鸡的抗病力差，且一旦发病就难以控制。因此，鸡群的预防性投药非常重要，以便做到有备无患。投药时，要注意用药期不要太长，准确掌握药量，并注意各种抗菌类药物交替使用，以免病原菌产生抗药性。

鸡场一旦发现传染病，必须按照"早、快、严、小"扑疫原则（即及早发现和诊断；快速处理疫情，及时隔离病鸡；严格封锁疫区，扑杀病鸡；将疫情控制在最小范围内），及时诊断，严格封锁，隔离病鸡，迅速扑灭。病死鸡尸体要烧毁或深埋。

二、鸡的投药方法

在养鸡生产中，为了促进鸡群生长、预防和治疗某些疾病，经常需要进行投药。鸡的投药方法很多，大体上可分为 3 类，即全群投药法、个体给药法和种蛋给药法。

（一）全群投药法

1. 混水给药　混水给药就是将药物溶解于水中，让鸡自由饮用。此法常用于预防和治疗鸡病，尤其是适用于已患病、采食量明显减少而饮水状况较好的鸡群。投喂的药物应该是较易溶于水的药片、药粉和药液，如高锰酸钾、四环素、卡那霉素、北里霉素、磺胺二甲基嘧啶、亚硒酸钠等。

2. 混料给药　混料给药就是将药物均匀混入饲料中，让鸡吃料时能同时吃进药物。此法简便易行，切实可靠，适用于长期投药，是养鸡中最常用的投药方式。适用于混料的药物比较多，尤其对一些不溶于水而且适口性差的药物，采用此法投药更为恰当，如土霉素、复方新诺明、微量元素、多种维生素、鱼肝油等。

3. 气雾给药　气雾给药是指让鸡只通过呼吸道吸入或作用于皮肤黏膜的一种给药方法。这里只介绍通过呼吸道吸入方式。由于鸡肺泡面积很大，并具有丰富的毛细血管，因而应用此法给药时，药物吸收快，作用出现迅速，不仅能起到局部作用，也能经肺部吸收后出现作用于全身。

4. 外用给药　此法多用于鸡的外表，以杀灭体外寄生虫或微生物，也常用于鸡舍、周围环境和用具的消毒等。

（二）个体给药法

1. 口服法　若是水剂，可将定量药液吸入滴管后滴入喙内，让鸡自由咽下。其方法是助手将鸡抱住,稍抬头,术者用左手拇指和食指抓住鸡冠,使喙张开,用右手把滴管药液滴入,让鸡咽下;若是片剂,将药片分成数等份,开喙塞进即可;若是粉剂,可将溶于水的药物按水剂服给,不溶于水的药物,可用黏合剂制成丸,塞进喙内即可。

2. 静脉注射法 此法可将药物直接送入血液循环中,因而药效发挥迅速,适用于急性严重病例和对药量要求准确及药效要求迅速的病例。另外,需要注射某些刺激性药物及高渗溶液时,也必须采用此法,如注射氯化钙、肿剂等。

静脉注射的部位是翼下静脉基部。其方法是:助手用左手抱定鸡,右手拉开翅膀,让腹面朝上。术者左手压住静脉,使血管充血,右手握好注射器,将针头刺入静脉后顺好,见回血后放开左手,把药液缓缓注入即可。

3. 肌内注射法 肌内注射法的优点是药物吸收速度较快,药物作用的出现也比较稳定。肌内注射的部位有翼根内侧肌肉、胸部肌肉和腿部外侧肌肉。

(1)胸肌注射 术者左手抓住鸡两翼根部,使鸡体翻转,腹部朝上,头朝术者左前方。

右手持注射器,由鸡后方向前,并与鸡腹面保持 45°角,插入鸡胸部偏左侧或偏右侧的肌肉 1~2 厘米(深度依鸡龄大小而定),即可注射。胸肌注射法要注意针头应斜刺肌肉内,不得垂直深刺。否则,会损伤肝脏造成出血死亡。

(2)翼肌注射 如为大鸡,则将其一侧翅向外移动,即露出翼根内侧肌肉。如为幼雏,可将鸡体用左手捉住,一侧翅翼夹在食指与中指中间,并用拇指将其头部轻压,右手握注射器即可将药物注入该部肌肉。

(3)腿肌注射 一般需有人保定或术者坐在凳子上,双脚将鸡的两翅踩住,左手食、中、拇指固定鸡的小腿(中指托,拇、食指压),

右手握注射器即可进行肌内注射。

（4）嗉囊注射　要求药量准确的药物（如抗体内寄生虫药物），或对口咽有刺激性的药物（如四氯化碳），或对有暂时性吞咽障碍的病鸡，多采用此法。其操作方法是：术者站立，左手提起鸡的两翅，使其身体下垂，头朝向术者前方。右手握注射器针头由上向下刺入鸡的颈部右侧、离左翅基部1厘米处的嗉囊内，即可注射。最好在嗉囊内有一些食物的情况下注射，否则较难操作。

（三）种蛋及鸡胚给药法

此种给药法常用于种蛋的消毒和预防各种疾病，也可治疗胚胎病。常用的方法有下列几种。

1. 熏蒸法　将经过洗涤或喷雾消毒的种蛋放入罩内、室内或孵化器内，并内置药物（药物的用量根据每立方米体积计算），然后关闭室内门窗或孵化器的进出气孔和鼓风机，熏蒸半小时后方可进行孵化。

2. 浸泡法　即将种蛋置于一定浓度的药液中浸泡3～5分钟，以便杀灭种蛋表面的微生物。用于种蛋浸泡消毒的药物主要有高锰酸钾及碘溶液等。

3. 注射法　可将药物通过种蛋的气室注入蛋白内，如注射庆大霉素。也可直接注入卵黄囊内，如注射泰乐菌素。还可将药物注入或滴入蛋壳膜的内层，如注射或滴入维生素 B_1。

三、鸡的免疫接种

鸡的免疫接种，是将疫苗或菌苗用特定方法接种于鸡体，使鸡在不发病的情况下产生抗体，从而在一定时期内对某种传染病具有抵抗力。

疫苗和菌苗是用毒力（即致病力）较弱或已被处理致死的病

毒、细菌制成的。用病毒制成的叫疫苗,用细菌制成的叫菌苗,含活的病毒、细菌的叫弱毒苗,含死的病毒、细菌的叫灭活苗。疫苗和菌苗按规定方法使用没有致病性,但有良好的抗原性。

(一)疫苗的保存、运输与使用

1. 疫苗的保存 各种疫(菌)苗在使用前和使用过程中,必须按说明书上规定的条件保存,绝不能马虎大意。一般活菌苗要保存在2℃~15℃的阴暗环境内,但对弱毒疫苗,则要求低温保存。有些疫苗,如双价马立克氏病疫苗,要求在液氮容器中超低温(—190℃)条件下保存。这种疫苗对常温非常敏感,离开超低温环境几分钟就失效,因而应随用随取,不能取出来再放回。一般情况下,疫(菌)苗保存期越长,病毒(细菌)死亡越多。因此,要尽量缩短保存期限。

2. 疫苗的运输 疫苗运输时,通常都达不到低温的要求,因而运输时间越长,疫苗中的病毒或细菌死亡越多;如果中途再转运几次,其影响就会更大。所以,在运输疫苗时,一方面应千方百计降低温度,如采用保温箱、保温筒、保温瓶等,另一方面要利用航空等高速度的运输工具,以缩短运转时间,提高疫(菌)苗的效力。

3. 疫苗的稀释 各种疫苗使用的稀释剂、稀释倍数及稀释方法都有一定的要求,必须严格按规定处理。否则,疫苗的滴度就会下降,影响免疫效果。例如,用于饮水的疫苗稀释剂,最好是用蒸馏水或是去离子水,也可用洁净的深井水,但不能用自来水。因为自来水中的消毒剂会杀死疫苗病毒。又如用于气雾的疫苗稀释剂,应该用蒸馏水或去离子水。如果稀释水中含有盐,雾滴喷出后,由于水分蒸发,盐类浓度提高,会使疫苗灭活。如果能在饮水或气雾的稀释剂中加入0.1%的脱脂奶粉,会保护疫苗的活性。在稀释疫苗时,应用注射器先吸入少量稀释液注入疫苗瓶中,充分振摇溶解后,再加入其余的稀释液。如果疫苗瓶太小,不能装入全量的稀释液，需要把疫苗吸出放在另一容器内，再用稀释液把疫苗瓶冲洗几次，使全部疫苗所含病毒（或细菌）都被冲洗下来。

4. 疫苗的使用　疫苗在临用前由冰箱取出，稀释后应尽快使用。一般来说，活毒疫苗应在 4 小时内用完，马立克氏病疫苗应在半小时内用完。当天未能用完的疫苗应废弃，并妥善处理，不能隔天再用。疫苗在稀释前后都不应受热或晒太阳，更不许接触消毒剂。稀释疫苗的一切用具，必须洗涤干净，煮沸消毒。混饮苗的容器也要洗干净，使之无消毒药残留。

（二）免疫程序的制定

有些传染病需要多次进行免疫接种，在鸡的多大日龄接种第一次，什么时候再接种第二次、第三次，称为免疫程序。单独一种传染病的免疫程序，见后面关于该病的叙述；一群鸡从出壳至开产的综合免疫程序，要根据具体情况先确定对哪几种病进行免疫，然后合理安排。制定免疫程序时，应主要考虑以下几个方面的因素：当地家禽疾病的流行情况及严重程度，母源抗体的水平，上次免疫接种引起的残余抗体的水平，鸡的免疫应答能力，疫苗的种类，免疫接种的方法，各种疫苗接种的配合，免疫对鸡群健康及生产能力的影响等。小型商品蛋鸡场的免疫程序可参见表 5-1。

表 5-1　　小型商品蛋鸡场计划免疫程序

序　号	日　　龄	疫苗（菌苗）名称	用法及用量	备　　注
1	1	鸡马立克氏病疫苗	按瓶签说明，用专用稀释液，皮下注射	在孵化场进行
2	3～5	鸡传染性支气管炎 H_{120} 苗	滴鼻或加倍剂量饮水	
3	8～10	鸡新城疫Ⅱ系、Ⅳ系疫苗	滴鼻、点眼或喷雾	

续表 5-1

序 号	日 龄	疫苗(菌苗)名称	用法及用量	备 注
4	14～15	禽流感疫苗首免	肌内注射,具体操作可参照瓶签	
5	16～17	鸡传染性法氏囊炎疫苗(中等毒力)	滴鼻或加倍剂量饮水	
6	23～25	鸡传染性法氏囊炎疫苗(中等毒力)	滴鼻或加倍剂量饮水,剂量可适当加大	
7	30～35	鸡新城疫Ⅳ系疫苗	滴鼻或加倍剂量饮水,剂量可适当加大	
8	36～38	禽流感疫苗加强免疫	肌内注射,具体操作可参照瓶签	
9	45～50	鸡传染性支气管炎 H_{52} 苗	滴鼻或加倍剂量饮水	
10	60～65	鸡新城疫Ⅰ系疫苗	肌内注射,参照瓶签	
11	70～80	鸡痘弱毒苗	刺种	发病早的地区可于 7～21 日龄和产蛋前各刺种 1 次
12	100～110	禽霍乱蜂胶灭活苗、鸡新城疫Ⅰ系苗	两种苗同时肌内注射,于胸肌两侧各 1 针,鸡新城疫Ⅰ系苗可用 1.5～2 倍量	产蛋前如不用鸡新城疫Ⅰ系苗,而用鸡新城疫油乳剂疫苗饮水则效果更好
13	110～130	禽流感疫苗加强免疫	肌内注射,具体操作可参照瓶签	
14	120～130	鸡减蛋综合征油佐剂灭活苗	皮下或肌内注射,具体可参照瓶签	

（三）免疫接种的常用方法

不同的疫苗、菌苗，对接种方法有不同的要求。归纳起来，主要有滴鼻、点眼、饮水、气雾、刺种、肌内注射及皮下注射等几种方法。

1. 滴鼻、点眼法　主要适用于鸡新城疫Ⅱ系、Ⅲ系、Ⅳ系疫苗，鸡传染性支气管炎疫苗及鸡传染性喉气管炎弱毒型疫苗的接种。

滴鼻、点眼可用滴管、空眼药水瓶或 5 毫升注射器（针尖磨秃），事先用 1 毫升水试一下，看有多少滴。2 周龄以下的雏鸡以每毫升 50 滴为好，每只鸡 2 滴，每毫升滴 25 只鸡，如果一瓶疫苗是用于 250 只鸡的，就稀释成 $250 \div 25 = 10$ 毫升。比较大的鸡以每毫升 25 滴为宜，上述一瓶疫苗就要稀释成 20 毫升。

疫苗应当用生理盐水或蒸馏水稀释，不能用自来水，以免影响免疫接种效果。

滴鼻、点眼的操作方法：术者左手轻轻握住鸡体，并用食指与拇指固定住小鸡的头部，右手用滴管吸取药液，滴入鸡的鼻孔或眼内；当药液滴在鼻孔上不吸入时，可用右手食指把鸡的另一只鼻孔堵住，药液便很快被吸入。

2. 饮水法　滴鼻、点眼免疫接种虽然剂量准确，效果确实，但对于大群鸡，尤其是日龄较大的鸡群，要逐只进行免疫接种，费时费力，且不能在短时间内完成全群免疫。因而生产中采用饮水法，即将某些疫苗混于饮水中，让鸡在较短时间内饮完，以达到免疫接种的目的。

适用于饮水法的疫苗，有鸡新城疫Ⅱ系、Ⅲ系、Ⅳ系疫苗，鸡传染性支气管炎 H_{52} 及 H_{120} 疫苗，鸡传染性法氏囊病弱毒疫苗等。

3. 翼下刺种法　主要适用于鸡痘疫苗、鸡新城疫Ⅰ系疫苗的接种。进行接种时,先将疫苗用生理盐水或蒸馏水按一定倍数稀释,然后用接种针或蘸水笔笔尖蘸取疫苗,刺种于鸡翅膀内侧无血管处。小鸡刺种1针即可,较大的鸡可刺种2针。

4. 肌内注射法 主要适用于接种鸡新城疫Ⅰ系疫苗、鸡马立克氏病弱毒疫苗、禽霍乱G190E40弱毒疫苗等。使用时,一般按规定倍数稀释后,较小的鸡每只注射0.2~0.5毫升,成鸡每只注射1毫升。注射部位可选择胸部肌肉、翼根内侧肌肉或腿部外侧肌肉。

5. 皮下注射法 主要适用于接种鸡马立克氏病弱毒疫苗、鸡新城疫Ⅰ系疫苗等。接种鸡马立克氏病弱毒疫苗,多采用雏鸡颈背部皮下注射法。注射时,先用左手拇指和食指将雏鸡颈背部皮肤轻轻捏住并提起,右手持注射器将针头刺入皮肤与肌肉之间,然后注入疫苗液。

6. 气雾法 主要适用于接种鸡新城疫Ⅰ系、Ⅱ系、Ⅲ系、Ⅳ系疫苗和鸡传染性支气管炎弱毒疫苗等。此法是用压缩空气通过气雾发生器,使稀释的疫苗液形成直径为1~10微米的雾化粒子,均匀地悬浮于空气中,随呼吸而进入鸡体内。

四、鸡的传染病

(一)禽　流　感

是由A型禽流感病毒引起的一种急性、高度致死性传染病。

【流行特点】 本病对许多家禽、野禽、哺乳动物及人类均能感染,在禽类中鸡与火鸡有高度的易感性,其次是鸭、鹅、珍珠鸡、野鸡和孔雀。

本病的主要传染源是病禽和病尸,病毒存在于尸体血液、内脏组织、分泌物与排泄物中。被污染的禽舍、场地、用具、饲料、饮水等均可成为传染源。病鸡蛋内可带毒,当皱鸡孵化出壳后即死亡。病鸡在潜伏期内即可排毒,一年四季均可发病。

本病的主要传染途径是消化道,也可从呼吸道或皮肤损伤和黏膜感染,吸血昆虫也可传播本病毒。由于感染的毒株不同,鸡群发病率和死亡率有很大差异。一般毒株感染,发病率高,死亡率低,但在高致病力毒株感染时发病率和死亡率可达100%。

【临床症状】 本病的潜伏期为3～5天。急性病例病程极短,常突然死亡,没有任何临床症状。一般病程1～2天,可见病鸡精神委靡,体温升高(43.3℃～44.4℃),不食,衰弱,羽毛松乱,不爱走动,头及翼下垂,闭目呆立,产蛋停止。冠、髯和眼周围呈黑红色,头部、颈部及声门出现水肿(图5-1)。结膜发炎、充血、肿胀、分泌物增多,鼻腔有灰色或红色渗出物,口腔黏膜有出血点,脚鳞出现紫色出血斑。有时见有腹泻,粪便呈灰色、绿色或红色。后期出现神经症状,头、腿麻痹,抽搐,甚至出现眼盲,最后极度衰竭,呈昏迷状态而死亡。

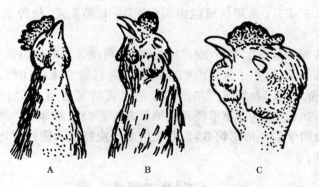

图 5-1 禽 流 感
A. 健康鸡 B. 病鸡头、颈水肿 C. 病鸡喉部水肿

【剖检变化】 头部呈青紫色,眼结膜肿胀并有出血点。口腔

及鼻腔积存黏液,并常混有血液。头部、眼周围、耳和髯有水肿,皮下可见黄色胶胨样液体。颈部、胸部皮下均有水肿,血管充血。胸部肌肉、脂肪及胸骨内面有小出血点。口腔及腺胃黏膜、肌胃和肌质膜下层、十二指肠出血,并伴有轻度炎症。腺胃与肌胃衔接处呈带状或球状出血,腺胃乳头肿胀。鼻腔、气管、支气管黏膜以及肺脏可见出血。腹膜、肋膜、心包膜、心外膜、气囊及卵黄囊,均见有出血充血。卵巢萎缩,输卵管出血。肝脏肿大、淤血,有的甚至破裂。

【防治措施】 本病目前尚无有效的治疗方法,抗生素仅可以控制并发或继发的细菌感染。所以入境检疫十分重要,应对进口的各种家禽、鸟类施行严格的隔离检疫,然后才能转至内地的隔离场饲养,再纳入健康鸡场饲养。

在本病流行地区,按禽流感免疫程序接种疫苗。蛋鸡、肉用种鸡,于2周龄首次免疫,接种剂量0.3毫升,5周龄时加强免疫,120日龄左右再次加强免疫,以后间隔5个月加强免疫一次,接种剂量0.5毫升。8周龄出栏肉用仔鸡10日龄免疫,接种剂量0.5毫升。

鸡场一旦发生本病,应严格封锁,对周围3千米以内饲养的鸡只全部扑杀,对8千米以内饲养的鸡只进行紧急免疫注射。对场地、鸡舍、设备、衣物等严格消毒。消毒药物可选用0.5%过氧乙酸、2%次氯酸钠,以至甲醛及火焰消毒。经彻底消毒2个月后,可引进血清学阴性的鸡饲养,如其血清学反应持续为阴性时,方可解除封锁。

(二)鸡新城疫

是由鸡新城疫病毒引起的一种急性、烈性传染病。

【流行特点】 所有的鸡均可感染,雏鸡和育成鸡感受性高,但1周龄之内的幼雏由于母源抗体的存在而很少发病。在没有免疫接种的鸡群或接种失败的鸡群一旦传入本病,常为暴发性流行,而在免疫不均或免疫力不强的鸡群多呈慢性经过。鸭、鹅虽可感染,但抵抗力较强,很少引起发病。本病可发生在任何季节,但以春、秋两季多发,夏季较少。

　　本病的主要传染源是病鸡,经消化道和呼吸道感染。被病毒污染的饲料、饮水、用具、运动场等都能传染。屠宰病鸡时乱抛鸡毛、污水,常是造成疫情扩大蔓延的主要原因。另外,接触病鸡或屠宰病鸡的人和污染的衣物等,也可散布病毒传染给健康鸡。鸭、鹅,特别是麻雀、鸽子等,是本病的机械传播者。猫、狗等吃了病死的鸡肉或接触病鸡后,也可能传播本病。

　　【临床症状】　根据临床表现和病程长短,可分为急性型和慢性型。急性型病鸡表现突然减食或废食,饮欲增加。精神委靡,不愿走动,羽毛松乱,闭目缩颈,离群呆立,反应迟钝;高度呼吸困难,伸颈张口,年龄愈小愈严重;部分病鸡出现神经症状,头颈歪斜或扭转(图5-2),排黄白色或绿色稀便,嗉囊内充满酸臭的液体。

图5-2　病鸡呼吸困难及神经症状
A.病雏呼吸困难　B.病鸡神经症状

　　慢性型病例一般见于免疫接种质量不高或免疫有效期已到末尾的鸡群。主要表现为陆续有一些鸡发病,病情较轻而病程较长。病鸡主要表现为精神不振,食欲减退,产蛋量下降,有时呼气打喷嚏,气管发出啰音,排绿色稀便。

　　【剖检变化】　病死鸡剖检可见口腔、鼻腔、喉气管有大量浑浊黏液,黏膜充血、出血,偶尔有纤维性坏死点。嗉囊水肿,内部充满

图 5-3　病鸡腺胃乳头顶端出血

恶臭液体和气体。食管黏膜呈斑点状或条索状出血，腺胃黏膜水肿，腺胃乳头顶端出血，在腺胃与肌胃或腺胃与食管交界处，有带状或不规则的出血斑点（图 5-3），从腺胃乳头中可挤出豆渣样物质。肌胃角质膜下黏膜出血，有时见小米粒大出血点。十二指肠及整个小肠黏膜呈点状、片状或弥漫性出血，两盲肠扁桃体肿大、出血、坏死。气管内充满黏液，黏膜充血，有可见小血点。

【防治措施】　本病迄今尚无特效治疗药物，主要依靠建立并严格执行各项预防制度和切实做好免疫接种工作，以防本病的发生。在生产中，对本病预防接种可参考如下免疫程序：即 7～10 日龄采用鸡新城疫Ⅱ系（或 F 系）疫苗滴鼻、点眼，进行首免；25～30 日龄采用鸡新城疫Ⅳ系苗饮水进行二免；70～75 日龄采用鸡新城疫Ⅰ系疫苗肌内注射进行三免；135～140 日龄再次用鸡新城疫Ⅰ系疫苗肌内注射接种免疫。

鸡群一旦暴发了鸡新城疫，可应用大剂量鸡新城疫Ⅰ系苗紧急接种，即用 100 倍稀释，每只鸡胸肌注射 1 毫升，3 天后即可停止死亡。

（三）鸡马立克氏病

本病是由 B 群疱疹病毒引起的鸡淋巴组织增生性传染病。

【流行特点】　本病主要发生于鸡有囊膜的完全病毒自病鸡羽囊排出，随皮屑、羽毛上的灰尘及脱落的羽毛散播，飘浮在空气中，主要由呼吸道侵入其他鸡体内，也能伴随饲料、饮水由消化道入侵。病鸡的粪便和口鼻分泌物，也具有一定的传染力。

一般来说，母鸡比公鸡易感性高，随着年龄的增长，易感性逐渐降低。2～5月龄的鸡易发，青年鸡群多发急性病例。

【临床症状】　根据发病部位和临床症状可分为4种类型，即神经型、眼型、内脏型和皮肤型，有时也可混合发生。

（1）神经型　主要发生于3～4月龄的青年鸡，其特征是鸡的外周神经被病毒侵害，不同部分的神经受害时表现出不同的症状。当一侧或两侧坐骨神经受害时，病鸡一条腿或两条腿麻痹，步态失调，两条腿完全麻痹则瘫痪。较常见的是一条腿麻痹，当另一条正常的腿向前迈步时，麻痹的

图 5-4　病鸡一侧坐骨神经受害，呈
"大劈叉"姿势

腿跟不上来，拖在后面，形成"大劈叉"姿势，并常向麻痹的一侧歪倒横卧（图 5-4）。当臂神经受害时，病鸡一侧或两侧翅膀麻痹下垂。支配颈部肌肉的神经受害时，引起扭头、仰头现象。

（2）内脏型　幼龄鸡多发，死亡率高。病初无明显症状，逐渐呈进行性消瘦，冠髯萎缩，颜色变淡，无光泽，羽毛脏乱，行动迟缓。病后期精神委靡，极度消瘦，最终衰竭死亡。

（3）眼型　单眼或双眼发病。表现为虹膜的色素消失，呈同心环状（以瞳孔为圆心的多层环状）、斑点状或弥漫的灰白色，俗称"灰眼"或"银眼"。瞳孔边缘不整齐，呈锯齿状，而且瞳孔逐渐缩小，最后仅有小米粒大，不能随外界光线强弱而调节大小。

（4）皮肤型　肿瘤大多发生于翅膀、颈部、背部、尾部上方及大腿的皮肤，表现为个别羽囊肿大，并以此羽囊为中心，在皮肤上形成结节，约有玉米至蚕豆大，较硬，少数溃破。

【剖检变化】

（1）神经型　病变主要发生在外周神经的腹腔神经丛、坐骨神

经、臂神经丛和内腔大神经。有病变的神经显著肿大,比正常粗2～3倍,外观灰白色或黄白色,神经的纹路消失。有时神经有大小不等的结节,因而神经粗细不均。病变多是一侧性的,与对侧无病变的或病变较轻的神经相比较,易做出诊断。

(2)内脏型 几乎所有的内脏器官都可发生病变,但以卵巢受侵害严重,其他器官的病变多呈大小不等的肿瘤块,灰白色,质地坚实。有时肿瘤组织浸润在脏器实质中,使脏器异常增大。心脏肿瘤突出于表面,呈芝麻至南瓜籽大,外形不规则,淡黄白色,较坚硬;腺胃壁被肿瘤组织浸润,使胃壁增厚2～3倍,腺胃外观胀大,质地较硬;母鸡卵巢发生肿瘤时,使整个卵巢胀大数倍至十几倍,有的达核桃大,呈菜花样,灰白色,质硬而脆;公鸡睾丸肿大十余倍,外观上睾丸与肿瘤混为一体,灰白色,较坚硬;肝脏由肿瘤组织浸润于实质中,使肝脏明显肿大,质脆,颜色变淡而深浅不匀;一侧或两侧肺上的肿瘤可达蛋黄大,灰白色,质硬,挤在肋骨窝或胸腔中;一侧或两侧肾脏发生肿瘤时,局部形成肿瘤病灶,肾的其他部分因肿瘤组织浸润而肿大、褪色。

(3)眼型与皮肤型 剖检病变与临床表现相似。

【防治措施】 本病目前尚无特效治疗药物,主要做好预防工作。在生产中,本病的预防接种应安排在雏鸡出壳24小时内,即在雏鸡出壳24小时内接种马立克氏病火鸡疱疹疫苗。若在2～3日龄进行注射,免疫效果较差。连年使用本苗免疫的鸡场,必须加大免疫剂量。

(四)鸡传染性法氏囊炎

是由法氏囊炎病毒引起的一种急性、高度接触性传染病。

【流行特点】 本病只有鸡感染发病,其易感性与鸡法氏囊发育阶段有关,2～15周龄易感,其中3～5周龄最易感,法氏囊已退化的成年鸡只发生隐性感染。其主要传染源是病鸡和隐性感染鸡,传播方式是高度接触传播,经呼吸道、消化道、眼结膜均可感染。本病发生后常继发球虫病和大肠杆菌病。

【临床症状】　病鸡精神委靡,闭眼缩头,畏冷挤堆,伏地昏睡,走动时步态不稳,全身有些颤抖。羽毛蓬乱,颈肩部羽毛略呈逆立,食欲减退,饮水增加。排白色水样稀便,个别鸡粪便带血。少数鸡掉头啄自己的肛门,这可能是法氏囊痛痒的缘故。发病后期脱水,眼窝凹陷,脚爪与皮肤干枯,最后因衰竭而死亡。

【剖检变化】　病毒主要侵害法氏囊。病初法氏囊肿胀,一般在发病后第四天肿至最大,约为原来的 2 倍左右。在肿胀的同时,法氏囊的外面有淡黄色胶样渗出物,纵行条纹变得明显,法氏囊内黏膜水肿、充血、出血、坏死。法氏囊腔蓄有奶油样或棕色果酱样渗出物。严重病例,因法氏囊大量出血,其外观呈紫黑色,质脆,法氏囊腔内充满血液凝块。发病后第五天法氏囊开始萎缩,第八天以后仅为原来的 1/3 左右。萎缩后黏膜失去光泽,较干燥,呈灰白色或土黄色,渗出物大多消失。

胸腿肌肉有条片状出血斑,肌肉颜色变淡。腺胃黏膜充血潮红,腺胃与肌胃交界处的黏膜有出血斑点,排列略呈带状,但腺胃乳头无出血点。

【预防措施】　本病目前尚无特效治疗药物,主要靠做好预防工作。法氏囊炎弱毒苗对本病虽有一定的预防作用,但由于母源抗体的影响及亚型的出现,其效果不理想。最好是在种鸡产蛋前注射一次油佐剂苗,使其雏鸡在 20 日龄内能抵抗病毒的感染。雏鸡分别于 14 日龄和 32 日龄用弱毒苗饮水免疫。

【治疗方法】　①全群注射康复血清或高免卵黄抗体 0.5～1毫升,效果显著。②禽菌灵粉拌料,每千克体重 0.6 克/天,连用3～5 天。

（五）鸡　痘

是由鸡痘病毒引起的一种急性传染病。

【流行特点】　各种年龄的鸡都有易感性。一年四季均可发生，但一般秋季和冬初发生皮肤型鸡痘较多，在冬季则以白喉型鸡痘常见。环境条件恶劣，饲料中缺乏维生素等均可促使本病发生。

【临床症状】　根据患病部位不同，主要分为3种类型，即皮肤型、黏膜型和混合型。

图 5-5　病鸡冠、肉髯、喙角有痘疹

（1）皮肤型　是最常见的病型，多发生于幼鸡。病初在冠、髯、口角、眼睑、腿等处，出现红色隆起的圆斑，逐渐变为痘疹（图 5-5），初呈灰色，后为黄灰色。经 1～2 天后形成痂皮，然后周围出现瘢痕，有的不易愈合。眼睑发生痘疹时，由于皮肤增厚，使眼睛完全闭合。病情较轻时不引起全身症状，较严重时，则出现精神不振，体温升高，食欲减退，成鸡产蛋减少等。

（2）黏膜型　多发生于青年鸡和成年鸡。症状主要在口腔、咽喉和气管等黏膜表面。病初出现鼻炎症状，从鼻孔流出黏性鼻液，2～3 天后先在黏膜上生成白色的小结节，稍突起于黏膜表面，以后小结节增大，形成一层黄白色干酪样的假膜。这层假膜很像人的"白喉"，故又称白喉型鸡痘。如用镊子撕去假膜，下面则露出溃疡灶。病鸡全身症状明显，精神委靡，采食与呼吸发生障碍，脱落的假膜落入气管可导致窒息死亡。

（3）混合型　有些病鸡在头部皮肤出现痘疹，同时在口腔出现白喉病变。

【剖检变化】　与临床症状相似。除皮肤和口腔黏膜的典型病变外，口腔黏膜病变可延伸至气管、食道和肠。肠黏膜可出现小点状出血，肝、脾、肾常肿大，心肌有时呈实质变性。

【预防措施】　本病可用鸡痘疫苗接种预防。10 日龄以上的雏鸡都可以刺种，免疫期幼雏 2 个月，较大的鸡 5 个月，刺种后 3～4 天，刺种部位应微现红肿，结痂，经 2～3 周脱落。

【治疗方法】　对病鸡可采取对症疗法。皮肤型的可用消毒好的镊子把患部痂膜剥离，在伤口上涂一些碘酒或龙胆紫；黏膜型的可将口腔和咽部的假膜斑块用小刀小心剥离下来，涂抹碘甘油（碘化钾 10 克，碘片 5 克，甘油 20 毫升，混合搅拌，再加蒸馏水至 100 毫升）。剥下来的痂膜烂斑要收集起来烧掉。眼部内的肿块，用小刀将表皮切开，挤出脓液或豆渣样物质，使用 2％硼酸或 5％蛋白银溶液消毒。

除局部治疗外，每千克饲料加土霉素 2 克，连用 5～7 天，防止继发感染。

（六）鸡传染性支气管炎

是由传染性支气管炎病毒引起的一种急性、高度接触性呼吸道疾病。

【流行特点】　本病在自然条件下只有鸡感染，各种年龄、品种的鸡均可发病，以雏鸡最为严重，死亡率也高，成年鸡发病后产蛋率急剧下降，而且难以恢复。发病季节主要在秋末和早春。

本病主要传染源是病鸡和康复后的带毒鸡，主要通过呼吸道传染，鸡群拥挤、过冷、通风不良等均可诱发本病。

【临床症状】　病鸡无明显的前兆，常常表现为突然发病，出现呼吸道症状，并迅速波及全群。幼龄鸡表现伸颈，张口喘息，咳嗽，有特殊的呼吸声响，尤以夜间听得更为清楚。随着病程的发展，全身症状加重，精神委靡，食欲废绝，羽毛松乱，翅膀下垂，昏睡，怕冷,常挤在一起。2 周龄以内的病雏鸡,还常见鼻窦肿胀,流出黏液性鼻液,流泪,眼圈周围湿润,鸡体逐渐消瘦。

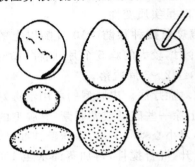

**图 5-6　病鸡产的软壳蛋、砂壳蛋、
薄壳蛋和畸形蛋**

2 月龄以上的成鸡发病时,主要表现为呼吸困难,咳嗽,气管有啰音,成鸡产蛋量下降,蛋壳褪色,同时产软壳蛋、砂壳蛋和畸形蛋(图 5-6),外层蛋白稀薄如水,扩散面很大。

【剖检变化】　鼻孔、窦道及气管有卡他性炎症,气管下部和气管中部可见干酪状物质或呈浑浊状,肺充血、水肿。雏鸡输卵管萎缩变短,出现肥厚、粗短、局部坏死等;成鸡正在发育的卵泡充血、出血,有的萎缩变形。肾脏肿大、苍白,肾小管因尿酸盐沉积而变粗,心脏、肝脏表面也沉积尿酸盐,似一层白霜,泄殖腔内常有大量石膏样尿酸盐。

【预防措施】　接种鸡传染性支气管炎弱毒苗,可参考以下免疫程序:7～10 日龄用 H_{120} 与新城疫Ⅱ系苗混合滴鼻点眼,或用 H_{120} 与新城疫Ⅳ系苗混合饮水;35 日龄用 H_{52} 饮水,这次免疫也可与新城疫Ⅱ系或Ⅳ系苗混用;135 日龄前后用 H_{52} 饮水。如此时注射新城疫Ⅰ系苗,可在同一天进行。

【治疗方法】　本病无特效治疗方法,发病后应用一些广谱抗菌素可防止细菌合并症或继发感染。

(1)用等量的青霉素、链霉素混合,每只雏鸡每次滴 2 000～5 000 单位于口腔中,连用 3～4 天。

(2)用氨茶碱片内服,体重 0.25～0.5 千克者每次用 0.05 克,0.75～1 千克者用 0.1 克,1.25～1.5 千克者用 0.15 克。每天 1 次,连用 2～3 天,有较好疗效。

（3）用病毒灵1.5克、板蓝根冲剂30克，拌入1千克饲料内，任雏鸡自由采食。

（七）鸡传染性喉气管炎

是由疱疹病毒引起的一种急性呼吸道传染病。

【流行特点】 本病各种年龄的鸡均可感染，但通常只有成年鸡和大龄青年鸡才表现出典型症状。主要通过呼吸道传染，鸡舍过分拥挤、通风不良、饲养管理不当、寄生虫感染、饲料中维生素A缺乏及接种疫苗等，均可诱发本病，并使死亡率增高。

【临床症状】 病初有鼻液流出，半透明状，流眼泪。伴有结膜炎。其后表现出特征性呼吸道症状，呼吸时发出湿性啰音、咳嗽，有喘鸣音；病鸡蹲伏地面，每次吸气时头和颈伸向前上方，张口，做尽力吸气姿势（图5-7）；呼吸极度困难。鼻孔中有分泌物，口腔深部见

图5-7 病鸡吸气时姿势

有淡黄色干酪样物质附着。后期鸡冠变为紫色，常因气管内积有黏液而窒息死亡。

【剖检变化】 病变主要在喉部和气管，气管黏膜充血，喉头肿胀出血；病程较长的病鸡气管有多量黄白色凝固状物质蓄积或堵塞。

【防治措施】 本病目前尚无特效疗法，只能加强预防和对症治疗。在本病流行的早期如能做出正确诊断，立即对尚未感染的鸡群接种疫苗，可以减少死亡。但接种疫苗可以造成带毒鸡，因而在未发生过本病的地区，不宜进行疫苗接种。疫苗有两种，一种是采用有毒的病株制成的，用小棉球将疫苗直接涂在泄殖腔黏膜上即可（防止沾污呼吸道组织）。另一种是用致弱的病毒株制成，现

已广泛应用,通过接种毛囊、滴鼻或点眼等途径,都能产生良好的免疫力。

(八)鸡传染性脑脊髓炎

是由鸡脑脊髓炎病毒引起的一种中枢神经损害性传染病。

【流行特点】 本病主要发生于鸡,各种年龄的鸡均可感染,但主要见于3周龄以内的雏鸡。此外,火鸡、鹌鹑和野鸡也能经自然感染而发病。

本病一年四季均可发生,但主要集中在冬、春两季。

本病既可水平传播,又能垂直传播。水平传播包括病鸡与健康鸡同居接触传染,出雏器内病雏与健雏接触传染,以及媒介物(如污染的饲料、饮水等)在鸡群之间造成传染。由于该病毒可在鸡肠道内繁殖,因而病鸡的粪便对本病的传播更为重要。垂直传播是成年鸡感染病毒之后、产生抗体之前的短时期内,产生含病毒的蛋,孵出带病雏鸡。但是,康复鸡所产的蛋含有较高的母源抗体,可对雏鸡起到保护作用。

【临床症状】 鸡群流行性脑脊髓炎潜伏期为6～7天,典型症状多出现于雏鸡。患病初期,雏鸡眼睛呆滞,走路不稳。由于肌肉运动不协调而活动受阻,受到惊扰时就摇摇摆摆地移动,有时可见头颈部呈神经性震颤。抓握病鸡时,也可感觉其全身震颤。随着病程发展,病鸡肌肉不协调的状况日益加重,腿部麻痹,以至不能行动,完全瘫痪。多数病鸡有食欲和饮欲,常借助翅力移动到食槽和饮水器边采食和饮水,但许多病重的鸡不能移动,因饥饿、缺水、衰弱和互相践踏而死亡,死亡率一般为10％～20％,最高可达50％。4周龄以上的鸡感染后很少表现症状,成年产蛋鸡可见产蛋量急剧下降,蛋重减轻,一般经15天后产蛋量尚可恢复。如仅有少数鸡感染时,可能不易察觉,然而在感染后2～3周内,种蛋的孵化率会降低,若受感染的鸡胚在孵化过程中不死,由于胎儿缺乏活力，多数不能啄破蛋壳，即使出壳，也常发育不良，精神委靡，两腿软弱无力，出现头颈震颤等症状。但在母鸡具有免疫力后，其产蛋量和孵化率可能恢复正常。

【剖检变化】　一般肉眼可见的剖检变化很不明显。自然发病的雏鸡，仅能见到脑部的轻度充血，少数病雏的肌胃肌层中散在有灰白区（这需在光线好并仔细检查才可发现），成年鸡发病则无上述变化。

【防治措施】　本病目前尚无有效的治疗方法，应加强预防。

（1）在本病疫区，种鸡应于 $100\sim120$ 日龄接种鸡传染性脑脊髓炎疫苗，最好用油佐剂灭活苗，也可用弱毒苗，以免病毒在鸡体内增强毒力后再排出，反而散布病毒。

（2）种鸡如果在饲养管理正常而且无任何症状的情况下产蛋突然减少，应请兽医部门做实验室诊断。若诊断为本病，在产蛋量恢复正常之前，或自产蛋量下降之日算起至少半个月以内，种蛋不要用于孵化，可作商品蛋处理。

（3）雏鸡已确认发生本病后，凡出现症状的雏鸡都应立即挑出淘汰，到远处深埋，以减轻同居感染，保护其他雏鸡。如果发病率较高，可考虑全群淘汰，消毒鸡舍，重新进雏。重新进雏时可购买原来那个种鸡场晚几批孵出的雏鸡，这些雏鸡已有母源抗体，对本病有抵抗力。

（九）鸡白血病

是由禽白血病病毒引起的一种慢性传染性肿瘤病。因为鸡白血病病毒与鸡肉瘤病毒具有一些共同的重要特征，所以习惯上把它们放在一起，称之为白血病—肉瘤群。鸡白血病有多种类型，如淋巴细胞性白血病、成红细胞性白血病、成髓细胞性白血病、骨髓细胞瘤、内皮瘤等。其主要特征为病鸡血细胞和血母细胞失去控制而大量增殖，使全身很多器官发生良性或恶性肿瘤，最终导致死亡或失去生产能力。本病流行面很广,其中以淋巴细胞性白血病的发病率最高,其他类型比较少见。

【流行特点】 在自然感染条件下,本病仅发生于鸡。不同品种、品系鸡的易感性有一定差异。一般母鸡比公鸡易感,鸡的发病年龄多集中于 6~18 月龄,特别是 4 月龄以下很少发生,1 岁半以上也很少发生。

发病季节多为秋、冬、春季,这可能与鸡的日龄有关。饲养管理不良、球虫病及维生素缺乏症等,能促使本病发生。

本病的传染源是病鸡和带毒鸡,后者在本病传播中起重要作用。母鸡整个生殖系统都有病毒繁殖,并以输卵管的蛋白分泌部病毒浓度最高。所以,本病主要传播方式是垂直传播,接触传播不太重要。由于带毒鸡所产的种蛋携带病毒,其孵出的雏鸡也带毒,成为重要的传染源。

本病虽污染广泛,但发病率很低,一般呈个别散发,偶而大量发病。

【临床症状与剖检变化】

(1)淋巴细胞性白血病 通常又称大肝病,是常见的一种,潜伏期可达 14~30 周之久。自然病例常于 14 周龄后出现,性成熟期发病率最高。本病无特征性症状,仅可见鸡冠苍白、皱缩、偶有紫绀,体质衰弱,进行性消瘦,腹泻,腹部常增大,有时可摸到肿大的肝脏。肿瘤主要发生于脾脏、肝脏和法氏囊,也见于肾、肺、心、骨髓等。肿瘤可分为结节型、粟粒型、弥漫型和混合型 4 种。结节型从针尖到鸡卵大,单在或大量分布。肿瘤一般呈球形,也可为扁平形。粟粒型的结节直径在 2 毫米以下,常大量均匀分布于肝实质中。弥漫型肿瘤使器官均匀增大,增重好几倍,色泽灰白,质地变脆。法氏囊一般肿大,并可见多发性肿瘤。

(2)成红细胞性白血病 本病有增生型和贫血型两种。增生型较常见,特征是血液中红细胞明显增多;贫血型的特征是显著贫血,血液中未成熟细胞少。两型病鸡早期均全身衰弱,嗜睡,鸡冠苍白或紫绀,消瘦,腹泻,毛囊多出血。病程从几天到几个月。病鸡全身贫血变化明显,肌肉,皮下组织及内脏器官常有小点出血。增生型的特征为肝、脾广泛肿大,肾肿较轻。病变器官呈樱桃红色。贫血型内脏常萎缩,特别是肝和脾。

(3)成髓细胞性白血病　临床症状与成红细胞性白血病相似,但后者病程长。其特征变化为血液中的成髓细胞大量增加,每毫升血液中可高达 200 个。

剖检时,病鸡骨髓坚实,红灰色到灰色。实质器官肿大,严重病例肝、脾、肾常有灰色弥散性浸润,使脏器呈颗粒状外观或有斑状花纹。

(4)骨髓细胞瘤病　病鸡的骨骼上常见由骨髓细胞增生形成的肿瘤,因而病鸡的头部出现异常的突起,胸部与跗骨部有时也见有这种突起。病程一般较长。

(5)脆性骨质硬化型白血病(骨化石病)　病鸡双腿发生不正常的肿大和畸形,走路不协调或跛行,发育不良,皮肤苍白,贫血。

最常见的侵害是肢体的长骨。骨干或干骺端可见均匀或不规则增厚。晚期病鸡,胫骨具有"长靴样"特征。

剖检时,首先是胫骨、跗骨和跖骨骨干出现病变,其次是其他长骨、骨盆、肩胛骨和肋骨,趾骨常无变化,病变常呈两侧对称。病初在正常骨头上可见浅黄色病灶,骨膜增厚,骨呈海绵样,极易切断。逐渐向周围扩散,并进入骨骺端,骨头呈梭形。病变可由轻度外生骨疣,到巨大的不对称增大,乃至将骨髓腔完全堵塞不等,到后期则骨质石化,剥开时就露出坚硬多孔而不规则的骨石。

本病常与淋巴性白血病合并发生,所以内脏器官同时可以发现肿瘤病灶。如病鸡无并发症,内脏器官往往发生萎缩。

(6)血管瘤　用野毒对幼鸡接种,在 3 周至 4 个月可出现血管瘤。多数分离物或病毒株可引起本病,各种年龄的鸡都曾发现过。

血管瘤常见单个发生于皮肤中,也常有多发的,瘤壁破溃可导致大量出血,瘤旁羽毛被血污染。病鸡苍白,常死于出血。

剖检时,因属血管系统的瘤,故常波及血管壁各层。皮肤中或内脏器官表面的血管瘤很像血疱,内脏的瘤中常可找到血凝块。海绵状血管瘤的特征是,由内皮细胞组成薄壁的血液腔显著扩张。毛细血管瘤是灰粉红色到灰红色的实心团。血管内皮可增生进入密集的团中,只留很小缝隙作为血液的通路,或者发展为有毛细管腔的格子状,或者成为由胶状囊支持的散在血管腔。值得注意的是血管瘤常与成红细胞性白血病和成骨髓细胞性白血病同时出现。

(7)肾真性瘤　多数病例发生于 2～6 个月龄的鸡。当肿瘤不大,无其他并发症时,不易见到症状。肿瘤长大时,病鸡消瘦,虚弱。一旦压迫坐骨神经,则发生瘫痪。

剖检时,瘤的外观,由埋藏于肾实质内的粉红灰色的结节,到取代大部分肾组织的淡灰色分叶的团块不等。瘤子由一根纤维性有血管的细柄与肾相连着。大瘤子常有囊肿,有时甚至占领两肾。有些瘤主要由增大的上皮内陷的小管与畸形肾小球构成的不规则团块,乃至类立方形只有很少管状结构的大型细胞组成,称之为腺瘤。也有发生囊肿的小管占优势的,称之为囊腺瘤。有的还可见角质化的分层鳞状上皮结构(珠子)、软骨或硬骨,这类生长物称之为肾真性瘤。

(8)结缔组织肿瘤　本病所指以病毒为病原迹象,具有传染性的结缔组织肿瘤。它包括纤维肉瘤和纤维瘤、黏液肉瘤和黏液瘤、组织细胞瘤、骨瘤和骨生成的肉瘤和软骨瘤。这些肿瘤有的是良性的,也有的是恶性的。良性瘤长得慢,不侵犯周围组织;恶性瘤长得快,发生浸润,能转移。

结缔组织肿瘤发展迅速,任何年龄的鸡均可发生。肿瘤可无限制地生长,常因继发细菌感染、毒血症、出血或功能障碍而导致死亡。良性者可不致死,恶性者病程急剧的可在数日内死亡。

剖检时,可见纤维瘤、黏液瘤和肉瘤,这些最可能发生于皮肤或肌肉中;软骨或硬骨或混合组成的瘤,可发生于这两种组织中。恶性瘤的转移灶,最常发于肺、肝、脾和肠浆膜中。

【防治措施】　鸡白血病目前尚无有效的疫苗和治疗药物,只有加强预防措施,以杜绝本病的发生。

(1)定期进行种鸡检疫,淘汰阳性鸡,培育无白血病种鸡群。

(2)加强孵化室和鸡场的消毒卫生工作,从而切断包括经种蛋垂直传递传播途径。

(十)鸡轮状病毒感染

轮状病毒是哺乳动物和禽类非细菌性腹泻的主要病原之一。鸡感染后主要症状为水样腹泻,乃至脱水。

【流行特点】　轮状病毒不仅能感染鸡、鸭等家禽,而且能感染火鸡、鸽、珍珠鸡、雉鸡、鹦鹉和鹌鹑等珍禽,分离自火鸡和雉鸡的轮状病毒可感染鸡。6周龄左右的雏鸡最易感,有时成年鸡也能感染,并发生腹泻。发生于鸡、火鸡、雉鸡和鸭的绝大多数自然感染,都是侵害6周龄以下的禽类,肉用仔鸡群和火鸡群常常发生不同电泳群轮状病毒的同时感染或相继感染。病鸡排出的粪便中含有大量的轮状病毒,能长期污染环境。由于病毒对外界的抵抗力很强,所以在鸡群中可发生水平传播。此外,1日龄未采食的雏鸡体内也检测到了该病毒,从而证明它可能在卵内或卵壳表面存在,并发生垂直传播。禽类轮状病毒感染率很高,在做电镜检查时可发现大多数发病鸡群中存在病毒,死亡率一般在 $4\%\sim7\%$,但是由此造成的腹泻能严重影响雏鸡的生长发育,并可引起并发或继发感染。

【临床症状】　禽类轮状病毒感染的潜伏期很短,2~3天就出现症状并大量排毒。病鸡水样腹泻、脱水、泄殖腔炎、啄肛,并可导致贫血,精神委靡,食欲不振,生长发育缓慢,体重减轻等,有时扎堆而相互挤压死亡,死亡率一般为 4%～7%,耐过者生长缓慢。

【剖检变化】 剖检可见肠道苍白,盲肠膨大,盲肠内有大量的液体和气泡,呈赭石色。严重者脱水,肛门有炎症,贫血(由啄肛而致),腺胃内有垫草,爪部因粪便污染而引起炎症和结痂。

【防治措施】 鸡轮状病毒感染目前尚无特异的防治方法。病鸡可对症治疗,如给予补液盐饮水以防机体脱水,可促进疾病的恢复。

(十一)鸡减蛋综合征

是由腺病毒引起的使鸡群产蛋率下降的一种传染病。

【流行特点】 本病的易感动物主要是鸡,任何年龄、任何品种的鸡均可感染,尤其是产褐壳蛋的鸡最易感,产白壳蛋的鸡易感性较低。幼鸡感染后不表现任何临床症状,也查不出血清抗体,只有到开产以后,血清才转为阳性,尤其在产蛋高峰期 30 周龄前后,发病率最高。其主要传染源是病鸡和带毒母鸡,既可垂直感染,也可水平感染。病毒主要在带毒鸡生殖系统增殖,感染鸡的种蛋内容物中含有病毒,蛋壳还可以被泄殖腔的含病毒粪便所污染,因而可经孵化传染给雏鸡。本病水平传播较慢,并且不连续,通过一栋鸡舍大约需几周。

【临床症状】 发病鸡群的临床症状并不明显,发病前期可发现少数鸡腹泻,个别呈绿便,部分鸡精神不佳,闭目似睡,受惊后变得精神。有的鸡冠表现苍白,有的轻度发紫,采食、饮水略有减少,体温正常。发病后鸡群产蛋率突然下降,每天可下降 2%～4%,连续 2～3 周,下降幅度最高可达 30%～50%,以后逐渐恢复,但很难恢复到正常水平或达到产蛋高峰。在开产前感染时,产蛋率达不到高峰。蛋壳褪色(褐色变为白色)、产异状蛋、软壳蛋、无壳蛋的数量明显增加。

【剖检变化】　本病基本上不死鸡，病死鸡剖检后病变不明显。剖检产无壳蛋或异状蛋的鸡，可见其输卵管及子宫黏膜肥厚，腔内有白色渗出物或干酪样物，有时也可见到卵泡软化，其他脏器无明显变化。

【防治措施】　本病目前尚无有效的治疗方法，只能加强预防。在本病流行地区可用疫苗进行预防，蛋鸡可在开产前 2～3 周肌内注射灭活的油乳剂疫苗 0.5～1.0 毫升。

(十二)禽 霍 乱

是由多杀巴氏杆菌引起的一种接触传染性烈性传染病。

【流行特点】　各种家禽及野禽均可感染本病，鸡、鸭最易感，鹅的感染性较差。感染途径主要通过消化道和呼吸道。健康鸡的呼吸道有时也带菌但不发病，当饲养不当、天气突变，特别是在高温、通风不良、过度拥挤、长途运输等情况下，鸡的抵抗力减弱就会引起内源感染。

【临床症状】　根据病程长短，一般可分为最急性型、急性型和慢性型。最急性型病例常见于疫病流行初期，多发于体壮高产鸡，几乎看不到明显症状，突然不安，痉挛抽搐，倒地挣扎，双翅扑地，迅速死亡。有的鸡在前一天晚上还表现正常，而在翌日早晨却发现已死在舍内，甚至有的鸡在产蛋时猝死。生产中常见的是急性型，是随着疫情的

图 5-8　病鸡口腔中流出黏液性分泌物

发展而出现的。病鸡精神委靡，羽毛松乱，两翅下垂，闭目缩颈呈昏睡状。口鼻常常流出许多黏性分泌物(图 5-8)，冠、髯呈蓝紫

色。呼吸困难,急促张口,常发出"咯咯"声。常发生剧烈腹泻,稀便,呈绿色或灰白色。食欲减退或废绝,饮欲增加。病程1~3天,最后发生衰竭、昏迷而死亡。慢性型多由急性病例转化,一般在流行后期出现。病鸡一侧或两侧肉髯肿大(图5-9),关节肿大,化脓,跛行。有些病例出现呼吸道症状,鼻窦肿大,流黏液,喉部蓄积分泌物且有臭味,呼吸困难。病程可延至数周或数月,有的持续腹泻而死亡,有的虽然康复,但生长受阻,甚至长期不能产蛋,成为传播病原的带菌者。

图 5-9　病鸡肉髯肿胀

【剖检变化】　最急性型无明显病变,仅见心冠状沟部有针尖大小的出血点,肝脏表面有小点状坏死灶。急性型病例浆膜出血;心冠状沟部密布出血点,似喷洒状。心包变厚,心包液增加、浑浊;肺充血、出血;肝肿大,变脆,呈棕色或棕黄色,并有特征性针尖大或小米粒大的灰黄色或白色坏死灶;肌胃和十二指肠黏膜严重出血,整个肠道呈卡他性或出血性肠炎,肠内容物混有血液。慢性型病例消瘦,贫血,表现呼吸道症状时可见鼻腔和鼻窦内有多量黏液。有时可见肺脏有较大的黄白色干酪样坏死灶。有的病例,在关节囊和关节周围有渗出物和干酪样坏死。有的可见鸡冠、肉髯或耳叶水肿,进一步可发生坏死。

【预防措施】　①加强鸡群的饲养管理。减少应激因素的影响,搞好清洁卫生和消毒,提高鸡的抗病能力。②严防引进病鸡和康复后的带菌鸡。引进的新鸡应隔离饲养,若需合群,需隔离饲养1周,同时服用土霉素3~5天。合群后,全群鸡再服用土霉素2~

3 天。③疫苗接种。在疫区可定期预防注射禽霍乱菌苗。常用的禽霍乱菌苗有弱毒活菌苗和灭活菌苗,如 731 禽霍乱弱毒菌苗、833 禽霍乱弱毒菌苗、G190E40 禽霍乱弱毒菌苗、禽霍乱乳剂灭活菌苗等。④药物预防。若邻近发生禽霍乱,本场鸡群受到威胁,可使用灭霍灵(每千克饲料加 3~4 克)或喹乙醇(每千克饲料加 0.3 克)等,每隔 1 周用药 1~2 天,直至疫情平息为止。

【治疗方法】 ①在饲料中加入 0.5%~1% 的磺胺二甲基嘧啶粉剂,连用 3~4 天,停药 2 天,再服用 3~4 天;也可以在每 1 000 毫升饮水中加 1 克药,溶解后连续饮用 3~4 天。②在饲料中加入 0.1% 的土霉素,连用 7 天。③喹乙醇,按每千克体重 30 毫克拌料,每天 1 次,连用 3~5 天。产蛋鸡和休药期不足 21 天的肉用仔鸡不宜选用。④对病情严重的鸡可肌内注射青霉素,每千克体重 4 万~8 万单位,早晚各一次。⑤环丙沙星、氧氟沙星或沙拉沙星,肌内注射,按 5~10 毫克/千克体重,每天 2 次;饮水按 50~100 毫克/千克体重,连用 3~4 天。

(十三)鸡 白 痢

是由鸡白痢沙门氏菌引起的一种常见传染病,其主要特征为患病雏鸡排白色糊状稀便。

【流行特点】 本病主要发生于鸡,雏鸡的易感性明显高于成年鸡。急性白痢主要发生于雏鸡 3 周龄以前,可造成大批死亡,病程有时可延续到 3 周龄以后。当饲养管理条件差,雏鸡拥挤,环境卫生不好,温度过低,通风不良,饲料品质差,以及有其他疫病感染时,都可成为诱发本病或增加死亡率的因素。

本病的主要传染源是病鸡和带菌鸡,感染途径主要是消化道,既可水平感染又可垂直感染。病鸡排出的粪便中含有大量的病菌,污染了饲料、垫料和饮水及用具,雏鸡接触到这些污染物之后即被感染。通过交配、断喙和性别鉴定等方面也能传播本病。

【临床症状】 带菌种蛋孵出的雏鸡出壳后不久就可见虚弱昏睡，进而陆续死亡。一般在3～7日龄发病量逐渐增加，10日龄左右达死亡高峰。出壳后感染的雏鸡多在几天后出现症状，2～3周龄病雏和死雏达到高峰。病雏精神委靡，离群呆立，闭目打盹，缩颈低头，两翅下垂，身躯变短，后躯下坠，怕冷，靠近热源或挤堆，时而尖叫（图5-10）；多数病雏呼吸困难而急促，其后腹部快速地一收一缩即是呼吸困难的表现。一部分病雏腹泻，排出白色浆糊状粪便，肛门周围的绒毛常被粪便污染并和粪便粘在一起，干结后封住肛门。病雏由于排粪困难和肛门周围炎症引起疼痛，所以排粪时常发出"叽—叽—"的痛苦尖叫声。3周龄以后发病的一般很少死亡。但近年来青年鸡成批发病，死亡亦不少见，耐过鸡生长发育不良并长期带菌，成年后产的蛋也带菌，若留作种蛋可造成垂直传染。

图5-10 病雏精神委靡，闭目打盹，缩颈低头，两翅下垂，羽毛松乱

成年鸡感染后没有明显的临床症状，只表现产蛋减少，孵化率降低，死胚数增加。

有时，成年鸡过去从未感染过白痢病菌而骤然严重感染，或者本来隐性感染而饲养条件严重变劣，也能引起急性败血性白痢病。病鸡精神沉郁，食欲减退或废绝，低头缩颈，半闭目呈睡眠状，羽毛松乱无光泽，迅速消瘦，鸡冠萎缩苍白，有时排暗青色、暗棕色稀便，产蛋明显减少或停止，少数病鸡死亡。

【剖检变化】 早期死亡的幼雏，病变不明显，肝肿大充血，时有条纹状出血,胆囊扩张,充满多量胆汁。如为败血症死亡时,则其内脏器官有充血。数日龄幼雏可能有出血性肺炎变化。病程稍长的,可见病雏消瘦,嗉囊空虚,肝肿大脆弱,呈土黄色,布有砖红色条纹状出血线,肺和心肌表面有灰白色小米粒至黄豆大稍隆起的坏死结节,这种坏死结节有时也见于肝、脾、肌胃、小肠及盲肠的表面。胆囊扩张,充满胆汁,有时胆汁外渗,染绿周围肝脏。脾肿大充血。肾充血发紫或贫血变淡,肾小管因充满尿酸盐而扩张,使肾脏呈花斑状。盲肠内有白色干酪样物,直肠末端有白色尿酸盐。有些病雏常出现腹膜变化,卵黄吸收不良,卵黄囊皱缩,内容物呈淡黄色、油脂状或干酪样。

　　成年鸡的主要病变在生殖器官。母鸡卵巢中一部分正在发育的卵泡变形、变色、变质,有的皱缩松软成囊状,内容物呈油脂样或豆渣样,有的变成紫黑色葡萄干样,常有个别卵泡破裂或脱落。公鸡一侧或两侧睾丸萎缩,显著变小,输精管胀粗,其内腔充满黏稠渗出物乃至闭塞。其他较常见的病变有:心包膜增厚,心包腔积液,肝肿大质脆,偶尔破裂,出现卵黄腹膜炎等。

　　【预防措施】

　　(1)检疫净化　种鸡群要定期进行白痢检疫,发现病鸡及时淘汰。

　　(2)严格消毒　种蛋、雏鸡要选自无白痢鸡群,种蛋孵化前要经消毒处理,孵化器也要经常进行消毒。

　　(3)加强饲养管理　育雏室经常要保持干燥洁净、密度适宜,避免室温过低,并力求保持稳定。

　　(4)药物预防　①在雏鸡饲料中加入 0.02% 的土霉素粉,连喂 7 天,以后改用其他药物。②用链霉素饮水,每升饮水中加 100 万单位,连用 5～7 天。③在雏鸡 1～5 日龄,每升饮水中加庆大霉素 8 万单位,以后改用其他药物。④如果本菌已对上述药物产生抗药性,可采用恩诺沙星从出壳开始至 3 日龄按 75 毫克/升,4～6

日龄按 50 毫克/升饮用。⑤用苍术 100 克,川椒(花椒也可以)50 克。先将苍术用食醋 50 毫升浸泡 30 分钟,然后加入川椒,加水 2 000 毫升,煮沸后文火煎 15 分钟,取出药液,再加水 1 000 毫升左右。每次 500 毫升,再加适量的水供 200 只雏鸡饮用,每日早、晚各 1 次,连用 7 天。

治疗时,药量可加倍。

【治疗方法】 ①磺胺甲基嘧啶或磺胺二甲基嘧啶拌料,用量为 0.2%～0.4%,连用 3 天,再减半量用 1 周。②庆大霉素混水,每升饮水中加庆大霉素 10 万单位,连用 3～5 天。③卡那霉素混水,每升饮水中加卡那霉素 150～200 毫克,连用 3～5 天。④强力霉素混料,每千克饲料中加强力霉素 100～200 毫克,连用 3～5 天。⑤新霉素混料,每千克饲料中加新霉素 260～350 毫克,连用 3～5 天。⑥氟哌酸拌料,每千克饲料中加氟哌酸 100～200 毫克,连用 3～5 天。⑦5%恩诺沙星或 5%环丙沙星饮水,每毫升 5%恩诺沙星或 5%环丙沙星溶液加水 1 升(每升饮水中含药约 50 毫克),让其自饮,连饮 3～5 天。

(十四)鸡副伤寒

是由沙门氏杆菌属中的一种能运动的杆菌引起的一种急性或慢性传染病。由于各种家禽都能感染发病,故广义上称为禽副伤寒。在沙门氏杆菌属中,除鸡白痢和鸡伤寒沙门氏菌外,其他沙门氏菌引起的禽病都称为禽副伤寒。

【流行特点】 各种家禽及野禽对本病均可感染,并能相互传染。雏鸡、雏鸭、雏鹅均十分易感染,常出现暴发性流行。家畜感染后可引起肠炎、败血症及流产等。人类食用带有副伤寒病菌的食品,能引起急性胃肠炎和败血症,造成细菌性食物中毒。带菌的动物、苍蝇、麻雀、老鼠、饲养管理人员,被污染的饲料、饮水、用具、隐性带菌鸡的种蛋等,都是本病的传染源,主要通过消化道感染。

【临床症状】　幼雏多为急性败血型,青年鸡和成年鸡常为亚急性和慢性型。在孵化器内感染的急性病例,常在孵化后数天内发病,一般见不到明显症状而死亡。10日龄以上的雏鸡发病后,身体虚弱,羽毛松乱,精神委靡,头、翅下垂,缩颈闭目,似昏睡状。食欲减退或废绝,饮水增加。怕冷,靠近热源或挤堆。腹泻,排水样稀便,肛门周围有粪便污染。有的发生眼炎失明,有的表现呼吸困难。成年病鸡一般不出现急性病例,常为慢性带菌者,病菌主要存在其肠道,较少存在于卵巢。有时可见成年鸡食欲减退,消瘦,轻度腹泻,产蛋量减少,孵化率降低。

【剖检变化】　急性病例中往往无明显病变,病程较长的可见肠黏膜充血、卡他性及出血性肠炎,尤以十二指肠段较为严重,肠壁增厚,盲肠内常有淡黄白色豆渣样物堵塞。肝脏肿大,充血,可见有针尖大到小米粒大黄白色坏死灶。脾脏肿大,胆囊肿胀并充满胆汁。常有心包炎,心内膜积有浆液性纤维素渗出物。肾充血、肿胀,肺有时可见浆液性纤维素性炎症。成年鸡慢性副伤寒的主要病变为肠黏膜有溃疡或坏死灶,肝、脾、肾不同程度地肿大,母鸡卵巢有类似慢性白痢的病变。

【防治措施】　预防本病的两项重要措施:一是严防各种动物进入鸡舍,并防止其粪便污染饲料、饮水及养鸡环境;二是种蛋及孵化器要认真消毒,出雏时不要让雏鸡在出雏器内停留过久。其他预防措施与鸡白痢相同。

庆大霉素、卡那霉素、链霉素、氟哌酸、环丙沙星等药物对本病均有效。育雏时,用药防治雏鸡白痢,也就同时防治了雏鸡副伤寒。

(十五)鸡慢性呼吸道病

是由鸡败血支原体(霉形体)引起的一种慢性呼吸道传染病。

【流行特点】　本病主要发生于鸡和火鸡,各种年龄的鸡均有易感性,但以 1～2 月龄的幼鸡易感性最高。病鸡和带菌鸡是主要传染源。病鸡咳嗽、喷嚏时,病原体随病鸡分泌物排出,通过飞沫经呼吸道感染健康鸡。另外,也可经种蛋、饲料、饮水及交配传染。

侵入机体的病原体,可长期存在于上呼吸道而不引起发病,当某种诱因使鸡的体质变弱时,即大量繁殖引起发病。其诱发因素主要有病毒和细菌感染、寄生虫病、长途运输、鸡群拥挤、卫生与通风不良、维生素缺乏、突然变换饲料及接种疫苗等。

【临床症状】 发病时主要呈慢性经过,其病程常在 1 个月以上,甚至达 3～4 个月,鸡群往往整个饲养期都不能完全消除。病情表现为"三轻三重",即用药治疗时轻些(症状可消失),停药较久时重些(症状又较明显);天气好时轻些,天气突变或连阴时重些;饲料管理良好时轻些,反之重些。

幼龄病鸡表现食欲减退,精神不振,羽毛松乱,体重减轻,鼻孔流出浆液性、黏液性直至脓性鼻液。排出鼻液时常表现摇头、打喷嚏等。炎症波及周围组织时,伴发窦炎、结膜炎及气囊炎。炎症波及下呼吸道时,则表现咳嗽和气喘,呼气时气管有啰音。有的病例口腔黏膜及舌背有白喉样伪膜,喉部积有渗出的纤维素。因此,病鸡常张口伸颈吸气,呼气时则低头,缩颈。后期渗出物蓄积在鼻腔和眶下窦,引起眼睑、眶下窦肿胀(图 5-11)。病程较长的鸡,常因结膜炎导致浆液性甚至脓性渗出,将眼睑粘住,最后变为干酪样物质,压迫眼球并使之失明。产蛋鸡感染时一般呼吸症状不明显,但产蛋量和孵化率下降。

图 5-11　两个眶下窦中蓄积大量渗出物(左),
右眼眶下窦中的渗出物被清除之后(右)

　　【剖检变化】　病变主要在呼吸器官。鼻腔中有多量淡黄色浑浊、黏稠的恶臭味渗出物。喉头黏膜轻度水肿、充血和出血,并覆盖有多量灰白色黏液性或脓性渗出物。气管内有多量灰白色或红褐色黏液。病程稍长的病例气囊浑浊、肥厚,表面呈念珠状,内部有黄白色干酪样物质。有的病例可见一定程度的肺炎病变。严重病例在心包膜、输卵管及肝脏出现炎症。

　　【预防措施】　①种蛋入孵前在红霉素溶液(每升清水中加红霉素 0.4～1 克,须用红霉素针剂配制)中浸泡 15～20 分钟,对杀灭蛋内病原体有一定作用。②雏鸡出壳时,每只用 2 000 单位链霉素滴鼻或结合预防白痢,在 1～5 日龄用庆大霉素饮水,每升饮水加 8 万单位。③对生产鸡群,甚至被污染的鸡群,可普遍接种鸡败血支原体油乳剂灭活苗。7～15 日龄的雏鸡,每只颈背部皮下注射 0.2 毫升;成年鸡颈背皮下注射 0.5 毫升。注射菌苗后 15 日龄开始产生免疫力,免疫期约 5 个月。

　　【治疗方法】　用于治疗本病的药物很多,其中链霉素、北里霉素、泰乐霉素及高力米先等具有较好的效果,可列为首选药物。

　　(1)用链霉素饮水,每升饮水中加 100 万单位,连用 5～7 天;重病鸡挑出,每日肌内注射链霉素 2 次,成年鸡每次 20 万单位,2月龄幼鸡每次 8 万单位,连续 2～3 天,然后放回大群参加链霉素大群饮水。

　　(2)用强力霉素混料,每千克饲料中加 100～200 毫克,连用 5天。

　　(3)用恩诺沙星或环丙沙星混水,每升饮水中加 0.05 克原粉,连用 2～3 天。

(十六)鸡大肠杆菌病

　　鸡大肠杆菌病是由不同血清型的大肠埃希氏杆菌所引起的一系列疾病的总称。它包括大肠杆菌性败血症、死胎、初生雏腹膜炎及脐带炎、全眼球炎、气囊炎、关节炎及滑膜炎、坠卵性腹膜炎及输卵管炎、出血性肠炎、大肠杆菌性肉芽肿等。

【流行特点】 大肠杆菌在自然界广泛存在,也是畜禽肠道内的正常栖居菌,许多菌株无致病性,而且对机体有益,能合成维生素 B 和维生素 K,供宿主利用,并对许多病原菌有抑制作用。大肠杆菌中一部分血清型的菌株具有致病性,或者鸡体健康、抵抗力强时不致病,而当鸡体健康状况下降,特别是在应激情况下就表现出其致病性,使感染的鸡群发病。

本病既可经种蛋传染,又可通过接触传染。大肠杆菌从消化道、呼吸道、肛门及皮肤创伤等门户都能入侵,饲料、饮水、垫草、空气等是主要传播媒介。

本病可以单独发生,也常常是一种继发感染,与鸡白痢、伤寒、副伤寒、慢性呼吸道病、传染性支气管炎、新城疫、霍乱等合并发生。

【临床症状与剖检变化】

(1)大肠杆菌性败血症 本病多发于雏鸡和 6～10 周龄的幼鸡,寒冷季节多发。打喷嚏,呼吸障碍等症状,和慢性呼吸道病相似,但无面部肿胀和流鼻液等症状,有时多和慢性呼吸道病混合感染。幼雏大肠杆菌病夏季多发,主要表现精神委靡,食欲减退,最后因衰竭而死亡。有的出现白色乃至黄色的下痢便,腹部膨胀,与白痢和副伤寒不易区分。纤维素性心包炎为本病的特征性病变,心包膜肥厚、浑浊,纤维素和干酪样渗出物混合在一起,附着在心包膜表面,有时和心肌粘连。常伴有肝包膜炎,肝肿大,包膜肥厚、混浊、纤维素沉着,有时可见到有大小不等的坏死斑。脾脏充血、肿胀,可见到小坏死点。

(2)死胎、初生雏腹膜炎及脐带炎 孵蛋受大肠杆菌污染后,多数胚胎在孵化后期或出壳前死亡,勉强出壳的雏鸡活力也差。有些感染幼雏卵黄吸收不良,易发生脐带炎,排白色泥土状下痢便,腹部膨胀,多在出壳后 2～3 天死亡,5～6 日龄后死亡减少或停止。在大肠杆菌严重污染环境下孵化的雏鸡,大肠杆菌可通过脐带侵入,或经呼吸道、口腔而感染,感染后数日发生败血症。鸡群在 2 周龄时死亡减少或停止,存活的雏鸡发育迟缓。

死亡胚胎或出壳后死亡的幼雏,一般卵黄膜变薄,呈黄色泥土状,或有干酪样颗粒状物混合。

(3)全眼球炎　本病一般发生于大肠杆菌性败血症的后期,少数鸡的眼球由于大肠杆菌侵入而引起炎症,多数是单眼发炎,也有双眼发炎的。表现为眼皮肿胀,不能睁眼,眼内蓄积脓性渗出物。角膜浑浊,前房(角膜后面)也有脓液,严重时失明。病鸡精神委靡,蹲伏少动,觅食也有困难,最后因衰竭而死亡。剖检时可见心、肝、脾等器官有大肠杆菌性败血症样病变。

(4)气囊炎　本病通常是一种继发性感染。当鸡群感染慢性呼吸道病、传染性支气管炎、新城疫时,对大肠杆菌的易感性增高,如吸入含有大肠杆菌的灰尘就很容易继发本病。一般 5～12 周龄的幼鸡发病较多。剖检可见气囊增厚,附着多量豆渣样渗出物,病程较长的可见心包炎、肝周炎等。

(5)关节炎及滑膜炎　多发于雏鸡和育成鸡,散发,在跗关节周围呈竹节状肿胀,跛行。关节液浑浊,腔内有时出现脓汁或干酪样物,有的发生腱鞘炎,步行困难。内脏变化不明显,有的鸡由于行动困难不能采食而消瘦死亡。

(6)坠卵性腹膜炎及输卵管炎　产蛋鸡腹气囊受大肠杆菌侵袭后,多发生腹膜炎,进一步发展为输卵管炎。输卵管变薄,管腔内多充满干酪样物,严重时输卵管堵塞,排出的卵落入腹腔。另外,大肠杆菌也可由泄殖腔侵入,到达输卵管上部引起输卵管炎。

(7)出血性肠炎　主要病变为肠黏膜出血、溃疡,严重时在浆膜面即可见到密集的小出血点。病鸡除肠出血外,在肌肉皮下结缔组织、心肌及肝脏多有出血,甲状腺及胸腺肿大出血,小肠黏膜呈密集充血、出血。

(8)**大肠杆菌性肉芽肿** 在小肠、盲肠、肠系膜及肝脏、心肌等部位,出现结节状白色乃至黄白色肉芽肿,死亡率可达50%以上。

【预防措施】 ①搞好孵化卫生和环境卫生,对种蛋及孵化设施进行彻底消毒,防止种蛋的传递及初生雏的水平感染。②加强雏鸡的饲养管理,适当减小饲养密度,注意控制鸡舍温度、湿度、通风等环境条件,尽量减少应激反应。在断喙、接种、转群等造成鸡体抗病力下降的情况下,可在饲料中添加抗生素,并增加维生素与微量元素的含量,以提高营养水平,增强鸡体的抗病力。③在雏鸡3~5日龄及4~6日龄分别给予2个疗程的抗菌类药物,可收到预防本病的效果。

【治疗方法】 用于治疗本病的药物很多,其中恩诺沙星、先锋霉素、庆大霉素可列为首选药物。由于致病性埃希氏大肠杆菌是一种极易产生抗药性的细菌,因而选择药物时必须先做药敏试验并需在患病的早期进行治疗。因埃希氏大肠杆菌对四环素、强力霉素、青霉素、链霉素、卡那霉素、复方新诺明等药物敏感性较低而耐药性较强,临床上不宜选用。在治疗过程中,最好交替用药,以免产生抗药性,影响治疗效果。

(1)用5%恩诺沙星或5%环丙沙星饮水、混料或肌内注射。每毫升5%恩诺沙星或5%环丙沙星溶液加水1升(每升饮水中含药约50毫克),让其自饮,连饮3~5天;用2%的环丙沙星预混剂250克均匀拌入100千克饲料中(即含原药5克),饲喂1~3天;肌内注射,每千克体重注射0.1~0.2毫升恩诺沙星或环丙沙星注射液,效果显著。

(2)用庆大霉素混水,每升饮水中加庆大霉素10万单位,连用3~5天;重症鸡可用庆大霉素肌内注射,幼鸡每次5000单位/只,成鸡每次1万~2万单位/只,每天3~4次。

(3)用壮观霉素按31.5毫克/千克浓度混水,连用4~7天。

(4)用强力抗或灭败灵混水。每瓶强力抗药液(15毫升)加水25～50升,任其自饮2～3天,其治愈率可达98％以上。

(5)用5％氟哌酸预混剂50克,加入50千克饲料内,拌匀饲喂2～3天。

(十七)鸡葡萄球菌病

是由金黄色葡萄球菌引起的一种人畜共患传染病。

【流行特点】　金黄色葡萄球菌在自然界分布很广,在土壤、空气、尘埃、饮水、饲料、地面、粪便及物体表面均有本菌存在。鸡葡萄球菌病的发病率与鸡舍内环境存在病菌量成正比。其发生与以下几个因素有关:①环境、饲料及饮水中病原菌含量较多,超过鸡体的抵抗力;②皮肤出现损伤,如啄伤、刮伤、笼网创伤及佩戴翅号、刺种疫苗等造成的创伤等,给病原菌侵入提供了门户;③鸡舍通风不良、卫生条件差、高温高湿,饲养方式及饲料的突然改变等应激因素,使鸡的抵抗力降低;④由鸡痘等其他疫病的诱发和继发。

本病的发生无明显的季节性,但北方以7～10月份多发,急性败血型多见于40～60日龄的幼鸡,青年鸡和成年鸡也有发生,呈急性或慢性经过。关节炎型多见于比较大的青年鸡和成年鸡,鸡群中仅个别鸡或少数鸡发病。脐炎型发生于1周龄以内的幼雏。其他类型比较少见。

【临床症状与剖检变化】　由于感染的情况不同,本病可表现多种症状,主要可分为急性败血型、关节炎型、脐炎型、眼型和肺型等。

(1)急性败血型　病鸡精神不振或沉郁,羽毛松乱,两翅下垂,闭目缩颈,低头昏睡。食欲减退或废绝,体温升高。部分鸡腹泻,排出灰白色或黄绿色稀便。病鸡胸、腹部甚至大腿内侧皮下浮肿,积聚数量不等的血液及渗出液,外观呈紫色或紫褐色,有波动感,局部羽毛脱落;有时自然破裂,流出茶色或浅紫红色液体,污染周围羽毛。有些病鸡的翅膀背侧或腹面、翅尖、尾、头、背及腿等部位,皮肤上有大小不等的出血、炎症及坏死,局部干燥结痂,呈暗紫色,无毛。

剖检可见胸、腹部皮下呈出血性胶样浸润。胸肌水肿,有出血斑或条纹状出血。肝肿大,淡紫红色,有花纹样变化。脾肿大,紫红色,有白色坏死点。腹腔脂肪、肌胃浆膜、心冠脂肪及心外膜有点状出血。心包发炎,心包内积有少量黄红色半透明的心包液。

急性败血型是鸡葡萄球菌病的常见病型,病鸡多在 2～5 天死亡,快者 1～2 天呈急性死亡。在急性病鸡群中也可见到呈关节炎症状的病鸡。

(2)关节炎型　病鸡除一般症状外,还表现蹲伏、跛行、瘫痪或侧卧。足、翅关节发炎肿胀,尤以跗、趾关节肿大者较为多见,局部呈紫红色或紫褐色,破溃后结污黑色痂,有的有趾瘤,脚底肿胀(图 5-12)。

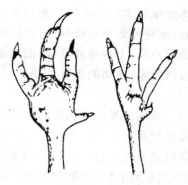

图 5-12　病鸡脚底脓肿 右图为正常的鸡脚

剖检可见关节炎和滑膜炎。某些关节肿大,滑膜增厚,充血或出血,关节囊内有或多或少的浆液,或有黄色脓性纤维渗出物,病程较长的慢性病例,变成干酪样坏死,甚至关节周围结缔组织增生及畸形。

(3)脐炎型　它是孵出不久的幼雏发生葡萄球菌病的一种病型,对雏鸡造成一定危害。由于某些原因,鸡胚及新出壳的雏鸡脐带闭合不严,葡萄球菌感染后,即可引起脐炎。病雏除一般症状外,还可见脐部肿大,局部呈黄红色和紫黑色,质稍硬,间有分泌物。饲养员常称之为"大肝脐"。脐炎病雏可在出壳后 2～5 天死亡。

剖检可见脐内有暗红色或黄红色液体,时间稍久则为脓样干涸坏死物,肝脏表面有出血点。卵黄吸收不良,呈黄红色或黑灰色,液体状或内混絮状物。

(4)眼型 此型葡萄球菌病多在败血型发生后期出现,也可单独出现。病鸡主要表现为上下眼睑肿胀,闭眼,有脓性分泌物粘闭。用手掰开时,则见眼结膜红肿,眼角有多量分泌物,并见有肉芽肿。病程较长的鸡眼球下陷,以后出现失明。

(5)肺型 病鸡主要表现为全身症状及呼吸障碍。剖检可见肺部淤血、水肿,有的甚至可以见到黑紫色坏疽样病变。

【预防措施】 ①搞好鸡舍卫生和消毒,减少病原菌的存在。②避免鸡的皮肤损伤,包括硬物刺伤、胸部与地面的摩擦伤、啄伤等,以堵截病原菌的感染门户。③发现病鸡要及时隔离,以免散布病原菌。④饲养和孵化工作人员皮肤有化脓性疾病的不要接触种蛋,种蛋入孵前要进行消毒。⑤用葡萄球菌菌苗进行注射接种,可收到一定预防效果。

【治疗方法】 对葡萄球菌有效的药物有青霉素、广谱抗菌素和磺胺类药物等,但耐药菌株比较多,尤其是耐青霉素的菌株比较多,治疗前最好先做药敏试验。如无此条件,首选药物有新生霉素、卡那霉素和庆大霉素等。

(1)用青霉素 G,供雏鸡饮水,2000～5000 单位/(只·次);成年鸡肌内注射 2 万～5 万单位/(只·次),每天 2～3 次,连用 3～5 天。

(2)用卡那霉素按 0.015%～0.02%浓度混水,连用 5 天。

(3)用庆大霉素混水,每升饮水中加 10 万单位,连用 3～5 天。

(4)用土霉素按 0.05%浓度混料,连喂 5 天。

(5)用 5%恩诺沙星混水,每升饮水中加 1 毫升,连服 3～5

天。

（6）用 2％环丙沙星预混剂拌料，在 100 千克饲料中加环丙沙星预混剂 250 克，连喂 2～3 天。

（7）用菌克星混水，每瓶混水 25 升，任其自饮 2～3 天。

（十八）鸡链球菌病

又称鸡睡眠病，是由荚膜链球菌引起的一种急性败血性传染病。

【流行特点】 本病主要发生于鸡，各种年龄的鸡均可感染，尤以 2 月龄以内的幼鸡发病较多，也可感染鸭、鹅、火鸡等。本病一度流行后，病鸡和带菌鸡的分泌物及排泄物中含有大量病原菌，经呼吸道或消化道传染给其他易感鸡群。一些应激因素，如气候突变、温度过高、密度过大、卫生条件太差、饲养管理不良等，均可促使本病发生。病鸡死亡率可达 5％～50％。

【临床症状】 急性败血型病例，精神委靡，体温升高，黏膜紫绀，腹泻，有时肉髯和喉头水肿，一般于 12～24 小时死亡。慢性型病例，常表现精神不振，羽毛松乱，食欲减退，逐渐消瘦，离群呆立，闭目嗜睡。冠、髯苍白色或呈紫色。有的病鸡腹泻，且粪中带血，严重者胸部皮下呈黄绿色。少数鸡发现有结膜炎，腿、翅轻瘫。局部感染可发生脚底皮肤和组织坏死。

【剖检变化】 皮下水肿、出血，有的胸部皮下有黄绿色胶陈样渗出物。胸肌和腿部肌肉出血。肝、脾淤血、肿大，表面有出血点和小米粒大灰黄色坏死灶，质地柔软，切面结构模糊。肺充血、出血，某些病例出现突变。心包积液，心肌和心冠脂肪有出血点。胸腺肿胀、出血，严重的有坏死灶。小肠黏膜增厚，有出血点，严重病例盲肠内容物混有多量血液，盲肠壁也有出血。肾肿大，充血。病程较长者常见关节感染、输卵管炎、卵黄性腹膜炎及肝周炎等。

【预防措施】 要加强鸡群的饲养管理，搞好鸡舍环境卫生和消毒,避免应激因素袭扰鸡群。鸡群发病后,要及时隔离淘汰病鸡。

【治疗方法】　由于链球菌的抗药菌株较多,用药前最好进行药敏试验,以选择对病原菌敏感的药物。

(1)用红霉素按 0.01％浓度混水,连用 3～5 天;对重症鸡,可肌内注射红霉素,每千克体重 30 毫克,每天 2 次,连用 3 天。

(2)用青霉素 G 肌内注射,每只鸡 2 万～5 万单位,每天 2～3 次,连用 3 天。

(3)用先锋霉素肌内注射,每千克体重 20 毫克,每天 1 次,连用 3 天。

(4)用螺旋霉素按 0.04％浓度混水,连用 3 天。

(5)用洁霉素按 0.0035％浓度混水,连用 4～7 天;对重症鸡,可肌内注射洁霉素,每千克体重 10～30 毫克,每天 2 次,连用 3 天。

(6)用新生霉素按 0.015％浓度混料,连用 3～5 天。

(7)用 2.5％恩诺沙星肌内注射,每千克体重 0.1 毫升,多数病鸡一次治愈。尚未痊愈的可于第二天再注射一次,疗效更为显著。

(8)用强力抗混水,每瓶(15 毫升)加水 25～50 升,连饮 3～5 天。

五、鸡的寄生虫病

(一)鸡球虫病

【病原】　球虫属原生动物,虫体小,肉眼看不见,只能借助显微镜观察。一般认为,寄生于鸡肠道内的球虫有 9 种,其中以柔嫩艾美耳球虫和毒害艾美耳球虫致病性最强。

【**流行特点**】 球虫有严格的宿主特异性,鸡、火鸡、鸭、鹅等家禽都能发生球虫病,但各由不同的球虫引起,不相互传染。11日龄以内的雏鸡由于有母源免疫力的保护,很少发生球虫病。4～6周龄最易引发急性球虫病。以后随着日龄增长,鸡对球虫的易感性有所降低,同时也从明显或不明显的感染中积累了免疫力(感染免疫),发病率便逐渐下降,症状也较轻。成年鸡如果从未感染过球虫病,缺乏免疫力,也很容易发病。

发病季节主要在温暖多雨的春季和夏季,秋季较少,冬季很少。肉用仔鸡由于舍内有温暖和比较潮湿的小气候,发病的季节性不如蛋鸡明显。本病的感染途径主要是消化道,只要鸡吃到可致病的孢子卵囊,即可感染球虫病。凡是被病鸡和带虫鸡粪便污染的地面、垫草、房舍、饲料、饮水和一切用具,人的手脚以及携带球虫卵囊的野鸟、甲虫、苍蝇、蚊子等,均可成为鸡球虫病的传播者。

另外,鸡群过分拥挤,卫生条件差,鸡舍阴暗、闷热、潮湿,饲料搭配不当,缺乏维生素 A、维生素 K 等,均可促使球虫病的发生。

【**临床症状与剖检变化**】 由于多种球虫寄生部位和毒力不同,对鸡肠道损害程度有一定差异,因而临床上出现不同的球虫病型。

(1)急性盲肠球虫病 由柔嫩艾美耳球虫引起,雏鸡易感,是雏鸡和低龄青年鸡最常见的球虫病。鸡感染后 3 天,盲肠粪便变为淡黄色水样,量减少(正常盲肠粪便为土黄色糊状,俗称溏鸡粪,多在早晨排出),感染 4 天后盲肠排空无粪。感染 4～6 天盲肠大量出血,病鸡排出带有鲜血的粪便,明显贫血,精神呆滞,缩头闭眼打盹,很少采食,出现死亡高峰。第七天盲肠出血和便血减少,第八天基本停止,此后精神、食欲逐渐好转。剖检可见的病变主要在盲肠。感染后 5～6 天,盲肠内充满血液,盲肠显著肿胀,浆膜面变成棕红色。感染后 6～7 天,盲肠内除血液外,还有血凝块及豆渣样坏死物质,同时盲肠硬化、变脆。感染后8～10天,盲肠缩短,有时比直肠还短,内容物很少,整个盲肠呈樱红色。严重感染的病死鸡,直肠有灰白色环状坏死。

(2)急性小肠球虫病　本病多见于青年鸡及初产成年鸡,由毒害艾美耳球虫引起。病鸡也是在感染后第四天出现症状:粪便带血色稍暗,并伴有多量黏液,感染后9～10天出血减少,并渐止,由于受损害的是小肠,对消化吸收功能影响很大,并易继发细菌和病毒性感染。一部分病鸡在出血后1～2天死亡,其余的体质衰弱,不能迅速恢复,出血停止后也有零星死亡。产蛋鸡在感染后5～6周才能恢复到正常产蛋水平,有继发感染的,在出现血便后3～4天(吃进卵囊后7～8天)死亡增多,死亡率高低主要取决于继发感染的轻重及防治措施。剖检可见的变化,主要是小肠缩短、变粗、膨气(吃进卵囊后第六天开始,第十天达高峰),同时整个小肠黏膜呈粉红色,有很多小米粒大的出血点和灰白色坏死灶,肠腔内滞留血液和豆渣样坏死物质。盲肠内也往往充满血液,但不是盲肠出血所致,而是小肠血液流进去的结果。将盲肠用水冲净可见其本质无大变化。其他脏器常因贫血而褪色,肝脏有时呈轻度萎缩。

急性小肠球虫病发病死亡率比急性盲肠球虫病低一些,但病鸡康复缓慢,并常遗留一些失去生产价值的弱鸡,造成很大损失。

(3)混合感染　柔嫩艾美耳球虫与毒害艾美耳球虫同时严重感染,病鸡死亡率可达100%,但这种情况比较少。常见的混合感染是包括柔嫩艾美耳球虫在内的几种球虫轻度感染。病鸡有数天时间粪便带血(呈瘦肉样),造成一定的死亡,然后渐趋康复,3～4周内生长比较缓慢。

【防治措施】

(1)严格采取卫生、消毒措施　对鸡球虫病要重视卫生预防。雏鸡最好在网上饲养,使其很少与粪便接触。地面平养的要天天打扫鸡粪,使大部分卵囊在成熟之前被扫除,并保持运动场地干燥,以抑制球虫卵的发育。球虫卵的抵抗力很强,常用的消毒剂杀灭卵囊的效果极弱。因此,鸡粪堆放要远离鸡舍,采用聚乙烯薄膜覆盖鸡粪,这样可利用堆肥发酵产生的热和氨气,杀死鸡粪中的卵囊。

(2)实施药物预防措施　在生产中,可根据实际情况,采取以下 2 种方案。

①从 10 日龄开始,到 8~10 周龄,连续给予预防性药物。可选用盐霉素、莫能霉素、球虫净、克球粉等,防止这段低日龄时期发病死亡,然后停药,让鸡再经过 2 个月的中轻度自然感染,获得免疫力,进入产蛋期。这是目前一种比较好的,也是被广泛采用的方案。在实施中需要注意 3 个问题:第一是用药剂量不要过大,不要总想将球虫病"防绝",有一些轻微的感染,出现轻微的便血现象,对生长发育没有多大影响,却可以获得免疫力,有利于停药后的安全;第二是停药不能太晚,一般不宜超过 10 周龄,必须使鸡在开产前有 2 个月的时间通过自然感染获得免疫力,避免开产后再受球虫病侵扰;第三是由于选用的药物及剂量不同,用药期间可能不产生免疫力,也可能产生一定的免疫力,但总的来说,骤然停药后有暴发球虫病可能性。为此,应逐渐停药,可减半剂量用 2 周作为过渡。同时,要准备好效力较高的药物如鸡宝 20、盐霉素等,以便必要时立即治疗。

中度感染也可以用复方敌菌净、土霉素等治疗,还可以用这些药物作短期预防,轻微便血则不必治疗。总之,既要维护鸡群不受大的损失,又要获得免疫力。

②不要长期使用专门预防球虫病的药物。雏鸡在 3~4 周龄之内,选用链霉素、土霉素等药物预防白痢病,同时也预防了球虫病。此后不用药而注意观察鸡群,出现轻微球虫病症状不必用药,症状稍重时用上述药物治一下,必要时用这些药物作短期预防。由于这些药物不影响免疫力的产生,经过一段时间,鸡群从自然感染中积累了足够免疫力,球虫病即消失。这一方法如能掌握得好,

也是可取的，但准备一些高效治疗药物，以防万一暴发球虫病时可以进行抢治。

（3）药物治疗

①球痢灵（硝苯酰胺）。对多种球虫有效。该药主要优点为不影响对球虫产生免疫力，并能迅速排出体外，无需停药期。预防用量，按 0.0125% 浓度混料；治疗用量，按 0.025% 浓度混料，连用 3～5 天。

②氯本胍。对多种鸡球虫有效，对已产生抗药性的虫株也有效。该药毒性较小，雏鸡用 6 倍以上治疗量连续饲喂 8 周，生长正常。该药对鸡球虫免疫力形成无影响。该药的缺点为连续饲喂可使鸡肉、鸡蛋产生异味，故应在鸡屠宰前 5～7 天停药。一般剂量为 33 毫克/千克混料给药，急性球虫病暴发时可为 66 毫克/千克，1～2 周后改为 33 毫克/千克。

③盐霉素（优素精，为每千克赋形物质中含 100 克盐霉素钠的商品名）。对各种球虫均有效，长期连续使用对预防球虫病有良好效果，并可促进鸡的生长发育。但在发病时用于治疗，则效果有限。其用法为：从 10 日龄开始，每吨饲料加进本品 60～100 克（优素精为 600～1 000 克），连续用至 8～10 周龄，然后减半用量，再用 2 周。本品的缺点是不能使鸡产生对球虫的免疫力，因而要逐渐停药，停药后要通过中轻度感染去获得免疫力。

④青霉素。鸡群发生球虫病后，可立即用青霉素按每只鸡 1 万～2 万单位饮水，每天 2 次，连用 3 天。每次饮水量不要过多，以 1～2 小时内饮完为宜。对重症鸡可肌内注射青霉素，效果显著。

（二）鸡 羽 虱

【病原及其生活史】　　鸡羽虱是鸡体表常见的体外寄生虫。其体长为 1～2 毫米，呈深灰色。体形扁平，分头、胸、腹三部分，头部的宽度大于胸部,咀嚼式口器。胸部有 3 对足,无翅。寄生于鸡体表的羽虱有多种,有的为宽短形,有的为细长形。常见的鸡羽虱主要有头虱、羽干虱和大体虱 3 种。头虱主要寄生在鸡的颈、头部,对幼鸡的侵害最为严重;羽干虱主要寄生于羽毛的羽干上;鸡大体虱主要寄生在鸡的肛门下面,有时在翅膀下部和背、胸部也有发现。鸡羽虱的发育过程包括卵、若虫和成虫 3 个阶段,全部在鸡体上进行。雌虱产的卵常集合成块,粘着在羽毛的基部,经 5～8 天孵化出若虫。幼虫外形与成虫相似,在 2～3 周内经 3～5 次蜕皮变为成虫。羽虱通过直接接触或间接接触传播,一年四季均可发生,但冬季较为严重。若鸡舍低矮小、潮湿,饲养密度大,鸡群得不到沙浴,可促使羽虱的传播。

【临床症状】 羽虱繁殖迅速,以羽毛和皮屑为食,使鸡奇痒不安,因啄痒而伤及皮肉,使羽毛脱落,日渐消瘦,产蛋量减少。以头虱和大体虱对鸡危害最大,使雏鸡生长发育受阻,甚至由于体质衰弱而死亡。

【防治措施】 ①112.5 毫克/升溴氰菊酯或 10～20 毫克/升杀虫菊酯,直接向鸡体喷洒或药浴,同时对鸡舍、笼具进行喷洒消毒。②在运动场内建一方形浅池,在每 50 千克细沙内加入硫磺粉 5 千克,充分混匀,铺成 10～20 厘米厚度,让鸡自行沙浴。

六、鸡的普通病

(一)维生素 A 缺乏症

【病　因】 雏鸡和初产蛋鸡常发生维生素 A 缺乏症,多由饲料中缺乏维生素 A 引起的,饲养条件不好,运动不足,缺乏矿物质以及胃肠疾病,均是本病的诱发因素。

【临床症状与剖检变化】 患鸡表现为精神不振,食欲减退或废绝,生长发育停滞,体重减轻,羽毛松乱,运动失调,往往以尾支地,爪趾蜷缩,冠髯苍白,母鸡产蛋率下降,公鸡精液品质退化。特征性症状是眼中流出水样乃至奶样分泌物(图5-13),上下眼睑往往被分泌物粘在一起(图5-14),严重时眼内积有干酪样分泌物,角膜发生软化和穿孔,最后造成失明。剖检可见消化道黏膜肿胀,鼻腔、咽和嗉囊有白色的小脓疱,肾和输尿管内有一种白色尿酸盐沉淀物,输尿管有时极度扩大,重者血液、肝、脾均有尿酸盐沉着。

图5-13　病鸡眼内流出牛乳样分泌物　　图5-14　病鸡眼部肿胀,内充满干酪样物质

【防治措施】　①平时要注意保存好饲料及维生素添加剂,防止发热、发霉和氧化,以保证维生素A不被破坏。②注意日粮配合,饲粮中应补充富含维生素A和胡萝卜素的饲料及维生素A添加剂。③治疗病鸡可在饲料中补充维生素A及胡萝卜素,如鱼肝油及胡萝卜等。群体治疗时,可用鱼肝油按1%～2%浓度混料,连喂5天(按每千克体重补充维生素A 1万单位),可治愈。

(二)维生素 B₁ 缺乏症

【病　因】　主要由于饲料中缺乏维生素 B₁ 所致。饲料和饮水中加入某些抗球虫药物如安普洛里等,干扰鸡体内维生素 B_1 的代谢。此外,新鲜鱼虾及软体动物内脏中含有较多的硫胺素酶,能破坏维生素 B_1,如果生喂这些饲料,易造成维生素 B_1 缺乏症。

【临床症状与剖检变化】 一般成鸡发病缓慢,而雏鸡发病则较突然。患鸡表现为生长发育不良,食欲减退,体重减轻,羽毛松乱并缺乏光泽,腿无力,步伐不稳,严重贫血腹泻,成鸡的冠呈蓝紫色。维生素 B_1 缺乏的特征性病状是患鸡外周神经发生麻痹或发生多发性神经炎。病初,趾间屈肌先呈现麻痹,之后渐渐延至腿、翅、颈的伸肌并发生痉挛,头向背后极度弯曲望天,呈

图 5-15 病雏的"观星"姿势

所谓的"观星"姿态(图 5-15)。剖检可见胃肠有炎症,十二指肠溃疡,心脏右侧常扩张,心房较心室明显,生殖器官萎缩,雏鸡皮肤有水肿现象。

【防治措施】 ①注意饲粮中谷物等富含维生素 B_1 饲料的搭配,适量添加维生素 B_1 添加剂。②妥善贮存饲料,防止由于霉变、加热和遇碱性物质而致使维生素 B_1 遭受破坏。③对病鸡可用硫胺素治疗,每千克饲料添加 10~20 毫克,连用 1~2 周;重病鸡可肌内注射硫胺素,雏鸡每次 1 毫克,成年鸡每次 5 毫克,每日 1~2次,连续数日。同时,饲料中适当提高糠麸的比例和维生素 B_1 添加剂的含量。除少数严重病鸡外,大多经治疗可以康复。

(三)维生素 B_2 缺乏症

【病 因】 维生素 B_2 在成鸡的胃肠道内可由微生物合成,而幼雏合成量极少,需要在饲粮中供给大量的维生素 B_2。若供给量不足,3 周龄内的雏鸡常发病。

【临床症状与剖检变化】
患鸡表现为：雏鸡趾爪向内蜷缩，两肢发生瘫痪（图5-16），常展开双翅以保持平衡，关节着地，行走困难；鸡体消瘦，生长缓慢，贫血，严重时下痢，病程稍长，行动不便，吃不到食，最后衰竭而死。成年鸡则产蛋率下降，

图 5-16　病雏的趾爪向内弯曲

种蛋孵化率明显降低。剖检可见肝肿大，脂肪量增多，胃肠道黏膜萎缩，肠壁变薄，肠道内有大量泡沫状内容物。有的胸腺出血。重症者坐骨神经和臂神经肥大，尤以坐骨神经为甚，直径比正常者大4～5倍。

【防治措施】　①雏鸡开食最好采用配合饲料，若采用小米、玉米面等单一饲料开食，只能饲喂1～2天，3日龄后应开始喂配合饲料。②在饲粮中应注意添加青绿饲料、麸皮、干酵母等含维生素B_2丰富的成分，也可直接添加维生素B_2添加剂。配合饲料应避免含有太多的碱性物质和强光照射。③对病鸡可用核黄素治疗，每千克饲料加20～30毫克，连喂1～2周。成年鸡经治疗1周后，产蛋率回升，种蛋孵化率恢复正常。但"蜷爪"症状很难治愈，因为坐骨神经的损伤已不可能恢复。

（四）维生素D和钙、磷缺乏症

【病　因】　饲料中维生素D和钙、磷添加量不足，饲料中的骨粉掺假，钙、磷比例失调等，均可引发鸡维生素D和钙、磷缺乏症。

【临床症状与剖检变化】　病雏表现为生长缓慢，羽毛松蓬，腿部无力，喙和爪软而弯曲，走路不稳，以飞节着地（图 5-17），骨骼变软或粗大，易患"软骨症"或"骨短粗症"，也易产生啄癖。成鸡

图 5-17　病雏羽毛生长不良，
两腿无力，步态不稳

表现为产薄壳蛋、软壳蛋，产蛋率下降，精液品质恶化，孵化率降低。

【防治措施】 ①在允许的条件下，保证鸡只有充分接触阳光的机会，以利于体内维生素 D 的转化。②要注意饲粮配合（尤其是室内养鸡），确保饲粮中维生素 D 和钙、磷的含量。③对于发病鸡群，要查明是磷缺乏还是钙或维生素 D 缺乏。在查明原因后，及时补充缺乏成分；在难以查明原因的时候，可补充 1%～2% 的骨粉，配合使用鱼肝油或维生素 D，病鸡多在 4～5 天后康复。

（五）维生素 E 和硒缺乏症

【病　因】 地方性缺硒或饲料玉米来源于缺硒地区；维生素 E 很不稳定，在酸败脂肪、碱性物质中及光照下极易被破坏；多维素添加剂存放时间过长。

【临床症状与剖检变化】

（1）脑软化症　常发生于 15～30 日龄的雏鸡。病鸡表现为运动失调，头向后或向下弯曲，间歇发作。剖检可见小脑软化，脑膜水肿，有时可见浑浊的坏死区。

（2）渗出性素质　常发生于 2～4 周龄的雏鸡。典型症状是翅下和腹部青紫，皮下有绿色胶冻样液体。剖检可见肌肉有条纹状出血。

（3）肌肉营养不良　当维生素 E 缺乏而同时伴有含硫氨基酸缺乏时，胸肌束的肌纤维呈淡色的条纹。

另外，成年鸡缺乏维生素 E 和硒时，无明显临床症状，但母鸡产蛋率下降，公鸡睾丸变小，性欲不强，精液中精子数减少，种蛋受精率和孵化率降低。

【防治措施】　在配合饲粮时注意满足硒和维生素 E 的需要量。一旦出现缺乏症,可采取如下措施。

(1)脑软化症　用 0.5％花生混料,连用 1 周;每只鸡口服维生素 E 5 毫克。

(2)渗出性素质和白肌病　用亚硒酸钠按每升水 1 毫克饮用,连饮 1～2 天,效果显著。

另外,成年鸡缺乏维生素 E 和硒时,可在每千克饲粮中添加维生素 E 150～200 毫克、亚硒酸钠 0.5～1.0 毫克或大麦芽 30～50 克,连用 2～4 周,并酌喂青绿饲料。

(六)雏鸡脱水

雏鸡脱水是指雏鸡出壳后,在第一次得到饮水之前,身体处于比较严重的缺水状态,它直接影响雏鸡的生长发育和成活率。

【病　因】　种蛋保存期间失水过多;孵化湿度过小,使孵蛋失水过多;雏鸡出壳后未能及时得到饮水;在雏鸡运输过程中,运雏箱内密度过大,温度过高,造成雏鸡大量失水。

【临床症状】　脱水幼雏表现为身体瘦弱,体重减轻,绒毛与腿爪干枯无光泽,眼凹陷,缺乏活力。一般来说,雏鸡因脱水直接渴死的较少,多数在得到饮水后可逐渐恢复正常。但若失水严重,雏鸡则持续衰弱,抗病力差,死亡率增加。

【防治措施】　①种蛋保存期要短,一般不应超过 7～10 天。种蛋存放时间过久,使胚盘活力减弱,孵化率降低,失水也比较多,影响雏鸡体质。种蛋保存的相对湿度以 75％～80％为宜。②孵化器内相对湿度应保持 55％～60％,出雏器内保持 70％左右,不宜过于干燥。③为了使雏鸡出壳的时间比较整齐,在 24 小时之内基本出完,不仅要求种蛋新鲜,大小比较均匀,而且孵化器内各部位的温差要求不超过 0.5℃。如果限于条件,做不到这一点,出壳时间持续较久,对于出壳的雏鸡应在出壳后 12～24 小时给予饮水,但开食应由饲养场、户运回后进行。④在运雏过程中,要尽量缩短运输时间,并防止运雏箱内雏鸡拥挤和温度过高。若雏鸡出壳已超过 24 小时,运到育雏舍后应抓紧开始饮水,并一直供水不断。如有失水比较严重的雏鸡,应挑出加强护理。

(七)笼养鸡产蛋疲劳征

笼养鸡产蛋疲劳征是笼养鸡多发的一种病症,常发生于产蛋高峰期,主要与日粮中钙、磷和维生素含量不足及环境条件有关。

【病　因】　蛋鸡笼养对钙、磷等矿物质和维生素 D 的需要量比平地散养都相对高些。尤其鸡群进入产蛋高峰期,如果日粮中不能供给充足的钙、磷,或者钙、磷比例不当,满足不了蛋壳形成的需要,母鸡就要动用自身组织的钙,初期是骨组织的钙,后期是肌肉中的钙。这一过程常伴发尿酸盐在肝、肾内沉积而引起代谢功能障碍,影响维生素 D 的吸收,进而又造成钙、磷代谢障碍。另外,笼养鸡活动量小、鸡舍潮湿、舍温过高等,也是发生本病的诱因。

【临床症状与剖检变化】　病初无明显异常,精神、食欲尚好,产蛋量也基本正常,但病鸡两腿发软,不能自主,关节不灵活,软壳蛋和薄壳蛋的数量增加。随着病情发展,病鸡表现精神委靡,嗜睡,行动困难,常常侧卧。日久体重减轻,产蛋减少,腿骨变脆,易于折断。病情严重时可导致瘫痪和停产。剖检可见肋骨和胸廓变形,椎肋与胸肋交接处呈串珠状,腿骨薄而脆,有时也有肾肿胀、肠炎等病变。

【防治措施】　①笼养蛋鸡饲粮中的钙、磷含量要稍高于平养鸡,钙不低于 3.2%～3.5%,有效磷保持 0.4%～0.42%,维生素 D 要特别充足,其他矿物质、维生素也要充分满足鸡的需要。②上笼鸡的周龄宜在 17～18 周龄,在此之前实行平养,自由运动,增强体质,上笼后经 2～3 周的适应过程,可以正常开产。③鸡笼的规格一般分为轻型鸡(白壳蛋系鸡)和中型鸡(褐壳蛋系鸡)两种,后者不可使用前者的狭小鸡笼。④舍内保持安静,防止鸡在笼内受惊挣扎,损伤腿脚。夏季舍内温度应控制在 30℃ 以下。⑤对病情严重的鸡可从笼中取出,改作地面平养,并喂以调整好的饲料,待健康状况基本恢复后再放回笼中饲养。

(八)鸡 痛 风

痛风是以病鸡内脏器官、关节、软骨和其他间质组织有白色尿酸盐沉积为特征的疾病。可分为关节型和内脏型两种。

【病　因】　禽类从食物中摄取的蛋白质,在代谢过程中产生的废物,不像哺乳动物那样是尿素,而是尿酸。鸡摄取的蛋白质过多时,血液中尿酸浓度升高,大量尿酸经肾脏排出,使肾脏负担加重,受到损害,功能减退。于是尿酸排泄受阻,在血液中浓度升高,形成恶性循环,结果发生尿酸中毒,并生成尿酸盐在肾脏、输尿管等许多部位沉积。

鸡日粮在含钙过多时,常在体内生成某些钙盐,如草酸钙等,经肾脏排泄,日久会损害肾脏;饲料中维生素 A 不足,会使肾小管和输尿管的黏膜角化、脱落,造成尿路障碍。在这些情况下,血液中尿酸浓度即使比较正常也不能顺利排出,同样能引起痛风。

【临床症状与剖检变化】　本病大多为内脏型,少数为关节型,有时两型混合发生。

(1)内脏型痛风　病初无明显症状,逐渐表现精神不振,食欲减退,消瘦,贫血,鸡冠萎缩苍白,粪便稀薄,含大量白色尿酸盐,呈淀粉糊样。肛门松弛,粪便经常不由自主地流出,污染肛门下部的羽毛。有时皮肤瘙痒,自啄羽毛。剖检可见肾肿大,颜色变淡,肾小管因蓄积尿酸盐而变粗,使肾表面形成花纹。输尿管明显变粗,严重的有筷子甚至香烟粗,粗细不匀,坚硬,管腔内充满石灰样沉淀物。心、肝、脾、肠系膜及腹膜等,都覆盖一层白色尿酸盐,似薄膜状,刮取少许置显微镜下观察,可见到大量针状的尿酸盐结晶。血液中尿酸及钾、钙、磷的浓度升高,钠的浓度降低。

内脏型痛风如不及时找出病因加以消除,会陆续发病死亡,而且病死的鸡逐渐增多。

(2)关节型痛风 尿酸盐在腿和翅膀的关节腔内沉积,使关节肿胀疼痛,活动困难。剖检可见关节内充满白色黏稠液体,有时关节组织发生溃疡、坏死。通常鸡群发生内脏型痛风时,少数病鸡兼有关节病变。

【防治措施】 对于发病鸡,使用药物治疗效果不佳,只能找出并消除病因,防止疾病进一步蔓延。为预防鸡痛风病,应适当保持饲粮中的蛋白质,特别是动物性蛋白质饲料含量,补充足够的维生素,特别是维生素 A 和胆碱的含量。在改善肾脏功能方面要多注意对其影响的因素,如创造适宜的环境条件,防止过量使用磺胺类药物等。

(九)脱　肛

【病　因】 蛋鸡的脱肛多发生于初产期或盛产期。其诱发原因主要有:育成期运动不足,鸡体过肥;母鸡过早或过晚开产;饲粮蛋白质供给过剩;饲粮中维生素 A 和维生素 E 缺乏;光照不当或维生素 D 供给不足以及一些病理因素,如泄殖腔炎症、白痢、球虫病及腹腔肿瘤等。

【临床症状】 脱肛初期,肛门周围的绒毛呈湿润状,有时肛门内流出白色或黄白色黏液,以后有 3～4 厘米的红色物脱出,鸡常做蹲伏产蛋姿势。时间稍久,脱出部分由红变为紫绀,若不及时处理,可引起炎症,水肿、溃疡,并容易招致其他鸡啄食而引起死亡。

【防治措施】 加强鸡群的饲养管理,合理搭配饲料,适当控制光照时间和强度,适时进行断喙,保持环境稳定,以消除一切致病因素。

　　发现病鸡后应立即隔离。重症鸡大都愈后不良，没有治疗价值，应予淘汰。症状较轻的鸡，可用1％的高锰酸钾溶液将脱出部分洗净，然后涂上紫药水，撒敷消炎粉或土霉素粉，用手将其按揉复位。病情比较严重、经上述方法整复无效的，可采用肛门胶皮筋烟包式缝合法缝合治疗。即病鸡减食或绝食2天，控制产蛋，然后在肛门周围用0.1％普鲁卡因注射液5～10毫升，分三、四点封闭注射，再用一根20～30厘米长的胶皮筋做缝合线（粗细以能穿过三棱缝合针的针孔为宜），在肛门左右两侧皮肤上各缝合两针，将缝合线拉紧打结，3天后拆线即痊愈。

（十）啄　癖

　　啄癖是鸡群中的一种异常行为，常见的有啄肛癖、啄趾癖、啄羽癖、食蛋癖和异食癖等，危害严重的是啄肛癖。

　　(1)啄肛癖　成、幼鸡均可发生，而育雏期的幼鸡多发。表现为一群鸡追啄某一只鸡的肛门，造成其肛门受伤出血，严重者直肠或全部肠子脱出被食光。

　　(2)啄趾癖　多发生于雏鸡，它们之间相互啄食脚趾而引起出血和跛行，严重者脚趾被啄断。

　　(3)啄羽癖　也叫食羽癖。多发生于产蛋盛期和换羽期。表现为鸡相互啄食羽毛，情况严重时，有的鸡背上羽毛全部被啄光，甚至有的鸡被啄伤致死。

　　(4)食蛋癖　多发生于平养鸡的产蛋盛期，常由软壳蛋被踩破或偶尔巢内或地面打破一个蛋开始。表现为鸡群中某一只鸡刚产下蛋，就相互争啄鸡蛋。

　　(5)异食癖　表现为群鸡争食某些不能吃的东西，如砖石、稻草、石灰、羽毛、破布、废纸、粪便等。

【防治措施】

(1)合理配合饲粮　饲料要多样化,搭配要合理。最好根据鸡的年龄和生理特点,给予全价饲粮,保证蛋白质和必需氨基酸(尤其是蛋氨酸和色氨酸)、矿物质、微量元素及维生素(尤其是维生素A和烟酸)的供给。在母鸡产蛋高峰期,要注意钙、磷饲料的补充,使饲粮中钙的含量达到 3.25% ～3.75%,钙、磷比例为 6.5:1。

(2)改善饲养管理条件　鸡舍内要保持温度、湿度适宜,通风良好,光线不能太强。做好清洁卫生工作,保持地面干燥。环境要稳定,尽量减少噪声干扰,防止鸡群受惊。饲养密度不能过大,不同品种、不同日龄、不同强弱的鸡要分群饲养。更换饲料要逐步进行,最好有 1 周的过渡时间。喂食要定时定量,并充分供给饮水,平养鸡舍内要有足够的产蛋箱,放置要合理,并定时捡蛋。

(3)适当运动　在鸡舍或运动场内设置沙浴池,或悬挂青饲料,借以增加鸡群的活动时间,减少相互啄食的机会。

(4)食盐疗法　在饲料中增加 1.5% ～2.0% 的食盐,连续喂 3～5 天,啄癖可逐渐减轻乃至消失。但不能长时期饲喂,以防食盐中毒。

(5)生石膏疗法　食羽癖多由于饲粮中硫酸钙不足所致,可在饲粮中加入生石膏粉,每只鸡每天 1～3 克,疗效很好。

(6)遮暗法　患有严重啄癖的鸡群,其鸡舍内光线要遮暗,使鸡能看到食物和饮水即可,必要时可采用红光灯照明。

(7)断喙　对雏鸡或成年鸡进行断喙,可有效地防止啄癖的发生。

(8)病鸡处理　被啄伤的鸡要立即挑出,并对伤处用 2% 龙胆紫溶液涂擦后隔离饲养。对患有啄癖的鸡要单独饲养,严重者应予以淘汰,以免扩大危害。由寄生虫、外伤、脱肛引起的相互啄食,应将病鸡隔离治疗。

（十一）中　暑

【病　因】 鸡缺乏汗腺，主要靠张口急促地呼吸、张开和下垂两翅进行散热，以调节体温。在炎热高温季节，如果温度过高，加上饮水不足，鸡舍通风不良，饲养密度过大等极易发生本病。

【临床症状】 病鸡精神沉郁，两翅张开，食欲减退，张口喘气，呼吸急促，口渴，出现眩晕，不能站立，最后虚脱而死。病死鸡冠呈紫色，有的肛门凸出，口中带血。剖检可见心、肝、肺淤血，脑或颅腔内出血。

【防治措施】

（1）调整饲粮配方，加强饲养管理　由于高温期鸡的采食量减少 $15\% \sim 30\%$，而且饲料吸收率下降，所以必须对饲粮配方进行调整。提高饲粮中的蛋白质水平和钙、磷含量，饲粮中的必需氨基酸特别是含硫氨基酸不应低于 0.58%。由于高温，鸡通过喘息散热呼出多量的二氧化碳，致使血液中碱的贮量减少，血液中 pH 值下降，所以饲料中应加入 $0.1\% \sim 0.5\%$ 的碳酸氢钠，以维持血液中的二氧化碳浓度及适宜的 pH 值。高温季节粪中含水量多，应及时清除粪便以保证舍内湿度不高于 60%。平时应保持鸡舍地面干燥。喂料时间应选择一天中气温较低的早晨和晚间进行，以避免采食过程中产热而使鸡的散热负担加重。另外，要提供充足的饮水。

（2）降低鸡舍的温度　在炎热的夏季，可以用凉水喷淋鸡舍的房顶。其具体做法是，在鸡舍房顶设置若干喷水头，气温高时开启喷水头可使舍内温度降低 3℃左右。加强通风也是防暑降温的有效措施，因为空气流动可使鸡体表面的温度降低。如有条件，可在进风口设置水帘，能显著降低舍内温度。

（3）搞好环境绿化　在鸡舍的周围种植草坪和低矮灌木，有利于减少环境对鸡舍的反射热，能吸收太阳辐射能，降低环境温度，而且还可以净化鸡舍周围的空气。但是,鸡舍附近不能有较高的建筑,以免影响鸡舍的自然通风。

对中暑的鸡只,轻者取出置于阴凉通风处,并提供充足饮水和经过调整的饲粮,使其恢复正常,不能恢复者应予淘汰。

(十二)食盐中毒

在食盐中主要含氯和钠,它们是鸡体所必需的两种矿物质元素,有增进食欲、增强消化功能、保持体液的正常酸碱度等重要功用。鸡的饲粮要求含盐量为 0.25%～0.5%,以 0.37%最为适宜。鸡缺乏食盐时食欲不振,采食减少,饲料的消化利用率降低,常发生啄癖,雏鸡和青年鸡生长发育不良,成年鸡产蛋减少。但鸡摄入过量的食盐会很快出现毒性反应,尤其是雏鸡很敏感。

【病　因】　饲粮搭配不当,含盐量过多;饲料中加进含盐量过多的鱼粉或其他富含食盐的副产品,使食盐的含量相对增多,超过了鸡所需要的摄入量;虽然摄入的食盐量并不多,但因饮水受限制而引起中毒。如用自动饮水器,一时不习惯,或冬季水槽冻结等原因,以至鸡几天饮水不足。

【临床症状与剖检变化】　当雏鸡饲粮含盐量达 0.7%、成年鸡达 1%时,则引起明显口渴和粪便含水量增多;如果雏鸡饲粮含盐量达 1%,成年鸡饲料含盐量达 3%,则能引起大批中毒死亡;鸡每千克体重如口服食盐 4 克,可很快致死。

鸡中毒症状的轻重程度,随摄入食盐量的多少和持续时间的长短而有很大差别。比较轻微的中毒,表现饮水增多,粪便稀薄或混有稀水,鸡舍内地面潮湿。严重中毒时,病鸡精神委靡,食欲废绝,渴欲强烈,无休止地饮水。口鼻流黏液,嗉囊胀大,腹泻,泻出稀水,步态不稳或瘫痪,后期呈昏迷状态,呼吸困难,有时出现神经症状,头颈弯曲,胸腹朝天,仰卧挣扎,最后衰竭死亡。

剖检病死鸡或重病鸡,可见皮下组织水肿,腹腔和心包积水,肺水肿,消化道充血出血,脑膜血管充血扩张,肾脏和输尿管有尿酸盐沉积。

【防治措施】

(1)严格控制食盐用量　鸡的味觉不发达,对食盐无鉴别能力,喂鸡时应格外留心。准确掌握含盐量,喂鱼粉等含盐量高的饲料时要准确计量。平时应供给充足的新鲜饮水。

(2)对病鸡要立即停喂含盐过多的饲料　对轻度与中度中毒的,供给充足的新鲜饮水,症状可逐渐好转。严重中毒的要适当控制饮水,饮水太多会促进食盐吸收扩散,使症状加剧,死亡增多,可每隔 1 小时让其饮水 10～20 分钟,饮水器不足时分批轮饮。

(十三)菜籽饼中毒

菜籽饼内富含蛋白质,可作为鸡的蛋白质饲料,在鸡的饲料中搭配一定量的菜籽饼,既可以降低饲料成本,又有利于营养成分的平衡。但是,菜籽饼中含有多种毒素,如硫氰酸酯、异硫氰酸酯、恶唑烷硫酮等,这些毒素对鸡体有毒害作用。如果鸡摄入大量未处理过的菜籽饼,就会引起中毒。

【病　因】　菜籽饼的毒素含量与油菜品种有很大关系,与榨油工艺也有一定关系。普通菜籽饼在产蛋鸡饲料中占 8％以上,即可引起毒性反应。当菜籽饼发热变质或饲料中缺碘时,会加重毒性反应。不同类型的鸡对菜籽饼的耐受能力有一定差异,来航鸡各品系和各类雏鸡的耐受能力较差。

【临床症状与剖检变化】　鸡的菜籽饼中毒是一个慢性过程,当饲料中含菜籽饼过多时,鸡的最初反应是厌食,采食缓慢,耗料量减少,粪便出现干硬、稀薄、带血等不同的异常变化,逐渐生长受阻,产蛋减少,蛋重减轻,软壳蛋增多,褐壳蛋带有一种鱼腥味。

剖检病死鸡可见甲状腺(甲状腺位于胸腔入口气管两侧,呈椭圆形,暗红色)、胃肠黏膜充血或呈出血性炎症,肝脏沉积较多的脂肪并出血,肾肿大。

【防治措施】 对菜籽饼要采取限量、去毒的方法,合理利用。对病鸡只要停喂含有菜籽饼的饲料,可逐渐康复,无特效治疗药物。

(十四)黄曲霉毒素中毒

黄曲霉毒素是黄曲霉菌的代谢产物,广泛存在于各种发霉变质的饲料中,对畜、禽具有毒害作用。如果鸡摄入大量黄曲霉毒素,可造成中毒。

【病 因】 鸡的各种饲料,特别是花生饼、玉米、豆饼、棉仁饼、小麦、大麦等,由于受潮、受热而发霉变质,含有多种霉菌与毒素。一般来说,其中主要的是黄曲霉菌及其毒素。鸡吃了这些发霉变质的饲料即引起中毒。

【临床症状与剖检变化】 本病多发于雏鸡。6 周龄以内的雏鸡,只要饲料中含有微量黄曲霉毒素,就能引起急性中毒。病雏精神委靡,羽毛松乱,食欲减退,饮欲增加,排血色稀粪。鸡体消瘦,衰弱,贫血,鸡冠苍白。有的出现神经症状,步态不稳,两肢瘫痪,最后心力衰竭而死亡。由于发霉变质的饲料中除含有黄曲霉菌外,往往还含有烟曲霉菌,所以 3~4 周龄以下的雏鸡,常伴有霉菌性肺炎。

青年鸡和成年鸡的饲料中含有黄曲霉毒素等,一般是引起慢性中毒。病鸡缺乏活力,食欲不振,生长发育不良,开产推迟,产蛋少,蛋型小,个别鸡肝脏发生癌变,呈极度消瘦的恶病质,最后死亡。

剖检病变主要在肝脏。急性中毒的雏鸡肝脏肿大,颜色变淡,呈黄白色,有出血斑点,胆囊扩张。肾脏苍白,稍肿大。胸部皮下和肌肉有时出血。成年鸡慢性中毒时,肝脏变黄,逐渐硬化,常分布有白色点状或结节状病灶。

【防治措施】 对于黄曲霉毒素中毒,目前尚无特效药物治疗。

禁止使用发霉变质的饲料喂鸡是预防本病的根本措施。发现中毒后，要立即停喂发霉饲料，加强护理，使其逐渐康复。对急性中毒的雏鸡喂给 5% 的葡萄糖水，有微弱的保肝解毒作用。

（十五）磺胺类药物中毒

磺胺类药物是治疗鸡的细菌性疾病和球虫病的常用药物，但应用方法不当会引起中毒。其毒性作用主要是损害肾脏，同时能导致黄疸、过敏、酸中毒和免疫抑制等。

【病　因】　给药时，使用剂量过大，时间过长，或者混药过程搅拌不均匀，饲料或饮水局部药物浓度过大而使某些鸡采食过量药物，均可引起中毒。

【临床症状与剖检变化】　若急性中毒，病鸡表现为精神兴奋，食欲锐减或废绝，呼吸急促，腹泻，排酱油色或灰白色稀便，成年鸡产蛋量急剧减少或停产。后期出现痉挛、麻痹等症状，有些病鸡因衰竭而死亡。慢性中毒常见于超量用药连续 1 周时发生，病鸡表现为精神委靡，食欲减退或废绝，饮水增加，冠及肉髯苍白，贫血，头肿大发紫，腹泻，排灰白色稀便，成年鸡产蛋量明显下降，产软壳蛋或薄壳蛋。

剖检病死鸡可见皮肤、肌肉、内脏各器官表现贫血和出血，血液凝固不良，骨髓由暗红色变为淡红色甚至黄色。腺胃黏膜和肌胃角质层下可能出血。从十二指肠到盲肠都可见点状或斑状出血，盲肠中可能含有血液。直肠和泄殖腔也可见小的出血斑点。胸腺和法氏囊肿大出血。脾脏肿大，常有出血性梗死。心脏和肝脏除出血外，均有变性和坏死。肾脏肿大，输尿管变粗，内有白色尿酸盐沉积。

【防治措施】　严格按要求剂量和时间使用磺胺类药物是预防本病的根本措施。无论是拌料还是饮水给药，一定要搅拌均匀。一般常用磺胺类药的混饲量为 0.1%～0.2%，3～5 天为一个疗程。一个疗程结束后,应停药3~5天,再开始下一个疗程。无论治疗还是预防用药,时间过长都会造成蓄积中毒。

由于磺胺类药物对鸡产蛋影响颇大,故在鸡群产蛋率上升阶段应慎重使用。

因为磺胺类药物的作用是抑菌而不是杀菌,所以在治疗过程中应加强饲养管理,提高鸡群抵抗力。用药之后要细心观察鸡群的反应,出现中毒则应立即停药,给予大量饮水,并可在饮水中加入0.5%~1%的碳酸氢钠或5%葡萄糖。在饲料中加入0.05%的维生素K,水溶性B族维生素的量应增加1倍,内服适量维生素C,以对症治疗出血。如此处理3~5天后,大部分鸡可恢复正常。

(十六)一氧化碳中毒

【病　因】　冬季鸡舍特别是育雏舍,常烧火炕、火墙、火炉取暖。若煤炭燃烧不完全,即可产生大量的一氧化碳。如果鸡舍通风不良,空气中一氧化碳浓度达到0.04%~0.05%,就可引起中毒。

【临床症状与剖检变化】　鸡一氧化碳中毒后,轻症者表现为食欲减退,精神委靡,羽毛松乱,雏鸡生长缓慢;重症者表现为精神不安,昏迷,呆立嗜睡,呼吸困难,运动失调,死前出现惊厥。

病死鸡剖检可见血液、脏器呈鲜红色,黏膜及肌肉呈樱桃红色,并有充血及出血等现象。

【防治措施】　在生产中,应经常检查育雏室及鸡舍的采暖设备,防止漏烟倒烟。鸡舍内要设有通风孔,使舍内通风良好,以防一氧化碳蓄积。鸡一氧化碳中毒后,轻症者不需特别治疗,将病鸡移放于空气新鲜处,可逐渐好转。严重中毒时,应同时皮下注射生理盐水或等渗葡萄糖液、强心剂,以维护心脏与肝脏功能,促进其痊愈。

第六章　鸡场建筑与设备

一、鸡场的场址选择与布局

　　鸡场的规划和建造应考虑鸡群生产性能的发挥和养鸡的经济效益,同时应考虑到有利于防疫,便于饲养管理,提高生产效率,节省投资等。

(一)场址选择

　　场址应选在地势较高、干燥平坦、排水良好和向阳背风的地方。场址的选择要考虑有利于防疫,防止受到疫病和污染的威胁,要建在远离村镇及其他畜禽饲养场、屠宰加工场的开阔地带,最好不要在旧鸡场场址上扩建。对于广大农村养殖户来说,鸡场最好建在远离村庄的废地、荒地上,尽量不占用可耕地。不要建在村庄或院子里,以免给鸡场防疫和管理带来困难。当前,不少养殖业发达的地区,对农民搞养殖业从政策、资金、技术等方面给以大力支持。当地政府聘请专家对鸡场统一规划、设计,使鸡场建设更加科学、合理,避免了盲目建设和资金浪费,并有利于控制疫病,防止环境污染。这一经验值得养殖集中地区推广。

　　1. 水源　　水源一定要充足,水质清洁并符合饮用水要求。鸡场可自打深井,使用前应对水质进行检验,大、中型鸡场应对饮水中的细菌和有害物质进行检测。河水、塘水等地面水易受到污染,水质变化大,不宜作为鸡场用水。

　　2. 电力　　电力在鸡场生产中非常重要,照明、饲料加工、通风、雏鸡舍供热都需要电。电力配备必须能满足生产需要,电力供应必须有保障。大型鸡场应有专门的供电线路或自备的发电设备,以防止因停电给生产带来损失。中、小型鸡场也应首先考虑到电力供应问题。

3. 交通 鸡场的交通运输条件要好,商品鸡场要求距主干道500米以上,距次级公路200米以上,路面要平整,雨后无泥泞。山区等交通不便利的地方,建场应考虑防止因大雨或大雪造成道路阻断,供应中断等问题。

(二)鸡场内的布局

养鸡场的场区一般分为两大部分:一为生产区,二为管理区。在考虑其建设布局时,既要考虑其卫生防疫条件,又要照顾相互之间的关系。要便于组织生产,节约投资,有利于减轻劳动强度和提高劳动效率。

1. 生产区布局 在生产区内设有育雏鸡舍、育成鸡舍、产蛋鸡舍、孵化室、人工授精室、饲料库、兽医室等。

生产区须有围墙隔开,生产区入口要设有消毒室和消毒池。消毒池的深度为30厘米,长度以车辆前后轮均能没入并转动1周为宜。此外,车辆进场尚须进行喷雾消毒。进场人员要通过消毒更衣室,换上经过消毒的干净工作服、帽、靴。消毒室内可设置消毒池、紫外线灯等。

场内道路根据其运输性质可划分为料道和粪道。料道主要用于运送饲料、鲜蛋并供饲养管理人员行走,一般在场中心部位通往鸡舍一端;粪道主要用于运送鸡粪、淘汰鸡等,可从鸡舍另一端通至场外。料道与粪道尽量不要交叉使用,以免传播污染物。

2. 管理区布局 在管理区内设有办公室、宿舍、食堂、车库、锅炉房、配电室等。

管理部门因承担着对内进行生产管理、对外联系工作的任务,故应靠近公路并设置大门,另一侧与生产区联系。

二、鸡舍设计

（一）鸡舍的类型

鸡舍因分类方法不同而有多种类型。如按饲养方式可分为平养鸡舍和笼养鸡舍；按鸡的种类可分为种鸡舍、蛋鸡舍和肉鸡舍；按鸡的生产阶段可分为育雏舍、育成鸡舍、成鸡舍；按鸡舍与外界的关系，可分为开放式鸡舍和密闭式鸡舍。除此之外，还有适应农户小规模养鸡的简易鸡舍。

（二）鸡舍建筑配比

在生产区内，育雏舍、育成鸡舍和成鸡舍三者的建筑面积比一般为 1∶2∶6。如某鸡场设计育雏舍 2 栋，育成鸡舍 4 栋，成鸡舍 12 栋，三者配置合理，使鸡群周转能够顺利进行。

（三）鸡舍的朝向

鸡舍的朝向是指鸡舍长轴上窗户与门朝着的方向。朝向的确定主要与日照和通风有关，适宜的鸡舍朝向应根据当地的地理位置来确定。我国绝大部分地区处于北纬 20°～50°之间，太阳高度角冬季低，夏季高；夏季多为东南风，冬季多为西北风，因而南向鸡舍较为适宜。可根据当地的主导风向采取偏东南向或偏西南向均可以。这种朝向的鸡舍，对舍内通风换气、排除污浊气体和保持冬暖夏凉等均比较有利。各地应避免建造东、西朝向的鸡舍，特别是炎热地区，更应避免建造西照太阳的鸡舍。

（四）鸡舍的跨度

鸡舍的跨度大小决定于鸡舍屋顶的形成、鸡舍的类型和饲养方式等条件。单坡式与拱式鸡舍跨度不能太大,双坡式和平顶式鸡舍可大些。开放式鸡舍跨度不宜过大,密闭式鸡舍跨度可大些。笼养鸡舍要根据安装鸡笼的组数和排列方式,并留出适当的通道后,再决定鸡舍的跨度。如一般的蛋鸡笼三层全阶梯浅笼整架的宽度为 2.1 米左右,若二组排列,跨度以 6 米为宜,三组则采用 9 米,四组必须采用 12 米跨度。平养鸡舍则要看供水、供料系统的多寡,并以最有效地利用地面为原则决定其跨度。目前,常见的鸡舍跨度为:开放式鸡舍 6～9 米,密闭式鸡舍 12～15 米。

(五)鸡舍的长度

鸡舍的长短主要决定于饲养方式、鸡舍的跨度和机械化管理程度等条件。平养鸡舍比较短,笼养鸡舍比较长;跨度 6～9 米的鸡舍,长度一般为 30～60 米;跨度 12～15 米的鸡舍,长度一般为 70～80 米。

(六)鸡舍的高度

鸡舍的高度应根据饲养方式、清粪方法、跨度与气候条件而确定。若跨度不大、平养方式或在不太热的地区,鸡舍不必太高,一般鸡舍屋檐高度为 2.2～2.5 米;跨度大、夏季气候较热的地区,又是多层笼养,鸡舍的高度为 3 米左右,或者最上层的鸡笼距屋顶 1～1.5 米为宜;若为高床密闭式鸡舍(图 6-1),由于下部设有粪坑,高度一般为 4.5～5 米。

(七)屋顶结构

屋顶的形状有多种,如单斜式、单斜加坡式、双斜不对称式、双斜式、平顶式、气楼式、天窗式、连续式等(图 6-2)。在目前,国内养鸡场常见的主要是双斜式和平顶式鸡舍。一般跨度比较小的鸡舍多为双坡式,跨度比较大的鸡舍(如 12 米跨度),多为平顶式。

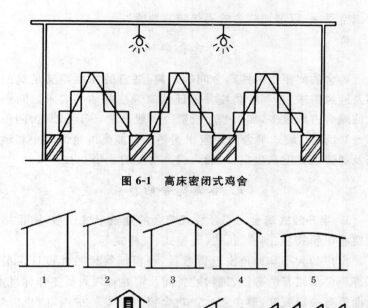

图 6-1　高床密闭式鸡舍

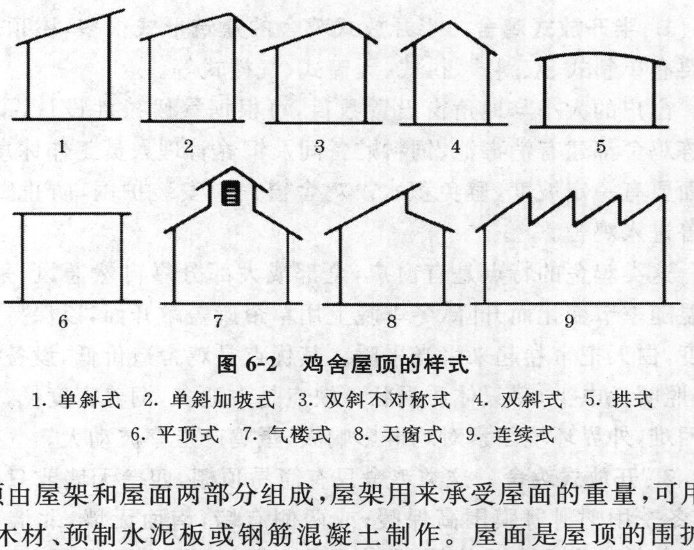

图 6-2　鸡舍屋顶的样式

1. 单斜式　2. 单斜加坡式　3. 双斜不对称式　4. 双斜式　5. 拱式
6. 平顶式　7. 气楼式　8. 天窗式　9. 连续式

屋顶由屋架和屋面两部分组成,屋架用来承受屋面的重量,可用钢材、木材、预制水泥板或钢筋混凝土制作。屋面是屋顶的围护部分,直接防御风雨,并隔离太阳辐射。为了防止屋面积雨漏水,建筑时要保留一定的坡度。双斜式屋顶的坡度是鸡舍跨度的25%～30%。屋顶材料要求保温、隔热性能好,我国常用瓦、石棉瓦或苇草等做成。双斜式屋顶的下面最好加设顶棚,使屋顶与顶棚之间形成空气屋,以增加鸡舍的隔热防寒性能。

(八)鸡舍的间距

鸡舍的间距指两栋鸡舍间的距离,适宜的间距需满足鸡的光照及通风需求,有利于防疫并保证国家规定的防火要求。间距过大使鸡舍占地过多,加大基建投资。一般来说,密闭式鸡舍间距为10~15米;开放式鸡舍间距应根据冬季日照高度角的大小和运动场及通道的宽度来决定,一般为鸡舍高度的5倍左右。

(九)各类鸡舍的特点

1. 半开放式鸡舍 半开放式鸡舍的建筑形式很多,屋顶结构主要有单斜式、双斜式、拱式、天窗式、气楼式等。

窗户的大小与地角窗设置数目,可根据气候条件设计。最好每栋鸡舍都建有消毒池、饲料贮备间及饲养管理人员工作休息室,地面要有一定坡度,避免积水。鸡舍窗户应安装护网,防止野鸟、野兽进入鸡舍。

这类鸡舍的特点是有窗户,全部或大部分靠自然通风、采光,舍温随季节变化而升降,冬季晚上用草帘遮盖敞面,以保持鸡舍温度,白天把帘卷起来采光采暖。其优点是鸡舍造价低,设备投资少,照明耗电少,鸡只体质强壮。缺点是占地多,饲养密度低,防疫较困难,外界环境因素对鸡群影响大,蛋鸡产蛋率波动大。

2. 开放式鸡舍 这类鸡舍只有简易顶棚,四壁无墙或只有矮墙,冬季用塑料薄膜围高保暖;或两侧有墙,南面无墙,北墙上开窗。其优点是鸡舍造价低,炎热季节通风好,通风照明费用省。缺点是占地多,鸡群生产性能受外界环境影响大,疾病传播机会多。

3. 密闭式鸡舍 密闭式鸡舍一般是用隔热性能好的材料构造房顶与四壁,不设窗户,只有带拐弯的进气孔和排气孔,舍内小气候通过各种调节设备控制。这种鸡舍的优点是减少了外界环境对鸡群的影响，有利于采取先进的饲养管理技术和防疫措施，饲养密度大，鸡群生产性能稳定。其缺点是投资大，成本高，对机械、电力的依赖性大，日粮要求全价。

三、鸡舍的主要设备

（一）育雏设备

1. 煤炉　多用于地面育雏或笼育雏时的室内加温，保温性能较好的育雏舍每 15～20 平方米放一只煤炉。煤炉内部结构因用煤不同而有一定差异（图 6-3）。

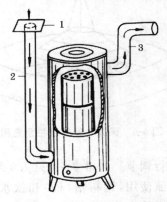

图 6-3　煤饼炉保温示意图
1. 玻璃盖　2. 进气孔　3. 出气孔

2. 保温伞及围栏　保温伞有折叠式和不可折叠式两种。不可折叠式又分方形、长方形及圆形等形状。伞内热源有红外线灯、电热丝、煤气燃料等，采用自动调节温度装置。

折叠式保温伞（图 6-4），适用于网上育雏和地面育雏。伞内用陶瓷远红外线加热，寿命长。伞面用涂塑尼龙丝织成，保温耐用。伞上装有电子自动控温装置，省电，育雏率高。

不可折叠式方形保温伞，长、宽各为 1～1.1 米，高 70 厘米，向上倾斜 45°角（图 6-5），一般可用于 250～300 只雏鸡的保温。

一般在保温伞外围还要设围栏，以防止雏鸡远离热源而受冷，热源离围栏 75～90 厘米（图 6-6）。雏鸡 3 日龄后逐渐向外扩大，10 日龄后撤离。

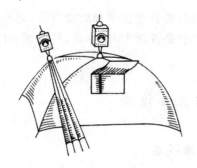

图 6-4　折叠式保温伞

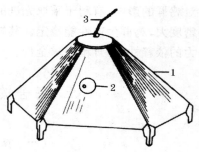

图 6-5　方形电热育雏伞

1. 保温伞　2. 调节器　3. 电热线

3. 红外线灯　红外线灯有亮光和没有亮光两种。目前,生产中用的大部分是亮光的,每只红外线灯为 250～500 瓦,灯泡悬挂离地面 40～60 厘米处。离地的高度应根据育雏需要的温度

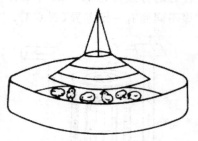

图 6-6　保温伞外的围栏示意图

进行调节。通常 3～4 只为 1 组,轮流使用,饲料槽（桶）和饮水器不宜放在灯下,每只灯可保温雏鸡 100～150 只。

4. 断喙机　断喙机型号较多,其用法不尽相同。9QZ 型断喙机(图 6-7)是采用红热烧切,既断喙又止血,断喙效果好。该断喙机主要由调温器、变压器及上

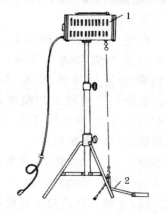

图 6-7　9QZ 型断喙机

1. 断喙机　2. 脚踏板

刀片、下刀口组成,它用变压器将 220 伏的交流电变成低压大电流(即 0.6 伏、180～200 安),使刀片工作温度在 820℃以上,刀片红热时间不大于 30 秒,消耗功率 70～140 瓦,其输出电流的值可调,以适应不同鸡龄断喙的需要。

(二)笼养设备

1. 鸡笼的组成形式　笼养蛋鸡鸡笼组成主要有以下几种形式,即叠层式、全阶梯式、半阶梯式、阶梯叠层综合式(两重一错式)和单层平置式等,又有整架、半架之分。无论采用哪种形式都应考虑以下几个方面:即有效利用鸡舍面积,提高饲养密度;减少投资与材料消耗;有利于操作,便于鸡群管理;各层笼内的鸡都能得到良好的光照和通风。

(1)全阶梯式　上、下层笼体相互错开,基本上没有重叠或稍有重叠,重叠的尺寸至多不超过护蛋板的宽度(图 6-8)。全阶梯式鸡笼的配套设备是:喂料多用链式喂料机或轨道车式定量喂料机,小型饲养多采用船形料槽,人工给料;饮水可采用杯式、乳头式或水槽

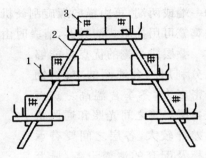

图 6-8　全阶梯式鸡笼
1. 饲槽　2. 笼架　3. 笼体

式饮水器。如果是高床鸡舍,鸡粪用铲车在鸡群淘汰时铲除;若是一般鸡舍,鸡笼下面应设粪槽,用刮板式清粪器清粪。

全阶梯式鸡笼的优点是鸡粪可以直接落进粪槽,省去各层间承粪板;通风良好,光照幅面大。缺点是笼组占地面较宽,饲养密度较低。

(2)半阶梯式　上、下层笼部分重叠,重叠部分有承粪板(图

6-9）。其配套设备与全阶梯式相同,承粪板上的鸡粪使用两翼伸出的刮板清除,刮板与粪槽内的刮板式清粪器相连。

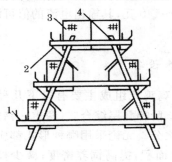

图 6-9　半阶梯式鸡笼

1. 饲槽　2. 承粪板　3. 笼体　4. 笼架

半阶梯式笼组占地宽度比阶梯式窄,舍内饲养密度高于全阶梯式,但通风和光照不如全阶梯式。

（3）叠层式　上下层鸡笼完全重叠,一般为 3～4 层（图 6-10）。喂料可采用链式喂料机;饮水可采用长槽式饮水器;层间可用刮板式清粪器或带式清粪器,将鸡粪刮至每列鸡笼的一端或两端,再由横向螺旋刮粪机将鸡粪刮到舍外;小型的叠层式鸡笼可用抽屉式清粪器,清粪时由人工拉出,将粪倒掉。

叠层式鸡笼的优点是能够充分利用鸡舍地面的空间,饲养密度大,冬季舍温高。缺点是各层鸡笼之间光照和通风状况差异较大,各层之间要有承粪板及配套的清粪设备,最上层与最下层的鸡管理不方便。

（4）阶梯叠层综合式　最上层鸡笼与下层鸡笼形成阶梯式,而下两层鸡笼完全重叠,下层鸡笼在顶网上面设置承粪板

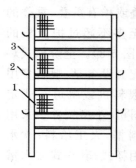

图 6-10　叠层式鸡笼

1. 笼体　2. 饲槽　3. 笼架

（图 6-11）,承粪板上的鸡粪需用手工或机械刮粪板清除,也可用鸡粪输送带代替承粪板,将鸡粪输送到鸡舍一端。配套的喂料、饮水设备与阶梯式鸡笼相同。

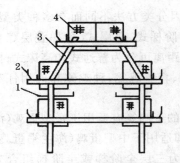

图 6-11 阶梯叠层综合式鸡笼
1. 承粪板 2. 饲槽 3. 笼架 4. 笼体

以上各种组合形式的鸡笼均可做成半架式(图 6-12),也可做成 2 层、4 层或多层。如果机械化程度不高,层数过多,操作不方便,也不便于观察鸡群。我国目前生产的鸡笼多为 2~3 层。

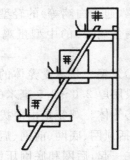

图 6-12 半架式鸡笼

(5)单层平置式 鸡笼摆放在一个平面上,各层笼组之间不留通道,管理鸡群等一切操作全靠运行于鸡笼上面的天车来承担(图 6-13)。其优点是鸡群的光照、通风比较均匀、良好;由于两行鸡笼之间共用一趟集蛋带、料槽、水槽,所以可节省设备投资。缺点是饲养密度小,两行笼共用一趟集蛋带,增加了蛋的碰撞,破损率较高。

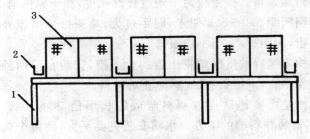

图 6-13 平置式鸡笼
1. 笼架 2. 饲槽 3. 笼体

2. 鸡笼的种类及特点　鸡笼因分类方法不同而有多种类型，如按其组装形式可分为阶梯式、半阶梯式、叠层式、阶梯叠层综合式和单层平置式；按鸡笼距粪沟的距离可分为普通式和高床式；按其用途可分为产蛋鸡笼、育成鸡笼、育雏鸡笼、种鸡笼和肉用仔鸡笼。

（1）产蛋鸡笼　我国目前生产的蛋鸡笼有适用于轻型蛋鸡（海兰白鸡、迪卡白鸡等）的轻型鸡笼和适用于中型蛋鸡（海兰褐蛋鸡、伊莎褐蛋鸡等）的中型蛋鸡笼，多为三层全阶梯或半阶梯组合方式。

①笼架。是承受笼体的支架，由横梁和斜撑组成。横梁和斜撑一般用厚 2.0～2.5 毫米的角钢或槽钢制成。

②笼体。鸡笼是由冷拔钢丝经点焊成片，然后镀锌再拼装而成，包括顶网、底网、前网、后网、隔网和笼门等。一般前网和顶网压制在一起，后网和底网压制在一起，隔网为单网片，笼门作为前网或顶网的一部分，有的可以取下，有的可以上翻。笼底网要有一定坡度（即滚蛋角），一般为 6°～10°角，伸出笼外 12～16 厘米，形成集蛋槽。笼体的规格，一般前高 40～45 厘米，深度为 45 厘米左右，每个小笼养鸡 3～5 只。笼体结构见图 6-14。

③附属设备。护蛋板为一条镀锌薄铁皮，放于笼内前下方，下缘与底网间距 5.0～5.5 厘米，间距过大，鸡头可伸出笼外啄食蛋槽中鸡蛋，间距过小，蛋不能滚落。

料槽为镀锌铁皮或塑料压制的长形槽，安装在前网外面。料槽安装要平直，上缘要有回檐，防止鸡扒料。

水槽是用镀锌铁皮或塑料制成的长形槽，形状多为"V"或"U"形，安装在料槽的上方。水槽安装更要平直，使每个鸡位的水深基本一致，不能有的鸡位无水而有的鸡位水过多而外溢。除长形水槽外，还有乳头式饮水器和杯式饮水器等。

④鸡笼整体安装。组装鸡笼时，先装好笼架，然后用笼卡固定

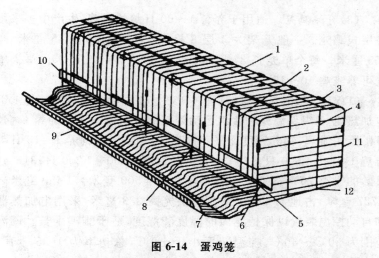

图 6-14 蛋鸡笼

1. 前顶网　2. 笼门　3. 笼卡　4. 隔网　5. 后底网　6. 护蛋板　7. 蛋槽
8. 滚蛋间隙　9. 缓冲板　10. 挂钩　11. 后网　12. 底网

连接各笼网,使之形成笼体。一般 4 个小笼组成一个大笼,每个小笼长 50 厘米左右,一个大笼长 2 米。组合成笼体后,中下层笼体一般挂在笼架突出的挂钩上,笼体隔网的前端有钢丝挂钩挂在饲槽边缘上,以增强笼体前部的钢度,在每一大笼底网的后部中间另设两根钢丝,分别吊在两边笼架的挂钩上,以增加笼体底网后部的钢度。上层鸡笼由两个外形尺寸相同的笼体背靠背装在一起,两个底网和两个隔网分别连成一个整体,以增强钢度,隔网前面的挂钩挂住饲槽边缘,底网中间搁置在笼架的纵梁上。

(2)育成鸡笼　也称青年鸡笼,主要用于饲养 60～140 日龄的青年母鸡,一般采取群体饲养。其笼体组合方式多采用 3～4 层半阶梯式或单层平置式。笼体由前网、顶网、后网、底网及隔网组成,每个大笼隔成 2～3 个小笼或者不分隔,笼体高度为 30～35 厘米,笼深 45～50 厘米,大笼长度一般不超过 2 米。

(3)育雏鸡笼　适用于养育1～60日龄的雏鸡,生产中多采用叠层式鸡笼。一般笼架为4层8格,长180厘米,深45厘米,高165厘米。每个单笼长87厘米、高24厘米、深45厘米。每个单笼可养雏鸡10～15只。

9DYL-4型电热育雏器(图6-15)是4层叠层式鸡笼,由1组电加热笼、1组保温笼和4组运动笼三部分组成。适于饲养1～45日龄蛋用雏鸡,饲养密度比平养提高3～4倍。可饲养1～15日龄雏鸡1400～1600只;16～30日龄的雏鸡1000～1200只;31～45日龄的雏鸡700～800只。外形尺寸为4500毫米×1450毫米×1727毫米,占地6.2平方米。每层笼高333毫米,采用电加热器和自动控温装置以保持笼内的温度和湿度,适于雏鸡生长。调温范围为20℃～40℃,控温精度小于±1℃,总功率为1.95千瓦。笼内清洁,防疫效果好,成活率可达95%～99%。

(4)种鸡笼　多采用2层半阶梯式或单层平置式。适用于种鸡自然交配的群体笼,前网高度为720～730毫米,中间不设隔网,笼中公、母鸡按一定比例混养;适用于种鸡人工授精的鸡笼分为公鸡笼和母鸡笼,母鸡笼的结构与蛋鸡笼相同。公鸡笼中没

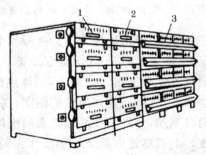

图 6-15　9DYL-4 型电热育雏笼
1.加热育雏笼　2.保温育雏笼
3.雏鸡活动笼

有护蛋板底网,没有滚蛋角和滚蛋间隙,其余结构与蛋鸡笼相同。

(5)肉鸡笼　多采用叠层式,可用毛竹、木材、金属和塑料加工制成。目前以无毒塑料为主要原料制作的鸡笼,具有使用方便、节约垫料、易消毒、耐腐蚀等优点,特别是消除了胸囊肿病,价格比同

类铁丝笼降低 30％左右,寿命延
长 2～3 倍(图 6-16)。

(三)饮水设备

养鸡场的饮水设备是必不可
少的,要求设备能够保证随时提
供清洁的饮水,而且工作可靠,不
堵塞,不漏水,不传染疾病,容易
投放药物。常用的饮水设备有真
空式饮水器、吊塔式饮水器、乳头
式饮水器、杯式饮水器和长水槽
等。

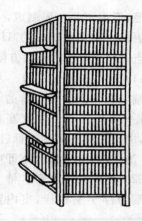

图 6-16 塑料肉用仔鸡笼示意图

1. 塔形真空饮水器 多由尖顶圆桶和直径比圆桶略大些的
底盘构成。圆桶顶部和侧壁不漏气,基部离底盘高 2.5 厘米处开
有 1～2 个小圆孔(直径 0.5～1.0 厘米)。使用时,先使桶顶朝下,
水装至圆孔处,然后扣上底盘翻转过来。这样,开始空气能由桶盘
接触缝隙和圆孔进入桶内,桶内水能流到底盘;当盘内水位高出圆
孔时,空气进不去,桶内顶部形
成真空,水停止流出,因而使底
盘水位始终略高于圆孔上缘,直
至桶内水用完为止。这种饮水
器构造简单,使用方便,清洗消
毒容易。它可用镀锌铁皮、塑料
等材料制成,也可用大口玻璃瓶
等制作(图 6-17),取材方便,容
易推广。

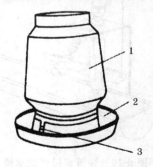

图 6-17 真空式饮水器

1. 水罐 2. 饮水盘 3. 出水孔

2. "V"形或"U"形长水槽
"V"形长水槽多由镀锌铁皮制成。笼养鸡过去大多数使用"V"形

长水槽,但由于是金属制成,一般使用3年左右水槽便腐蚀漏水而被迫更换。用塑料制成的"U"形水槽解决了"V"形水槽腐蚀漏水的缺点。"U"形水槽使用方便,易于清刷,寿命长。

(1)常流水式长水槽 水槽的一端安装一个经常开着的水笼头,另一端安装一个溢流塞和出水管,用以控制液面的高低(图6-18)。清洗时,卸下溢流塞即可。

(2)浮子阀门式长水槽 水槽一端与浮子室相连,室内安装

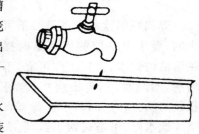

图1-18 长流水式饮水槽

图6-19 浮子阀门式饮水槽

阀门关闭,水就停止流入。

(3)弹簧阀门式长水槽 整个水槽吊挂在弹簧阀门上,利用水槽内水的重量控制阀门启闭(图6-20)。

3. 吊塔式饮水器 它吊挂在鸡舍内,不妨碍鸡的活动,多用于平养鸡。其组成包括饮水盘和控制机构两部分(图6-21)。饮水盘是塔形的塑料盘,中心是空心的,边缘有环形槽供鸡饮水。

一套浮子和阀门(图6-19)。当水槽内水位下降时,浮子下落将阀门打开,水流进水槽;当水面达到一定高度后,浮子上升又将

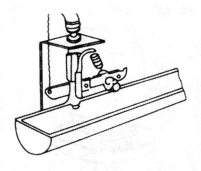

图6-20 弹簧阀门式饮水槽

控制出水的阀门体上端用软管和主水管相连,另一端用绳索吊挂在天花板上。饮水盘吊挂在阀

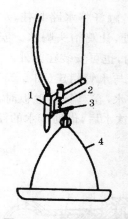

图 6-21　吊塔式饮水器

1. 阀门体　2. 弹簧
3. 控制杆　4. 饮水盘

门体的控制杆上,控制出水阀门的启闭。当饮水盘无水时,重量减轻,弹簧克服饮水盘的重量,便使控制杆向上运动,将出水阀门打开,水从阀门体下端沿饮水盘表面流入环形槽。当水面达到一定高度后,饮水盘重量增加,加大弹簧拉力,使控制杆向下运动,将出水阀门关闭,水就停止流出。

4. 乳头式饮水器　由阀芯和触杆构成,直接同水管相连(图 6-22)。由于毛细管的作用,触杆部经常悬着一滴水,鸡需要饮水时,

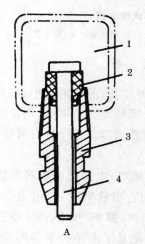

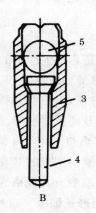

图 6-22　乳头式饮水器

A. 半封闭式　B. 双封闭式
1. 供水管　2. 阀　3. 阀体　4. 触杆　5. 球阀

只要啄动触杆,水即流出。鸡饮水完毕,触杆将水路封住,水即停止外流。这种饮水器安装在鸡头上方处,让鸡抬头喝水。安装时要随鸡的大小变化高度。可安装在笼内,也可安装在笼外。

5. 杯式饮水器 形状像一个小杯,与水管相连(图 6-23)。杯内有一触板,平时触板上总是存留一些水,在鸡啄动触板时,通过联动杆即将阀门打开,水流入杯内。鸡饮水后,借助于水的浮力使触板恢复原位,水就不再流出。

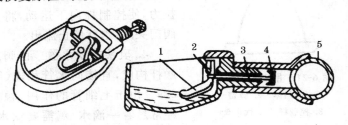

图 6-23 杯式饮水器
1. 触板 2. 板轴 3. 顶杆 4. 封闭帽 5. 供水管

(四)饲 槽

饲槽是养鸡生产中的一种重要设备,因鸡的大小、饲养方式不同,对饲槽的要求也不同。但无论哪种类型的饲槽,均要求平整光滑,采食方便,不浪费饲料,便于清刷消毒。制作材料可选用木板、镀锌铁皮及硬质塑料等。

1. 开食盘 用于 1 周龄前的雏鸡,大都是由塑料和镀锌铁皮制成。用塑料制成的开食盘,中间有点状乳头,使用卫生,饲料不易变质和浪费。其规格为长 54 厘米,宽 35 厘米,高 4.5 厘米。

2. 船形长饲槽 这种饲槽无论是平养还是笼养均普遍采用。其形状和槽断面,根据饲养方式和鸡的大小而不尽相同。一般笼养产蛋鸡的料槽多为"U"形,底宽 8.5～8.8 厘米,深 6～7 厘米(用于不同鸡龄和供料系统,深度不同),长度依鸡笼而定。在平面

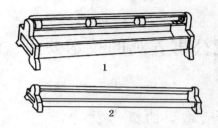

图 6-24 塑料制平养饲槽

1. 平养中型饲槽 2. 平养小型饲槽

些的底盘组成。料桶底盘的正中有一个圆锥体，其尖端正对吊桶中心（图 6-25），这是为了防止桶内的饲料积存于盘内，为此这个圆锥体与盘底的夹角一定要大。另外，为了防止料桶摆动，桶底可适当加重些。

散养条件下，饲槽长度一般为 1.0～1.5 米。为防止鸡只踏入槽内弄脏饲料，可在槽上安装一根能转动的槽梁（图 6-24）。

3. 干粉料桶 其构造是由一个悬挂着的无底圆桶和一个直径比圆桶略大

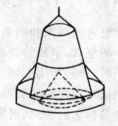

图 6-25 干粉料桶示意图

第七章 家庭无公害养鸡的技术要点

一、无公害鸡肉、鸡蛋的概念及特征

（一）无公害鸡肉、鸡蛋的概念

无公害的鸡肉和鸡蛋，是指鸡在生产过程中，鸡场、鸡舍内外环境中的空气、水质等符合国家有关标准要求，整个饲养过程严格按照饲料、兽药使用准则、兽医防疫准则以及饲养管理规范，生产出得到法定部门检验和认证合格，获得认证证书并允许使用无公害农产品标志的活鸡、屠宰鸡、鲜鸡蛋，或者经初加工的分割鸡肉、冷冻鸡肉和冰冻鸡蛋等。

（二）无公害鸡肉、鸡蛋的特征

1. 强调产品出自最佳生态环境 无公害鸡肉、鸡蛋的生产，从鸡只的饲养生态环境入手，通过对鸡场周围及鸡舍内的生态环境因子严格监控，判定其是否具备生产无公害产品的基础条件。

2. 对产品实行全程质量控制 在无公害鸡肉、鸡蛋生产实施过程中，从产前环节的饲养环境监测和饲料、兽药等投入品的检测；产中环节具体饲养规程、加工操作规程的落实，以及产后环节产品质量、卫生指标、包装、保鲜、运输、贮藏、销售控制，确保生产出的鸡蛋、鸡肉质量，并提高整个生产过程的技术含量。

3. 对生产的无公害鸡肉、鸡蛋依法实行标志管理 无公害农产品标志是一个质量证明商标，属知识产权范畴，受《中华人民共和国商标法》保护。

二、生产无公害鸡肉、鸡蛋的意义

（一）我国目前生产的鸡肉、鸡蛋等动物性食品的安全现状

所谓动物性食品安全，是指动物性食品中不应含有可能损害或威胁人体健康的因素，不应导致消费者急性或慢性毒害或感染疾病，或产生危及消费者及其后代健康的隐患。

纵观这些年我国养鸡业的发展，鸡肉、鸡蛋产品安全问题已成为生产中的一个主要矛盾。兽药、饲料添加剂、激素等的使用，虽然为养鸡生产和禽肉、禽蛋数量的增长发挥了一定的作用，但同时也给养鸡产品安全带来了隐患。

第一，滥用或非法使用兽药及违禁药品，使生产出的鸡肉、鸡蛋中药物残留超标。当人们食用了残留超标的鸡肉和鸡蛋后，会在体内蓄积，产生过敏、畸形、癌症等不良症状，直接危害人体的健康及生命。

对人体影响较大的兽药及药物添加剂，主要有抗生素类（青霉素类、四环素类、大环内脂类、氯霉素等），合成抗菌素类（呋喃唑酮、乙醇、恩诺沙星等），激素类（己烯雌酚、雌二醇、丙酸睾丸酮等、肾上腺皮质激素等），β-兴奋剂（瘦肉精），杀虫剂等。从目前看，鸡蛋、鸡肉里的残留主要来源于 3 个方面：一是来源于饲养过程，有的养鸡户及养殖场为了达到防疫治病、减少死亡的目的，实行药物与饲料同步；二是来源于饲料，目前饲料中常用的添加药物主要有 4 种：防腐剂、抗菌剂、生长剂和镇静剂，其中任何一种添加剂残留于鸡体内，通过食物链，均会对人体产生危害；三是加工过程的残留，目前部分禽产品加工经营者在加工贮藏过程中，为使鸡肉、鸡蛋产品鲜亮好看，非法使用一些硝、漂白粉或色素、香精等，有的加

工产品为延长产品货架期,添加抗生素以达到灭菌的目的。

第二,存在于鸡肉、鸡蛋中的重金属有害物质,如铅、汞、镉、砷、铬等,危害人体健康。这些有毒物质,通过动物性食品的聚集作用使人体中毒。

第三,养鸡生产中的一些人兽共患病,对人体也有严重的危害。

(二)生产无公害鸡肉、鸡蛋的重要性

1. 是提高产品价格,增加农民收入的需要 无公害鸡肉、鸡蛋产品的生产,不是传统养殖业的简单回归,而是通过对生产环境的选择。以优良品种,安全无残留的饲料、兽药的使用,以及科学有效的饲养工艺为核心的高科技成果,组装起来的一整套生产体系。无公害生产,可使生产者在不断增加投入的前提下获得较好的产量和质量。目前国内外市场对无公害产品的需求十分旺盛,销售价格也很可观。因此,大力发展无公害产品是农民增收和脱贫致富的有效途径之一。

2. 是保护人们身体健康、提高生活水平的需要 目前市场上出售的鸡肉、鸡蛋,以药残超标为核心的质量问题,已成为人们关注的热点。因此,无公害禽产品的上市,可以满足消费者的需求,进而增进人们的身心健康。

3. 是提高产品档次,增加产品国际竞争力的需要 我国已成为 WTO 的一员,开发无公害的绿色禽产品,提高禽产品的质量,使更多的禽产品打入国际市场,发展创汇养鸡业,具有十分重要的意义。

4. 是维护生态环境条件与经济发展协调统一,促进我国养鸡业可持续发展的需要 实践证明,开发无公害农产品,可以促进我国农业可持续发展。人们不能沿袭以牺牲环境和损耗资源为代价发展经济的老路,必须把农业生产纳入到控制污染、减少化学投入

为主要内容的资源和环境可持续利用的基础上。这样才能保证环境保护和经济发展的协调统一。

三、影响无公害鸡肉、鸡蛋生产的因素

影响无公害鸡肉、鸡蛋生产的因素,主要是由于工农业生产造成的环境污染、家禽饲养过程中不规范使用兽药、饲料添加剂以及销售、加工过程的生物、化学污染,导致产品有毒有害物质的残留。主要包括以下几个方面。

(一)抗生素残留

抗生素残留是指因鸡在接受抗生素治疗或食入抗生素饲料添加剂后,抗生素及其代谢物在鸡体组织及器官内蓄积或贮存。抗生素在改善家禽的某些生产性能或者防治疾病中,起到了一定的积极作用,但同时也带来了抗生素的残留问题,残留的抗生素进入人体后具有一定的毒性反应,如病菌耐药性增加以及产生过敏反应等。

(二)激素残留

激素残留是指家禽生产中应用激素饲料添加剂,以达到促进鸡体生长发育、增加体重和肥育,从而导致家禽产品中激素的残留。这些激素多为性激素、生长激素、甲状腺素和抗甲状腺素及兴奋剂等。这些药物残留后可产生致癌作用及激素样作用等,对人体产生伤害。

(三)致癌物质残留

凡能引起动物或人体组织、器官癌变形成的任何物质,都称为致癌物质。目前,受到人们关注的能污染食品致癌物质,主要是曲

霉素、苯并芘、亚硝胺、多氯联苯等。这些致癌物质表现为：一是不良饲料饲喂鸡后在组织中蓄积或引起中毒；二是产品在加工及贮存过程中受到污染；三是因使用添加剂不合理而造成污染，如在肉产品加工中使用硝酸盐或亚硝酸盐做增色剂等。

（四）有毒有害物质污染

有毒有害元素，主要是指汞、镉、铅、砷、铬、氟等，这类元素在机体内蓄积，超过一定的量将对人与动物产生毒害作用，引起组织器官病变或功能失调等。在鸡的饲养过程中，鸡肉、鸡蛋中的有毒有害物质来源广泛：①自然环境因素，有的地区因地质地理条件特殊，在水和土壤及大气中某些元素含量过高，导致其在动物体内积累，如生长在高氟地区的植物，其体内含氟量过高；②在饲料中过量添加某些元素，以达到生长目的，如在饲料中添加高剂量的铜、砷制剂等；③由工业"三废"和农药化肥的大量使用所造成的污染，如"水俣病"，就是由于工业排放含镉和汞污水，通过食物链进入人体引起的；④产品加工、饲料加工、贮存、包装和运输过程中的污染，在使用机械、容器、管理及加入不纯的食品添加剂或辅料，均会导致有害元素的增加。

（五）农药残留

农药残留，系指用于防治病虫害的农药在食品、畜禽产品中的残留。这些食品中的农药残留进入人体后，可积蓄或贮存在细胞、组织、器官内。由于目前使用农药的量及品种在不断增加，加之有些农药不易分解，如六六六、滴滴涕等，使农作物（饲料原料）、畜禽、水产等动植物体内受到不同程度的污染，通过食物链的作用，危害人体的生命与健康。在家禽生产中农药对鸡肉、鸡蛋的污染途径，主要是通过饲料中的农药残留转移到鸡体上，在生产玉米、大麦、豆粕等饲料原料中不正确使用农药，易引起农药残留。由于有机氯农药在饲料中残留高,导致鸡肉、鸡蛋中的残留也相当高。

(六)养鸡生产中的环境污染

1. 生物病原污染　主要包括鸡场中的细菌、病毒、寄生虫,它们有的通过水体,有的通过空气传染或寄生于鸡只和人体,有的通过土壤或附着于农产品进入体内。

2. 恶臭的污染　养鸡场的恶臭,主要是指大量的含硫、含氨化合物或碳氧化合物排入大气,对人和动、植物直接产生危害。

3. 鸡场排出的粪便污染　鸡场粪便污染水体,引起一系列综合危害,如水质恶化不能饮用,水体富营养化造成鱼类等动植物的死亡,湖泊的衰退与沼泽化,沿海港湾的赤潮等。不恰当使用粪便污水,也易引起土壤污染及食物中的硝酸盐、亚硝酸盐增加。

4. 蚊蝇孳生的污染　蚊、蝇携带大量的致病微生物,对人和动物造成潜在的危害。

四、无公害鸡肉、鸡蛋生产的基本技术要求

(一)科学选择场址

应选择地势较高、容易排水的平坦或稍有向阳坡度的平地。土壤未被传染病或寄生虫病的病原体污染,透气透水性能良好,能保持场地干燥。水源充足、水质良好。周围环境安静,远离闹市区和重工业区,提倡分散建场,不宜搞密集小区养殖。交通方便,电力充足。

建造鸡舍可根据养殖规模、经济实力等情况灵活搭建。其基本要求是:房顶高度 2.5 米,两侧高度 2.2 米,设对流窗,房顶向阳侧设外开天窗,鸡舍两头山墙设大窗或门,并安装排气扇。此设计可结合使用自然通风与机械通风,达到有效通风并降低成本的目

的。

（二）严格选雏

第一，引进优质高产的肉、蛋种鸡品种，选择适合当地生长条件的具有高生产性能，抗病力强，并能生产出优质后代的种鸡品种，净化鸡群，防止疫病垂直传播。

第二，严格选雏，确保雏鸡健壮，抗病性强，生产潜力大。

（三）严格用药制度

第一，采用环保型消毒剂，勿用毒性杀虫剂和毒性灭菌（毒）、防腐药物。

第二，加强药品和添加剂的购入、分发、使用的监督指导。严格执行国家《饲料和饲料添加剂管理条例》和《兽药管理条例及其实施细则》，从正规大型规范厂家购入药品和添加剂，以防止滥用。药品的分发、使用须由兽医开具处方，并监督指导使用，以改善体内环境，增加抵抗力。

第三，兽用生物制品的购入、分发和使用，必须符合国家《兽用生物制品管理办法》。

第四，统一规划，合理建筑鸡舍，保证利于实施消毒隔离，统一生物安全措施与卫生防疫制度。

（四）强化生物安全

鸡舍内外和场区周围要搞好环境卫生。舍内垫料不宜过脏、过湿，灰尘不宜过多，用具安置要有序，经常杀灭舍内外蚊、蝇。场区内要铲除杂草，不能乱放死鸡、垃圾等，保持经常性良好的卫生状况。场区门口和鸡舍门口要设有烧碱消毒池，并经常保持烧碱的有效浓度，进出场区或鸡舍要脚踩消毒水，杀灭由鞋底带来的病菌。饲养管理人员要穿工作服。鸡场要限制外人参观，更不准运鸡车进入。

（五）规范饲养管理

加强饲养管理,改善舍内小气候,提供舒适的生产环境,重视疾病预防以及早期检测与治疗工作,减少和杜绝禽病的发生,减少用药。

第一,根据各周龄鸡的特点,提供适宜的温度和湿度。

第二,提供舍内良好的空气质量,充分做好通风管理,改善舍内小气候,永远记住通风良好是保证养好鸡的前提。

第三,光照与限饲。根据鸡的生物钟、生长规律及其发病特点,制定科学光照程序与限饲程序,用不同养分饲喂不同生长发育阶段的鸡,以使日粮养分更接近鸡的营养需要,并可提高饲料转化率。

（六）环保绿色生产

第一,垫料采用微生态制剂喷洒处理,并每周处理 1 次。同时,每周撒碳酸氢钠 1 次,以改变垫料酸碱的环境。

第二,合理处理和利用生产中所产生的废弃物。将固体粪便经无害化处理成复合有机肥,污水须经不少于 6 个月的封闭体系发酵后方可排放。

（七）使用绿色生产饲料

1. 严把饲料原料关　要求饲料种植生产基地生态环境优良,水质未被污染,远离工矿,大气也未被化工厂污染,收购饲料时要严格检测药残、重金属及霉菌毒素等。

2. 饲料配方科学　营养配比要考虑各种氨基酸的消化率和磷的利用率,并注意添加合成氨基酸,以降低饲料蛋白质水平,这样既符合家禽需要量,又可减少养分排泄。

3. 注意饲料加工、贮存和包装运输的管理　在包装和运输过程中要严禁污染,饲料中严禁添加激素、抗生素、兽药等添加剂,并严格控制各项生产工艺及操作规程,严格控制饲料的营养与卫生品质,确保生产出安全、环保型绿色饲料。

4. 科学使用无公害的高效添加剂　如微生态制剂、酶制剂、酸制剂、植物性添加剂、生物活性肽及高利用率的微量元素,调节肠道菌群平衡和提高消化率,促进生长,改善品质,降低废弃物排出,以减少兽药、抗生素、激素的使用,减少疾病发生。

第八章　家庭鸡场经营管理

一、家庭鸡场经营管理的重要性

目前,我国肉鸡、蛋鸡市场已经处于成熟状态,不均衡市场的超额利润已不复存在。特别是养鸡业处于激烈竞争的今天,只有抓好经营管理以适应市场需求,降低生产成本,充分发挥流通成本的生产技术潜力,使人尽其力,物尽其用,鸡尽其能,才能达到事半功倍之效。纵观我国养鸡业,无论是国有大型养鸡场,还是家庭中、小型养鸡企业,成败关键取决于经营管理。

二、家庭鸡场经营管理的基本内容

(一)经营思想

行成于思。任何一个鸡场首先要有一个正确的经营思想,它是指导鸡场生产经营管理活动的罗盘,对鸡场的生存发展起着决定作用。在市场经济条件下,应牢牢把握以下经营观念。

1. 市场导向观念　俗话说有市场就有财路。满足市场需求是鸡场经营的出发点,只有把握现有需求,寻找潜在需求,做到以销定产、适销对路、人无我有、人有我好、人好我新。这种以市场为导向,稳定中求创新的市场观念,才是立于不败之地的关键。

2. 质量加服务观念　现代养鸡生产,质量就是信誉,信誉是企业的生命。此外,在市场竞争激烈的今天,家庭鸡场只靠以质取胜还不够,还必须有优质的服务,良好的品质加上优质的服务,才能赢得更多的用户。

3. 信息观念　家庭鸡场应利用计算机联网、农业信息中心、政府相关部门、民间组织和各种中介组织和新闻媒体,了解市场供求状况,本行业竞争对手,国家宏观政策及相关产品信息,这样才能做出正确的市场预测。相反,在信息不清、经营者胸中无数的情况下,经营不是冒险就是失策。

4. 竞争观念　竞争是市场经济的必然产物。竞争的实质是鸡场间科学技术之争,是经营管理水平之争,归根结底是人才之争。竞争就意味着优胜劣汰。我国养鸡业多年来一直呈现波浪式发展趋势,目前鸡蛋市场正处于低迷状态,有些鸡场纷纷退出,也有一些中、小型家庭鸡场也正处于进退选择之中。因此,应制定正确的竞争策略,使自己处于主动和优势地位。影响竞争能力的主要因素有品种、质量、价格、交货日期、销售方式、服务态度及企业信誉等。经营者必须做到产品优质、低价、与众不同,靠价格取胜、时间取胜、创新取胜、信誉取胜等。

5. 创新观念　家庭鸡场应时刻重视科学知识的学习和实践总结,增加产品的科技含量,通过科学的饲养方法提高产量。更应根据市场热点,利用科技进行产品创新。在重视环保、重视绿色食品的今天,应该通过科学的方法增加产品的营养含量,降低抗生素及有害元素的含量。例如,近年来兴起的绿壳蛋、药蛋(营养蛋)、野外散养鸡等。

6. 法制观念　作为一个鸡场经营者,其所有经营活动都必须在政策法令许可范围内进行,既要自觉遵守和维护法制,又要学会利用法律保护自己的合法权益,处理好经济纠纷,使自己的正当利益得到保护。

(二)经营策略

家庭鸡场必须根据正确的经营思想,确定相应的一套合适的经营策略。在市场经济条件下,应该在市场预测的基础上稳扎稳打,靠质量取胜,靠服务取胜,靠科技取胜,靠创新取胜。

(三)经营决策

鸡场的经营决策是为实现奋斗目标所采取的重大措施而做出选择与决定,它包括经营方向、生产规模、饲养方式、鸡种选择、鸡舍建筑等。

1. 经营方向　兴办鸡场,首先碰到的就是经营方向问题。也就是说,要办什么样的鸡场,是办综合性的,还是办专业化的;是养种鸡,还是养商品代鸡;是养蛋鸡,还是养肉鸡。综合性的鸡场经营范围较广,规模较大,需要财力、物力较多,要求饲养技术和经营管理水平较高,一般多由合资企业兴办。专门化鸡场是以专门饲养某一种鸡为主的鸡场。例如,办种鸡场,只养种鸡或同时经营孵化厂;办蛋鸡场,只养产蛋鸡;办肉鸡场,只养肉用仔鸡等。这类鸡场除由合资企业经营外,也比较适合目前农村家庭经营。至于具体办哪种类型鸡场,主要取决于所在地区条件、产品销路和企业、家庭自身的经济、技术实力,在做好市场预测的基础上,慎重考虑并做出明确决定。一般情况下,在城镇郊区或工矿企业密集区,可办肉鸡场,就近销售,也可办蛋鸡场,向市场提供鲜蛋。而广大偏远农村,适合办蛋鸡场,生产商品鸡蛋远销外地。若本地区养鸡业发展较快,雏鸡销路看好,市场价格较高,可办种鸡场,养种鸡进行孵化,向周围农村供应雏鸡。有育雏经验和设备的可办育成鸡场,以满足缺乏育雏经验或无育雏房舍的养鸡户需要。此外,绿色无公害产品、环保产品是近来市场需求的一种趋势。有一定技术水平的农户可以通过一段学习,兴办科技含量较高的无公害鸡场,生产无公害绿色产品,将会获得较高的经济效益。

2. 生产规模　经营方向确定以后,紧接着应研究鸡场的生产规模,以便做到适度规模经营。作为养鸡业,家禽产品不同于工业品,不管行情好与坏都不能积压。特别是行情差的时候,孵化出的雏鸡若卖不出去就意味着销毁,所造成的财产与经济损失不言而喻。适度规模可缓冲市场行情的冲击。中、小鸡场在经营中对市场终端的把握与行情认识,一方面依靠媒体提供信息,另一方面靠客户反映,还有一点凭经营者自身的经验判断。要防止出现行情好时扩大规模,行情差时缩减规模的被动局面。因此,在市场信息经济面前要做主动的经营者,应根据自己的资金情况、市场价格情况确定适宜的规模。

作为一个新建的家庭鸡场,究竟办多大规模,养多少只鸡合适,这要从投资能力、饲料来源、房舍条件、技术力量、管理水平、产品销量等诸方面情况,综合考虑、确定。如果条件差一些,鸡场的规模可以适当小一些,如养鸡 2 000～5 000 只。待积累一定的资金,取得一定的饲养和经营经验之后,再逐渐增加饲养数量。如果投资大,产品需求量多,饲料供应充足,而且具备一定的饲养和经营经验,鸡场规模可以建得大一些,以便获得更多的盈利。但是,鸡场的规模一旦确定,绝不能盲目增加饲养数量,提高饲养密度。否则,鸡群产蛋率低,死亡率高,造成经济损失。

3. 饲养方式 饲养方式主要有地面平养、网养(或栅养)、笼养等,各种饲养方式均有不同的优、缺点(可参见本书有关内容)。究竟采用哪种饲养方式,要根据经营方向、资金状况、技术水平和房舍条件等因素来确定。在目前生产中,产蛋鸡多采用笼养,种鸡和育成鸡多采用网养或笼养,幼雏可采用地面平养、网养或笼养。

4. 鸡种选择 目前,国内鸡的品种有许多,其中绝大多数是商品杂交鸡,主要分为蛋鸡系和肉鸡系两大系列。蛋鸡系按蛋壳颜色又分为白壳蛋鸡和褐壳蛋鸡。白壳蛋鸡的共同特点是体型小,一般成年母鸡体重 1.5～1.7 千克,22～23 周龄开产,年产蛋 260～280 枚,蛋重 60 克,料、蛋比为 2.4～2.5:1,适合笼养,每个标准小笼容纳 4 只。属于这类鸡种有海兰白壳蛋鸡、迪卡白壳蛋鸡和伊利莎白壳蛋鸡等。

褐壳蛋鸡体型比白壳蛋鸡稍大,成年母鸡体重 2.0～2.4 千克,兼有产蛋和产肉双重性能,产蛋量一般不如白壳蛋鸡,一般为 240～280 枚,但肉质比白壳蛋鸡好,蛋重比白壳蛋鸡大,蛋的营养成分基本相同。褐壳蛋鸡的开产日龄与白壳蛋鸡基本一致,其性情温顺,活动量较小,生长发育快,生长期的饲料报酬高于白壳蛋鸡。但在产蛋期,由于体重稍大,维持需要较多,所以饲料报酬低于白壳蛋鸡,料蛋比为 2.3～2.6：1。褐壳蛋鸡商品代大都具有羽毛颜色自别雌雄的特点,即初生雏白色羽毛为公雏,红色羽毛为母雏。笼养时,每个标准小笼容纳鸡 3 只。属于这类鸡种有伊沙褐、迪卡褐和海兰褐等。

综上所述,在选择鸡的饲养品种时,要根据经营方向、饲养方式及其产品的市场销售价格,在经济效益上进行总体对比后再做决定。一般笼养蛋鸡,应尽量选择体型较小、抗病力强、产蛋量多、饲料报酬高的杂交品种。

5. 鸡舍建筑　在实际生产中,要根据生产规模、饲养方式、资金状况等,确定鸡舍建筑形式和规格。国营大型鸡场,尤其是种鸡场,要按标准建筑鸡舍,以保证投产后获得较高的生产效率。

家庭鸡场资金有限,鸡舍建筑可因陋就简,就地取材,注重实用。可以建土平房,也可以建砖瓦房,有的地方也可以利用塑料大棚养鸡。总的要求是鸡舍高度适宜,冬暖夏凉,通风良好。

三、家庭鸡场生产经营计划与管理

(一)生产经营计划

鸡场的生产经营计划,是指为了实现鸡场的经营目标,对鸡场的生产经营活动及所需的各种资源,从时间和空间上做出具体统筹安排的工作,它是指导生产过程中供、产、销的行动纲领。任何规模的鸡场都要按自己的财力、物力和人力及市场需求等客观情况,编制生产经营计划,进行有计划的经营管理,以提高鸡场的经济效益。生产经营计划有很多种,根据家庭鸡场的经营规模和实际情况,主要应做好以下几个计划。

1. 生产计划 生产计划主要是事先对鸡场的生产品种、产品产量、产品产值做出规划,以便指导生产。

(1)品种计划 确定鸡场主要生产哪些产品,主产品有哪些,副产品有哪些,各自的产量与产值情况等。

(2)产品产量计划 产量计划包括鸡场的总产量计划和单位产量计划,总产量计划是指鸡场在某一年度或生产周期内争取实现的产品总量。它反映了鸡场的经营规模和生产水平等状况。总产量包括蛋、肉的总量。单位产量是指每只鸡的产蛋或产肉量。

鸡蛋总产量的计算公式如下:

$$鸡蛋总产量(千克) = \frac{入群鸡只数 \times 成活率 \times 饲养天数 \times 产蛋率}{每千克鸡蛋个数}$$

式中:成活率(%)等于期末成活鸡只数除以入群鸡只数的百分比;产蛋率(%)等于产蛋只数(产蛋数)除以饲养天数的百分比

鸡肉总产量的计算公式如下:

$$鸡肉总产量 = 入群只数 \times 成活率 \times (入群鸡个体重 + 每只鸡增重)$$

单产量的计算方法为:

$$每只鸡产蛋量 = \frac{期末鸡蛋总产量}{期内平均饲养产蛋鸡只数}$$

$$每只鸡产肉量 = \frac{期末产肉总量}{期内平均饲养肉鸡只数}$$

式中:期内平均饲养产蛋(肉)鸡数=(期初鸡只数+期末鸡只

数)÷2

年度产蛋计划见表 8-1。

表 8-1　年度产蛋计划表

项　　目	月　份											
	1	2	3	4	5	6	7	8	9	10	11	12
产蛋母鸡月初数(只)												
月平均饲养产蛋母鸡数(只)												
产蛋率(%)												
产蛋总数(个)												
总产量(千克)												
种蛋数(个)												
食用蛋数(个)												
破损率(%)												
破损蛋数(个)												

(3)生产产值计划　产值计划根据利润计划和产量计划来制定,是指鸡场在年度内养鸡所要达到的产值目标。其计算方法为:

养鸡总产值＝鸡蛋产量×单价＋死亡和淘汰鸡重量×单价＋期末存栏鸡重量×单价＋副产品产值

2. 经营财务计划　经营财务计划即根据鸡场自身的资源情况、社会需求动态、竞争情况和生产能力制定自己的经营目标和经营利润,充分利用现有资源,达到利润最大化。在财务计划中,除考虑资金周转速度、资金利用率、资金产出率外,最重要的应是鸡场的利润计划和成本计划。

(1)利润计划　鸡场的经营计划是以利润计划为中心来进行的。鸡场的利润计算方法如下:

利润＝营利－税金

营利＝总产值－生产费用

（2）产品成本计划 成本计划是鸡场生产财务计划的重要组成部分，通过成本分析可以控制费用开支，节约各种费用消耗等。一般成本计划的编制主要以成本项目计划为主，对主要的成本项目提出指标，并同上年进行比较，以反映成本结构的变化情况（见表 8-2，表 8-3）。

表 8-2 生产成本计划表

成本项目		第一季度		第二季度		第三季度		第四季度		全 年	
		上年	计划	上年	计划	上年	计划	上年	计划	上年	计划
人工消耗	人工费用										
生产资料消耗	饲料费										
	雏鸡费										
	燃料和动力费										
	医药费										
	低值易耗品										
	摊销费										
	固定资产折旧										
	维修费										
	共同生产费										
	其他费用										
生产成本	主产品成本										
	副产品成本										
	主产品单位成本										

表 8-3　主产品生产成本计划表

名称	养鸡只数	计划单产	计划总产量	单 位 成 本		总 成 本		计划任务	
				上年	计划	按上年实际的单位成本计算	按计划单位成本核算	上年完成	今年
蛋									
肉									
合计									

一般来说,产品成本分为人工成本和物质成本,人工成本包括工资、福利费、奖金和其他形式的劳动报酬;物质成本包括除人工费用以外的全部费用。计算产品成本时利用以下几个公式:

养鸡产品成本＝人工费用＋各种物资费用＋固定资产折旧费＋其他费用

主产品成本＝饲养总成本－副产品收入

主产品单位成本＝主产品总成本÷产品产量

3. 产品销售计划　它是保证鸡场产品全部售出的计划,是编制年度生产计划的主要依据,是实现产值计划和利润计划的重要保证。在产品销售计划中,主要规定了产品销售量、销售时间、销售渠道、销售收入及销售方针。产品销售计划见表 8-4。

表 8-4　产品销售计划表

产品名称	产品产量	年初结存量	年末结存量	销售量	产品单价	销售收入	销售费用	销售渠道	销售时间	销售利润	备注

在编制鸡场产品销售计划时,需要计算产品的销售量和销售收入。

计划年度产品的销售量＝计划年度产品的生产量＋计划年初产品的结存量－计划年末产品的结存量

计划年度的销售收入＝计划年度产品的销售量×单位产品销售价格

4. 鸡群周转计划 鸡群一般分为种公鸡、种母鸡、商品蛋鸡、育成鸡、肉用仔鸡、幼雏、成年淘汰育肥鸡等几组。各组关系可用图 8-1 表示。

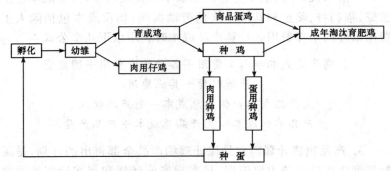

图 8-1　鸡群中各组间关系

鸡群周转计划是根据鸡场的生产方向、鸡群构成和生产任务编制的。格式见表 8-5。

表 8-5　鸡群周转计划表

组　　别	年初数	月　　份											
		1	2	3	4	5	6	7	8	9	10	11	12
0～4 周龄雏鸡													
4～6 周龄雏鸡													

续表 8-5

组　别	年初数	月　份											
		1	2	3	4	5	6	7	8	9	10	11	12
6～14周龄育成母鸡													
14～20周龄育成母鸡													
6～20周龄育成公鸡													
种公鸡													
淘汰种公鸡													
产蛋种母鸡													
淘汰产蛋种母鸡													
商品蛋鸡													
淘汰商品蛋鸡													
肉用仔鸡													
合　计													

(1)**生产流程**　种蛋产出后立即消毒,贮存期不超过1周,雏鸡育雏结束后,49日龄转至育成鸡舍,140日龄转至成年鸡舍,产蛋期一般72～76周。

(2)**种公鸡的饲养与淘汰**　种鸡群要按适当的配偶比例配备种公鸡。由于配种过程中种公鸡正常死亡、淘汰率为15％～20％,因而后备种公鸡要按正常需要多留20％(人工授精时应再多留一些)。

(3)**产蛋鸡的淘汰与接替**　目前,大、中型鸡场一般在蛋鸡开产后利用1年即行淘汰,因此在淘汰前5个月开始进雏,培养后备鸡接替。如果种源缺乏,雏鸡价格较高,或育雏舍、育成鸡舍不足,为节约育成费用,小型鸡场和专业户可在蛋鸡利用 1 年后淘汰 60％,选留 40％(高产母鸡)。新接替的开产母鸡占 60％,使鸡群中 1 年鸡与 2 年鸡比例保持在 6∶4,产蛋满 2 年的母鸡均予淘汰。

(4)进雏计划　一般鸡场、专业户在 2～4 月份进雏,培育后备鸡。进雏量应根据成年母鸡饲养量和淘汰量来确定。正常情况下,雏鸡(白壳蛋系)雌雄鉴别准确率 98％以上,育雏率 95％以上,育成率 95％以上,转群时淘汰率为 1％。进雏数量可参照如下计算公式:

进雏数(鉴别雏)＝入舍母鸡数÷(1－淘汰率)÷育成
率÷育雏率÷雌雄鉴别准确率
＝入舍母鸡数÷99％÷95％÷95％÷98％

其中:

$$育雏率(\%)=\frac{育雏期满成活雏鸡数}{入舍雏鸡数}\times100\%$$

$$育成率(\%)=\frac{育成期末成活的育成鸡数}{育雏期末入舍雏鸡数}\times100\%$$

如某鸡场需入舍母鸡 10 000 只,则需进雏数量为:

10000÷99％÷95％÷95％÷98％≈11421(只)

5. 育雏计划　应根据肉鸡出售和蛋鸡、种鸡更新计划,确定全年育雏计划。年度育雏计划可用表 8-6 表示。

表 8-6　年度育雏计划

批　次	育雏日期	品种名称	饲养员	育雏只数	转群日期	育雏天数	成活率(％)	育雏率(％)	备　注

6. 饲料计划 饲料是发展养鸡生产的基础。每个鸡场年初必须制定所需饲料的数量和比例的详细计划,防止饲料不足或比例不稳定而影响生产的正常进行。年度饲料计划可用表 8-7 表示。

表 8-7 年度饲料计划

饲料种类	月 份												总 计
	1	2	3	4	5	6	7	8	9	10	11	12	

一般每只鸡需要的配合饲料量,肉用仔鸡 4～5 千克,雏鸡 1 千克,育成鸡 8～9 千克,成年母鸡(蛋用鸡)每年 39～42 千克。如 1 万只规模的商品蛋鸡场,全年约耗费饲料 51 万千克,其中产蛋鸡一年耗费 42 万千克,雏鸡耗费 1 万千克,育成鸡耗费 8 万千克。1 万只商品蛋鸡所需各类饲料的比例和概数见表 8-8。

表 8-8 1 万只商品蛋鸡各类饲料比例和概数

(包括雏鸡、育成鸡耗料)

饲料种类	占饲料的比例(%)	全年大概用量(千克)
玉 米	55～60	300000
豆 饼	12～15	76000
鱼 粉	6～8	40000
麦 麸	8～10	51000
骨 粉	1.3～1.5	7500
贝壳粉	7～8(主要产蛋鸡用)	36000
食 盐	0.3	1530
多种维生素	0.02	102
微量元素	0.2	1020
合 计		513152

制定饲料计划时,可根据当地饲料资源情况灵活掌握。例如,有些地区花生饼、菜籽饼、小麦、碎米、骨肉粉、槐叶粉等资源比较丰富,则可以调整饲料配方,适当增加比例,并列入年初的饲料计划中。但饲料计划一旦确定,一般不要轻易变动,以确保全年饲料配方的稳定性,维持正常生产。

7. 物资储备计划 物资储备是鸡场进行生产经营活动不可缺少的重要条件,一方面要按质、按量、按品种、按时间齐备地供应所需的各种生产资料,以保证生产的顺利进行;另一方面又要尽可能地减少资金占用,最大限度发挥资金的使用效果。因此,鸡场所需储备的物资品种和数量,应当有个最佳的方案选择。鸡场要从本身生产的需要和市场物资供应以及运输条件等方面分析研究,确定库存方案,并在实际执行中加以控制。

(1)物资储备定额 物资储备定额就是在一定的管理条件下,为保证生产顺利进行,并使鸡场经营管理取得最佳经济效益,而制定的物资储备品种和数量标准。它是鸡场编制物资供应计划的依据之一,是鸡场核定流动资金的一个重要依据,也是确定物资储存的仓库面积和储存设施数量的依据。

鸡场的物资储备一般有经常性储备定额和保险性储备定额两种。经常性储备定额是指鸡场为保证生产建设的正常进行,而处于经常周转形态的物资储备标准。这种储备量是动态的,在一定的采购供应间隔期内,储备量由高到低,再由低到高,周而复始,所以又称周转储备。其计算方法如下:

经常储备＝平均每天需用量×经常储备合理天数

经常储备合理天数＝供应间隔天数＋检验入库天数＋使
用前准备天数

(2)保险储备定额 保险储备定额是指鸡场为防止物资供应发生中断时,保证生产连续进行而建立的安全储备。造成物资供应中断的主要原因有:运输故障或延期,供货单位不遵守合同或交货日期不具体而过期交货;交货的物资质量、规格不合格或不符合使用要求;自然灾害和其他意外事故。保险储备定额的计算方法如下:

保险储备定额＝平均每天需用量×保险储备天数

　　保险储备天数一般可按实际可能误期的天数来确定,对于供应困难或交通不便的物资,保险天数应较长一些。

　　(3)库存量　有了储备定额,就可以用来控制实际库存量,使之经常保持在最高与最低储备量之间。实际储备量超过最高储备量,说明储备物资过多,形成物资积压,占用过多资金,经济效果不好;实际库存量低于最低储备量,说明有停产的可能,尤其是鸡场的饲料储备过低,则有造成鸡场倒闭的巨大风险,因此一定要注意库存物资的数量界限。影响库存量的因素主要有两个方面,一方面是鸡场生产对物资的需求量,另一方面是定货的数量和日期。当鸡场的规模确定后,基本物资需求量即已确定,因此,库存量主要是通过物资的订购数量和日期方面来控制。物资的订购量可以用以下方法来计算:

订购量＝平均每日需用量×(订购时间＋订购间隔)＋保险
储备定额－实际库存量－订货余额

　　订购时间是指提出订购到货物抵达鸡场所需的时间,订购间隔是指相邻两次订购日之间的时间间隔,实际库存量为订购日的实际库存数,订货余额为过去已经订购但尚未到货的数量。

　　8. 物资供应与采购计划　鸡场的物资供应和采购计划是在鸡场生产计划的基础上,为保证在计划期内维持生产的正常运行,对鸡场所需的各种物资的需求与采购计划。鸡场的某种物资的需求供应量,通过以下方法计算:

某种物资的需求量＝计划产量×单位产品的需求定额

某种物资的供应量＝物资的需求量＋期末库存量－期

初库存－鸡场可利用的内部资源

鸡场在做好物资供应计划后,根据计划确定物资品种、规格、质量、数量和进场时间的采购作业计划。具体内容如表 8-9 所示。

表 8-9　物资采购计划表

物资名称	品种	规格	质量标准	数量	单价	采购渠道	付款方式	采购时间	采购金额	备注
合　计										

（二）生 产 管 理

1. 人员的安排与使用　在生产中,笼养鸡对技术的要求较高,因而必须充分发挥技术人员、管理人员和饲养人员的积极性。根据鸡场的实际情况合理安排和使用劳动力,使各类人员之间合理分工和配合,做到人—鸡—环境科学组合,人尽其力,鸡尽其能,物尽其用。

2. 劳动组织　劳动组织与鸡场的管理密切相关,尤其生产规模较大的鸡场更是如此。一般大型综合性鸡场应成立各种专业化作业组,如孵化组、育雏组、肥育组、蛋鸡饲养组、种鸡饲养组等,每组设置饲养人员和技术人员。

3. 劳动定额 劳动定额通常是指一个中等劳动力（或一个作业组）在正常生产条件下，一个工作日所完成的工作量。鸡场的劳动定额一般要根据本场机械化水平和饲养方式而定，把繁殖、成活、产蛋、增重、育肥和各种消耗指标落实到各作业组或个人，充分发挥劳动者的自身积极性，责权利关系明确，真正做到多劳多得，多产多得。

4. 生产记录 在生产中，工作记录对总结养鸡经验教训和经济核算等都是非常重要的，因而要坚持做好记录统计工作，特别是雏鸡和育成鸡，每天都要按要求做好生产记录，做到日清月结。一般记录统计表包括育雏记录、防疫记录、投药记录、饲料消耗记录及增重记录等（表 8-10、表 8-11、表 8-12、表 8-13、表 8-14）。

表 8-10 育雏记录

品种： 舍号： 孵出日期： 接雏日期：

日期	日龄	接入只数		保温情况									减少只数	减少原因				现存只数	成活率（%）		记事
		强雏	弱雏	早上6时		中午12时		下午5时		晚上12时		昼夜室温								4周龄时	8周龄时	
				室温	器温	室温	器温	室温	器温	室温	器温	最高	最低		病死	伤亡	淘汰	其他				

表 8-11　防疫记录

| 预定接种 | | 实际接种日期 | 负责接种人 | 接种病名 | 疫苗种类 | 接种方法 | 疫苗厂牌 | 疫　　苗 | | 单价 | 用量 | 金额 | 备注 |
日期	日龄							批号	有效期限				

表 8-12　鸡群投药记录

| 日期 | | 日龄 | 药品名 | 成分 | 厂牌 | 使用方法 | 诊断病名 | 治疗效果 | 单价 | 用量 | 金额 | 意见 |
自	止											

表 8-13　鸡群饲料消耗记录

| 日期 | 当日鸡数 | 饲料消耗总量 | | | | 每只平均消耗量 | | | | 记事 |
		粉料（千克）	粒料（千克）	青饲料（千克）	添加剂（克）	粉料（千克）	粒料（千克）	青饲料（千克）	添加剂（克）	

表 8-14　鸡群体重增重情况记录 *

年　　月

称重周龄	称重日期	称重只数	总重量	平均体重	记　　事
出壳重					
4 周龄重					
8 周龄重					
12 周龄重					
16 周龄重					
20 周龄重					
24 周龄重					
50 周龄重					

注：①此表适用于抽样称重

②每次称重应在空腹时进行，最好在早晨喂饲料前进行

③公、母分别称重，应在记事栏中写明公或母

5. 产品管理　对鸡场来说，其主要产品是鸡蛋和鸡肉。如果要加强对鸡蛋等产品的管理，就要注意保存、包装和运输，减少鸡蛋破损，避免蛋、肉变质。有条件的鸡场，可对蛋肉产品进行较长时间贮藏和深加工，以争取得到更多的利润。

四、家庭鸡场的经济核算

家庭鸡场的基本经济活动是生产和销售养鸡产品。生产和销售是家庭鸡场经营活动中的两个最重要的环节。一方面，家庭鸡场要以最少的投入与耗费，生产出更多更好的产品；另一方面，家庭鸡场还要在激烈的市场竞争中，尽可能地将产品销售出去，获得一定的经济效益。因此，要认真做好生产成本和各项费用以及产品销售收入的管理与核算，从而提高养鸡经济效益。

（一）成本费用的管理

成本费用是生产经营过程投入的资源（饲料、雏禽、禽舍、设

备、兽药及人工等)在一定的劳动组织管理之下,使用一定的生产技术,所体现的综合消耗指标。成本费用是衡量生产活动的最重要的经济尺度。商品生产就要千方百计降低成本费用,以低廉的价格参与市场竞争。

1. 家庭鸡场成本费用的构成　家庭鸡场成本费用,包括饲料费、人员工资、引种或购雏费、销售费用和管理费用等。成本费用可以分为生产成本、制造费用和期间费用等部分。

(1)生产成本　家庭鸡场产品生产成本,包括工资、直接材料和其他直接支出,直接计入生产成本。家庭鸡场为生产鸡蛋、鸡肉等产品而发生的间接费用,应当按成本核算对象,分别计入生产成本。根据家庭鸡场生产经营的实际情况,产品生产成本由以下内容构成。

①)直接工资。直接工资是指直接从事养鸡生产人员的工资、奖金、补贴等。

②直接材料。直接材料在不同的生产阶段消耗不同。如在养鸡过程中育雏、育成和成禽饲养阶段,自产和外购的混合饲料及各种动植物饲料、矿物质饲料、维生素、氨基酸及抗氧化剂等,是耗用的直接材料。孵化生产阶段,种蛋是生产种雏耗用的直接材料。上述耗用的材料有的有助于产品的形成,有的构成了产品的实体。

③其他直接支出。其他直接支出是指直接从事生产人员的福利费用等。

(2)制造费用　制造费用是指家庭鸡场为组织和管理各生产部门车间发生的费用,如各分场(车间)管理人员的工资及福利费、固定资产折旧费、修理费、水电费、燃料动力费、物资消耗、劳动保护费、低值易耗品消费、办公费、差旅费、运输费和其他费用等。

上述直接工资、直接材料及其他直接支出构成的生产成本称为直接成本,制造费用则是间接成本。

(3)期间费用　期间费用是指不能直接归属于某个特定产品

生产成本的费用,它包括销售费用、管理费用和财务费用。

①销售费用。是指鸡场销售过程中为销售产品而发生的,应由当期负担的费用。具体项目包括:包装费、保险费、广告宣传费以及为销售本场产品而专设的销售机构的职工工资、福利费、业务费等费用。

②)管理费用　是指行政管理部门为组织和管理生产经营活动而发生的各种费用。它包括公司经费、工会经费、职工教育费、劳动保险费、咨询费、审计费、诉讼费、排污费、绿化费、土地使用费、税金、技术转让费、无形资产摊销、业务招待费、坏账损失、存货盘亏、毁损和报废损失,以及其他管理费用。

③财务费用。是指鸡场筹集生产经营所需要资金而发生的费用。鸡场为购建固定资产筹集资金而产生的费用,不属于财务费用的范围。

2. 成本费用的控制　家庭鸡场是盈利性经济实体,不盈利就没有存在的价值,长期亏损就会被淘汰。影响家庭鸡场利润的直接因素有 3 个:销售量、价格和成本,其中销售量和价格主要决定于鸡场规模和市场行情,而成本会随着鸡场生产和经营管理方式等不同而变化。因此,加强成本费用管理和控制,用物美价廉的策略开拓市场,是家庭鸡场明智的选择。

(1)排除人力资源的损失　节约人力资源,排除人力资源的浪费和损失,才能使家庭鸡场在竞争中处于成本优势地位。要发现和解决过剩人员,防止管理与销售等人员的人事费用的浪费,以目标成果考核职工,从根本上防止鸡场无效工作的增加和人力资源的浪费。

(2)排除物资损耗　在日常成本管理中,加强物资损耗的管理,保持物资损耗的最低水平,必须实行定额管理。对生产设计进行成本分析,选择最佳设计方案。通过价值分析寻求最低成本的原材料,降低采购费用和原材料成本。

(3)排除管理损失　生产适销对路的产品,加强市场开发工作,减少库存产品的损失。减少产品营销过程中的坏账损失和货款拖欠的损失。

(二)成本费用的核算

家庭鸡场成本费用的核算是进行效益分析的基础。下面以某蛋鸡场的生产为例,简要介绍计算成本费用的方法。

例:某家庭商品蛋鸡场年饲养产蛋鸡 20 000 只,根据往年生产记录,育雏期和育成期成活率均为 95％。全年各项生产费用如下:购进 22 000 只初生雏鸡计 66 000 元,购进 900 000 千克饲料计 1 900 000 元、药品疫苗 26 000 元,燃料动力费 30 000 元,水电费 30 000 元,工人工资 100 000 元,固定资产折旧费 100 000 元,运输费 10 000 元,低值易耗品 20 000 元,管理费 20 000 元,维修费 20 000 元,其他费用 10 000 元。

将各项成本费用及所占的比例列于表 8-15。

表 8-15　商品蛋鸡场成本费用分析

项　　目	合计费用(元)	占费用比例(％)
初生雏费	66000	2.82
饲　料	1900000	81.47
药品疫苗	26000	1.11
燃料动力费	30000	1.29
水电费	30000	1.29
工　资	100000	4.29
折　旧	100000	4.29
运输费	10000	0.43
低值易耗品	20000	0.86
管理费	20000	0.86
维修费	20000	0.86
其他费用	10000	0.43
合　计	2332000	100

上述成本费用是指生产和销售产品时所投入的经济资源。而在计算单位主产品成本时还要减联产品、副产品等的收入。如上例中购进雏鸡 22 000 只,育雏期成活率、育成期成活率均为 95％;假设产蛋期死淘率为 5％,淘汰蛋鸡平均体重 1.9 千克,每千克价格 9.00 元。以入舍鸡数计算平均每只鸡年产蛋量 17 千克,则单位主产品成本计算如下:

联产品（淘汰鸡）数量＝22000×95％×95％×95％
＝18860（只）

联产品收入＝18860×1.9×9.00＝322506（元）

主产品（鸡蛋）成本＝成本费用－联产品收入
＝2332000－322506＝2009494（元）

主产品数量＝20000×17＝340000（千克）

单位主产品成本＝主产品成本÷主产品数量
＝2009494÷34000≈5.91（元/千克）

（三）经济效益分析

销售是家庭鸡场生产经营活动的最后一个环节,是养鸡产品价值的实现过程。作为独立的经济实体,鸡场应当以自己的收入抵补自己的支出,并且取得一定的投资收益。鸡场盈利的多少,在很大程度上反映鸡场的经济效益。因此,经济效益分析主要就是鸡场利润的核算。

考核利润的指标很多,下面介绍两种常用的方法。

1. 产值利润及产值利润率 产值利润是产品产值减去生产成本后的余额。产值利润率是一定时期内总利润与产品产值之比。计算公式为:

$$产值利润率＝\frac{利润总额}{产品产值}×100％$$

2. 销售利润及销售利润率

$$销售利润＝销售收入－成本－期间费用－税金$$

$$销售利润率＝\frac{产品销售利润}{产品销售收入}\times100\%$$

仍以前面某蛋鸡场为例进行利润核算。假设鸡蛋市场价平均为 7.40 元/千克,期间费用共计 15 000 元,则:

产品产值＝主产品产值＋联产品产值

　　　　＝340000×7.40＋18860×1.9×9.00

　　　　＝2838506(元)

利润总额＝产品产值－成本

　　　　＝2838506－2332000＝506506(元)

$$销售利润率＝\frac{利润总额}{产品产值}\times100\%$$

$$＝\frac{506506}{2838506}\times100\%$$

$$＝17.84\%$$

销售利润＝销售收入－成本－期间费用－税金

　　　　＝2838506－2332000－15000

　　　　＝491506(元)

五、提高养鸡场经济效益的途径

经济效益是指产出与投入的差额。提高经济效益可以从以下几个方面考虑。

(一)尽可能降低生产成本

养鸡成本的最主要部分是饲料成本,包括玉米、豆饼及鱼粉等。在饲料价格较低时,应尽可能多储存一些饲料;在某个品种原料价格较高时,可考虑部分替代品。加强内部管理、科学安排生产、充分利用鸡舍面积和笼位、减少低值易耗品的损失以及正确使用药物等,都是降低生产成本的措施。

(二)增加产出,提高产品质量

选择高产优良品种,加强饲养管理,充分发挥良种的生产潜力,制定切实可行的生产计划,提高蛋、肉等产品的品质。

(三)实行生产、加工及销售一体化经营

养鸡产品直接推向市场的经济收益较低,如果能进行产品的深加工,其产品的产值可能会成倍增长。

(四)充分调动员工的积极性

生产中最活跃的因素是人,要协调好人事关系,充分调动每一个人的积极性和主观能动性,加强工作人员的责任感和事业心,坚持多劳多得的分配原则。

(五)建场投资应适当

养鸡场创造的产值是由生产规模决定的。建场投资必须要进行认真的市场调查、市场预测和经济核算,尽可能降低每只鸡位的投资额。

(六)做好疾病防治工作

从开始建场到正常生产,都必须坚持预防为主的工作方针,提高成活率,减少或消除一些致病因素对鸡生产性能的影响。

（七）树立企业形象，促进销售工作

产品销售是养禽场的主要工作。加强对买方市场的认识，以产品质量作为企业形象的基础，大力培育市场，充分利用营销策略促进产品的销售。

六、家庭鸡场经济合同的签订与利用

在家庭鸡场的经营管理过程中，必然涉及多方面的民事法律关系。比如，饲料的购买、鸡蛋的销售、鸡舍的兴建、技术设备的引进等。要想使这些民事法律行为得到有利的保护，必然要用合同这种形式来进行规范。

（一）经济合同的内容

家庭鸡场签订合同的种类很多，但其内容并不复杂，由当事人进行约定。现根据我国合同法，并以"雏鸡定购合同"为例加以说明。

雏鸡订购合同

供方（甲）：某孵化厂　　　　　合同编号：×××

需方（乙）：某养鸡厂　　　　　签订地点：×××

　　　　　　　　　　　　　　　签订时间：×××

鉴于乙方为满足更新产蛋鸡群的需要，与甲方达成定期购买雏鸡的合同，双方达成协议如下。

（1）甲方提供乙方×××品种雏鸡×××只，另外加2%路耗。

（2）每只雏鸡单价×××元，合计金额×××元。

（3）甲方分批供应，供雏日期分别如下：×年×月×日；×年×月×日。

(4)甲方提供的雏鸡必须满足乙方更新产蛋鸡群的需要,母雏鉴别率98%以上。

(5)甲方提供的雏鸡必须有×××畜牧业质量检验单位出具的质量证明,保证为健雏,检验费由甲方自负。

(6)甲方于合同规定的供货日期送货到乙方鸡场所在地,费用风险由甲方自负。

(7)货款以现金支付,货到付款。乙方在合同生效之日起,10日内支付甲方×××元的定金。

(8)甲方因故不能准时交货或数量不足,乙方的经济损失由甲方赔偿,每只雏鸡×××元。乙方因故不要或延迟要雏,必须提前10天通知甲方,此期间内给甲方造成的损失由乙方赔偿,每只雏鸡×××元。

(9)甲方应给雏鸡注射马立克氏疫苗,保证接种密度不低于98%,如在免疫期×月内发生本病,甲方负责赔偿经济损失×××元。

(10)如雏鸡饲养一段时间后,乙方发现有质量问题(如品种不纯),经有关质量检验部门鉴定后,认为属实,则甲方赔偿乙方经济损失×××元。本合同在履行过程中如发生争议,由当事人双方协商解决。协商不成,由仲裁委员会仲裁。

供方:单位名称　　　　需方:单位名称
　　　单位地址　　　　　　　单位地址
　　　法定代表人　　　　　　法定代表人
　　　委托代理人　　　　　　委托代理人
　　　电话　　　　　　　　　电话
　　　电报挂号　　　　　　　电报挂号
　　　开户银行　　　　　　　开户银行
　　　账　号　　　　　　　　账　号

邮政编码　　　　　　　　　邮政编码

有效期限×××年×月×日至×××年×月×日

从上述雏鸡订购合同的内容来看,并结合我国合同法第12条的具体规定,合同一般必须具备以下主要条款。

1. 当事人的名称或姓名和住所　合同是双方或多方当事人之间的协议,当事人是谁,住在何处或营业场所在何处应予明确。在合同事务当中,这一条款往往列入合同的首部。如上例中,供方是×××,需方是×××。

2. 标的　标的是合同法律关系的客体,是当事人权利义务共同指向的对象,它是合同不可缺少的条款,如上例中标的为雏鸡。

3. 数量　数量是以数字和计量单位来衡量标的的尺度。数量是确定标的的主要条款。在合同实务中,没有数量条款的合同是不具有效力的合同。在大宗交易的合同中,除规定具体的数量条款以外,还应规定损耗的幅度和正负尾差。如上例中第1款。

4. 质量　质量是标的的内在素质和外观形态的综合,包括标的的名称、品种、规格、标准、技术要求等。在合同实物中,质量条款能够按国家质量标准进行约定的,则按国家质量标准进行约定。

5. 价款或酬金　又称价金,是取得标的物或接受劳务的一方当事人所支付的代价,如上例中的总金额×××元。

6. 履行的期限、地点和形式　合同的履行期限,是指享有权利的一方要求对方履行义务的时间范围。它既是享有权利一方要求对方履行合同的依据,也是检验负有履行义务的一方是否按期履行或迟延履行的标准。履行地点是指合同当事人履行和接受履行规定合同义务的地点;如提货和交货地点;履行方式是指当事人采取什么办法来履行合同规定的义务。如交款方式、验收方法及产品包装等。

7. 违约责任　违约责任是指违反合同义务应当承担的民事责任。违约责任条款的设定,对于监督当事人自觉适当地履行合同,保护非违约方的合法权益,具有重要意义。但违约责任不以合同规定为条件,即使合同未规定违约条款,只要一方违约,且造成损失,就要承担违约责任。

8. 解决争议的方法　是指在纠纷发生后以何种方式解决当事人之间的纠纷,如上例中第 10 款。当然,合同未约定这条款的,不影响合同的效力。

另外,合同是双方法律行为,可以在合同中约定其他条款。值得一提的是合同中有关担保问题,《中华人民共和国担保法》第九十三条明确规定:担保可以以合同的形式出现,也可以是合同中的担保条款。因此,双方当事人可以选择适用,如果单独订立担保合同,有如下选择,保证合同、定金合同、抵押合同、质押合同,具体条款可参照担保法的规定。

(二)经济合同的签订、变更和解除

1. 经济合同的签订程序　合同的订立是合同当事人进行协商,使各方的意思表示趋于一致的过程。合同订立的一般程序从法律上可分为要约和承诺两个阶段。

(1)要约　要约是指一方当事人向他人作出的以一定条件订立合同的意思表示。前者称为要约人,后者称为受要约人。要约可以用书面形式作出,也可以以对话形式作出。对话形式的要约,受要约人了解时发生效力;书面形式的要约于到达受要约人时发生效力。

(2)承诺　承诺是指受要约人同意要约内容缔结合同的意思。作为意思表示的承诺,其表示方式应与要约相一致,即要约以什么方式做出,承诺也应以什么方式做出。承诺的生效意味着合同的成立。因此,承诺生效的时间至关重要。依我国合同法,承诺在承诺期限内到达要约人时生效。

一般来说,一项合同的签订,往往不是一拍即成的。当事人双方要经过反复协商,这个反复协商的过程,实质上就是要约—新要约—再要约—再新要约,直至承诺,最后达成一致协议,合同便成立。

2. 经济合同的履行 合同的履行是指合同生效后,双方当事人按照约定全面履行自己的义务,从而使双方当事人的合同目的得以实现的行为。

合同生效后,当事人对质量、价款或者报酬、履行地点等内容没有约定或者约定不明确的,可以协议补充;不能达成补充协议的,按照合同有关的条款或者交易习惯确定。如果当事人仍不能确定有关合同的内容,使用下列规定。

第一,质量要求不明确的,按照国家标准、行业标准履行;没有国家标准和行业标准的,按照通常标准或者符合合同目的的特定标准履行。

第二,价款或者报酬不明确的,按照订立合同时履行地的市场价格履行,依法应当执行政府定价或者政府指导价的,按照规定履行。

第三,履行地点不明确的,给付货币的在接受货币一方所在地履行;交付不动产的,在不动产所在地履行;其他标的,在履行义务一方所在地履行。

第四,履行期限不明确的,债务人可以随时履行,债权人也可以随时请求履行,但应该给对方必要的准备时间。

第五,履行方式不明确的,按照有利于实现合同目的的方式履行。

第六,履行费用的负担不明确的,由履行义务一方负担。

3. 合同的变更 我国合同法规定的合同的变更是指合同的内容的变更。合同变更的条件有:①原已存在合同关系;②合同内容已发生变化,合同变更须依当事人协议或依法律直接规定及裁决机构裁决,有时依形成债权人的意思表示;③须遵守法律要求的方式。

4. 合同的解除　合同的解除是指合同有效成立以后,应当事人一方的意思表示或者双方协议,使基于合同发生的债权债务关系归于消灭的行为。合同即解除分为约定解除和法定解除。

约定解除分为两种情况:一是在合同中约定了解除条件,一旦该条件成立,合同即解除;二是当事人未在合同中约定解除条件,但在合同履行完毕前,经双方协商一致解除合同。

法定解除是指出现了法律规定的解除事由有:①因不可抗力致使不能实现合同目的,当事人可以解除合同;②在履行期限届满之前,当事人一方明确表示或者以自己的行为表示不履行主要债务的,对方可以解除合同;③当事人一方延迟履行主要债务,经催告后在合理期限内仍未履行的,对方可以解除合同;④当事人一方迟延履行债务或者有其他违约行为致使履行会严重影响订立合同所期望的经济利益的,对方可不经催告而解除合同;⑤法律规定的其他情形。

在合同解除后,尚未履行的,不得履行;已经履行的,根据履行情况和合同的性质,当事人可以要求恢复原状或采取其他补救措施,并有权要求赔偿损失。

附　录

附录一　鸡常用饲料成分及营养价值

见附表 1，附表 2。

附表 1　鸡常用饲料成分及营养价值

饲料名称	玉米 (1级)	高粱 (1级)	小麦 (2级)	大麦 (裸)	大麦 (皮)	稻谷 (2级)	糙米 (未去米糠)
干物质(%)	86.0	86.0	87.0	87.0	87.0	86.0	87.0
代谢能(兆焦/千克)	13.56	12.30	12.72	11.21	11.30	11.00	14.06
粗蛋白质(%)	8.7	9.0	13.9	13.0	11.0	7.8	8.8
粗脂肪(%)	3.6	3.4	1.7	2.1	1.7	1.6	2.0
粗纤维(%)	1.6	1.4	1.9	2.0	4.8	8.2	0.7
无氮浸出物(%)	70.7	70.4	67.6	67.7	67.1	63.8	74.2
粗灰分(%)	1.4	1.8	1.9	2.2	2.4	4.6	1.3
钙(%)	0.02	0.13	0.17	0.04	0.09	0.03	0.03
总磷(%)	0.27	0.36	0.41	0.39	0.33	0.36	0.35
非植酸磷(%)	0.12	0.17	0.13	0.21	0.17	0.20	0.15
精氨酸(%)	0.39	0.33	0.58	0.64	0.65	0.57	0.65
组氨酸(%)	0.21	0.18	0.27	0.16	0.24	0.15	0.17
异亮氨酸(%)	0.25	0.35	0.44	0.43	0.52	0.32	0.30
亮氨酸(%)	0.93	1.08	0.80	0.87	0.91	0.58	0.61
赖氨酸(%)	0.24	0.18	0.30	0.44	0.42	0.29	0.32
蛋氨酸(%)	0.18	0.17	0.25	0.14	0.18	0.19	0.20
胱氨酸(%)	0.20	0.12	0.24	0.25	0.18	0.16	0.14
苯丙氨酸(%)	0.41	0.45	0.58	0.68	0.59	0.40	0.35
酪氨酸(%)	0.33	0.32	0.37	0.40	0.35	0.37	0.31
苏氨酸(%)	0.30	0.26	0.33	0.43	0.41	0.25	0.28
色氨酸(%)	0.07	0.08	0.15	0.16	0.12	0.10	0.12
缬氨酸(%)	0.38	0.44	0.56	0.63	0.64	0.47	0.57

续附表1

饲料名称	碎　米	粟（谷子）	木薯干	甘薯干	次　粉（1级）	小麦麸（1级）	米　糠（2级）
干物质(%)	88.0	86.5	87.0	87.0	88.0	87.0	87.0
代谢能(兆焦/千克)	14.23	11.88	12.38	9.79	12.76	6.82	11.21
粗蛋白质(%)	10.4	9.7	2.5	4.0	15.4	15.7	12.8
粗脂肪(%)	2.2	2.3	0.7	0.8	2.2	3.9	16.5
粗纤维(%)	1.1	6.8	2.5	2.8	1.5	8.9	5.7
无氮浸出物(%)	72.7	65.0	79.4	76.4	67.1	53.6	44.5
粗灰分(%)	1.6	2.7	1.9	3.0	1.5	4.9	7.5
钙(%)	0.06	0.12	0.27	0.19	0.08	0.11	0.07
总磷(%)	0.35	0.30	0.09	0.02	0.48	0.92	1.43
非植酸磷(%)	0.15	0.11	—	—	0.14	0.24	0.10
精氨酸(%)	0.78	0.30	0.40	0.16	0.86	0.97	1.06
组氨酸(%)	0.27	0.20	0.05	0.08	0.41	0.39	0.39
异亮氨酸(%)	0.39	0.36	0.11	0.17	0.55	0.46	0.63
亮氨酸(%)	0.74	1.15	0.15	0.26	1.06	0.81	1.00
赖氨酸(%)	0.42	0.15	0.13	0.16	0.59	0.58	0.74
蛋氨酸(%)	0.22	0.25	0.05	0.06	0.23	0.13	0.25
胱氨酸(%)	0.17	0.20	0.04	0.08	0.37	0.26	0.19
苯丙氨酸(%)	0.49	0.49	0.10	0.19	0.66	0.58	0.63
酪氨酸(%)	0.39	0.26	0.04	0.13	0.46	0.28	0.50
苏氨酸(%)	0.38	0.35	0.10	0.18	0.50	0.43	0.48
色氨酸(%)	0.12	0.17	0.03	0.05	0.21	0.20	0.14
缬氨酸(%)	0.57	0.42	0.13	0.27	0.72	0.60	0.81

续附表 1

饲料名称	米糠饼 （1级）	大 豆 （2级）	大豆饼 （2级）	大豆粕 （2级）	棉籽饼 （2级）	棉籽粕 （2级）	菜籽饼 （2级）
干物质（%）	88.0	87.0	89.0	89.0	88.0	90.0	88.0
代谢能（兆焦/千克）	10.17	13.56	10.54	9.83	9.04	8.49	8.16
粗蛋白质（%）	14.7	35.5	41.8	44.0	36.3	43.5	35.7
粗脂肪（%）	9.0	17.3	5.8	1.9	7.4	0.5	7.4
粗纤维（%）	7.4	4.3	4.8	5.2	12.5	10.5	11.4
无氮浸出物（%）	48.2	25.7	30.7	31.8	26.1	28.9	26.3
粗灰分（%）	8.7	4.2	5.9	6.1	5.7	6.6	7.2
钙（%）	0.14	0.27	0.31	0.33	0.21	0.28	0.59
总磷（%）	1.69	0.48	0.50	0.62	0.83	1.04	0.96
非植酸磷（%）	0.22	0.30	0.25	0.18	0.28	0.36	0.33
精氨酸（%）	1.19	2.57	2.53	3.19	3.94	4.65	1.82
组氨酸（%）	0.43	0.59	1.10	1.09	0.90	1.19	0.83
异亮氨酸（%）	0.72	1.28	1.57	1.80	1.16	1.29	1.24
亮氨酸（%）	1.06	2.72	2.75	3.26	2.07	2.47	2.26
赖氨酸（%）	0.66	2.20	2.43	2.66	1.40	1.97	1.33
蛋氨酸（%）	0.26	0.56	0.60	0.62	0.41	0.58	0.60
胱氨酸（%）	0.30	0.70	0.62	0.68	0.70	0.68	0.82
苯丙氨酸（%）	0.76	1.42	1.79	2.23	1.88	2.28	1.35
酪氨酸（%）	0.51	0.64	1.53	1.57	0.95	1.05	0.92
苏氨酸（%）	0.53	1.41	1.44	1.92	1.14	1.25	1.40
色氨酸（%）	0.15	0.45	0.64	0.64	0.39	0.51	0.42
缬氨酸（%）	0.99	1.50	1.70	1.99	1.51	1.91	1.62

续附表1

饲料名称	菜籽粕（2级）	花生仁饼（2级）	花生仁粕（2级）	向日葵仁饼（2级，壳仁比：16：84）	向日葵仁饼（2级，壳仁比：24：76）	亚麻仁饼（2级）	亚麻仁粕（2级）
干物质（%）	88.0	88.0	88.0	88.0	88.0	88.0	88.0
代谢能（兆焦/千克）	7.41	11.63	10.88	9.71	8.49	9.79	7.95
粗蛋白质（%）	38.6	44.7	47.8	36.5	33.6	32.2	34.8
粗脂肪（%）	1.4	7.2	1.4	1.0	1.0	7.8	1.8
粗纤维（%）	11.8	5.9	6.2	10.5	14.8	7.8	8.2
无氮浸出物（%）	28.9	25.1	27.2	34.4	38.8	34.0	36.6
粗灰分（%）	7.3	5.1	5.4	5.6	5.3	6.2	6.6
钙（%）	0.65	0.25	0.27	0.27	0.26	0.39	0.42
总磷（%）	1.02	0.53	0.56	1.13	1.03	0.88	0.95
有效磷（%）	0.35	0.31	0.33	0.17	0.16	0.38	0.42
精氨酸（%）	1.83	4.60	4.88	3.17	2.89	2.35	3.59
组氨酸（%）	0.86	0.83	0.88	0.81	0.74	0.51	0.64
异亮氨酸（%）	1.29	1.18	1.25	1.51	1.39	1.15	1.33
亮氨酸（%）	2.34	2.36	2.50	2.25	2.07	1.62	1.85
赖氨酸（%）	1.30	1.32	1.40	1.22	1.13	0.73	1.16
蛋氨酸（%）	0.63	0.39	0.41	0.72	0.69	0.46	0.55
胱氨酸（%）	0.87	0.38	0.40	0.62	0.50	0.48	0.55
苯丙氨酸（%）	1.45	1.81	1.92	1.56	1.43	1.32	1.51
酪氨酸（%）	0.97	1.31	1.39	0.99	0.91	0.50	0.93
苏氨酸（%）	1.49	1.05	1.11	1.25	1.14	1.00	1.10
色氨酸（%）	0.43	0.42	0.45	0.47	0.37	0.48	0.70
缬氨酸（%）	1.74	1.28	1.36	1.72	1.58	1.44	1.51

续附表1

饲料名称	芝麻饼	玉米蛋白粉	玉米胚芽饼	鱼 粉	血 粉	羽毛粉	肉骨粉
干物质（%）	92.2	90.1	90.0	90.0	88.0	88.0	93.0
代谢能（兆焦/千克）	8.95	16.23	9.37	11.80	10.29	11.42	9.96
粗蛋白质（%）	39.2	63.5	16.7	60.2	82.8	77.9	50.0
粗脂肪（%）	10.3	5.4	9.6	4.9	0.4	2.2	8.5
粗纤维（%）	7.2	1.0	6.3	0.5	0	0.7	2.8
无氮浸出物（%）	24.9	19.2	50.8	11.6	1.6	1.4	—
粗灰分（%）	10.4	1.0	6.6	12.8	3.2	5.8	31.7
钙（%）	2.24	0.07	0.04	4.04	0.29	0.20	9.20
总磷（%）	1.19	0.44	1.45	2.90	0.31	0.68	4.70
有效磷（%）	0	0.17	—	2.90	0.31	0.68	4.70
精氨酸（%）	2.38	1.90	1.16	3.57	2.99	5.30	3.35
组氨酸（%）	0.81	1.18	0.45	1.71	4.40	0.58	0.96
异亮氨酸（%）	1.42	2.85	0.53	2.68	0.75	4.21	1.70
亮氨酸（%）	2.52	11.59	1.25	4.80	8.38	6.78	3.20
赖氨酸（%）	0.82	0.97	0.70	4.72	6.67	1.65	2.60
蛋氨酸（%）	0.82	1.42	0.31	1.64	0.74	0.59	0.67
胱氨酸（%）	0.75	0.96	0.47	0.52	0.98	2.93	0.33
苯丙氨酸（%）	1.68	4.10	0.64	2.35	5.23	3.57	1.70
酪氨酸（%）	1.02	3.19	0.54	1.96	2.55	1.79	—
苏氨酸（%）	1.29	2.08	0.64	2.57	2.86	3.51	1.63
色氨酸（%）	0.49	0.36	0.16	0.70	1.11	0.40	0.26
缬氨酸（%）	1.84	2.98	0.91	3.17	6.08	6.05	2.25

续附表 1

饲料名称	苜蓿草粉(1级)	啤酒糟	啤酒酵母	蔗　糖	猪　油	菜籽油	大豆油
干物质(%)	87.0	88.0	91.7	99.0	99.0	99.0	100
代谢能(兆焦/千克)	4.06	9.92	10.54	16.32	38.11	38.53	35.02
粗蛋白质(%)	19.1	24.3	52.4	0	0	0	0
粗脂肪(%)	2.3	5.3	0.4	0	≥98	≥98	≥99
粗纤维(%)	22.7	13.4	0.6	0	0	0	0
无氮浸出物(%)	35.3	40.8	33.6	0	—	—	—
粗灰分(%)	7.6	4.2	4.7	0	—	—	—
钙(%)	1.40	0.32	0.16	0.04	0	0	0
总磷(%)	0.51	0.42	1.02	0.01	0	0	0
有效磷(%)	0.51	0.42	—	0.01	0	0	0
精氨酸(%)	0.78	0.98	2.67	—	—	—	—
组氨酸(%)	0.39	0.51	1.11	—	—	—	—
异亮氨酸(%)	0.68	1.18	2.85	—	—	—	—
亮氨酸(%)	1.20	1.08	4.76	—	—	—	—
赖氨酸(%)	0.82	0.72	3.38	—	—	—	—
蛋氨酸(%)	0.21	0.52	0.83	—	—	—	—
胱氨酸(%)	0.22	0.35	0.50	—	—	—	—
苯丙氨酸(%)	0.82	2.35	4.07	—	—	—	—
酪氨酸(%)	0.58	1.17	0.12	—	—	—	—
苏氨酸(%)	0.74	0.81	2.33	—	—	—	—
色氨酸(%)	0.43	—	2.08	—	—	—	—
缬氨酸(%)	0.91	1.06	3.40	—	—	—	—

附表 2 常用矿物质饲料中矿物元素含量

饲料名称	蛋壳粉	贝壳粉	石　粉	骨　粉（脱脂）	磷酸氢钙（2个结晶水）
化学分子式					$CaHPO_4 \cdot 2H_2O$
钙(%)	30.4	32.35	35.84	29.80	23.29
磷(%)	0.1～0.4	—	0.01	12.50	18.00
磷利用率(%)	—	—	—	80～90	95～100
钠(%)	—	—	0.06	0.04	—
氯(%)	—	—	0.02	—	—
钾(%)	—	—	0.11	0.20	—
镁(%)	—	—	2.060	0.300	—
硫(%)	—	—	0.04	2.4	—
铁(%)	—	—	0.35	—	—
锰(%)	—	—	0.02	0.03	—

附录二　鸡常见传染病的鉴别

见附表 3、附表 4 和附表 5。

附表 3　鸡常见呼吸道传染病的鉴别

病　名	病原	流行特点	临诊症状	病变特征	实验室检查
新城疫	副黏病毒	各种年龄的鸡均可感染,发病率和死亡率均高	呼吸困难,沉郁,产蛋量下降,粪便为黄绿色稀便,部分鸡有神经症状	气管环出血,十二指肠出血,腺胃乳头出血,泄殖腔黏膜条状出血,肠道有枣核样溃疡,盲肠扁桃体肿大、出血	血凝和血凝抑制试验
传染性支气管炎	冠状病毒	各种年龄的鸡都可感染,但 40 日龄内的雏鸡严重,传播快,死亡率高	伸颈张口,呼吸困难,有啰音,流鼻液,产蛋下降,畸形蛋增多,排白色稀粪	鼻、气管、支气管有炎症,肺水肿。肾型传支以肾肿大,呈花瓣形,有尿酸盐沉积为特征。成年母鸡卵泡充血、出血变形,有卵黄掉入腹腔	病毒分离培养,中和试验
传染性鼻炎	副鸡嗜血杆菌	4 周龄以上的鸡多发,呈急性经过,无继发感染时死亡率不高,冬、秋两季易流行,应激状态下易暴发	打喷嚏,流鼻液,颜面浮肿,眼睑和肉垂水肿,结膜炎症	鼻腔、鼻窦黏膜发炎,表面有黏液,严重时可见鼻窦、眶下窦、眼结膜内有干酪样物质	凝集试验,分离培养嗜血杆菌
传染性喉气管炎	疱疹病毒	主要侵害成鸡,发病突然,传播快,感染率高,死亡率较低	除呼吸困难的一般症状外,有尽力吸气的特殊姿势,鼻内有分泌物,病鸡咳出带血的黏液,产蛋量下降	喉黏膜发炎、肿胀、出血,有大量黏液或黄白色假膜覆盖,气管内有血性分泌物	琼脂扩散试验,动物接种,病毒分离培养

续附表 3

病　名	病原	流行特点	临诊症状	病变特征	实验室检查
慢性呼吸道病	败血霉形体	主要是 1～2 月龄的雏鸡发病，呈慢性感染，死亡率低。可通过种蛋传播	流出浆液性或黏液性鼻液，呼吸困难，呼吸有水泡音，病程长时，脸和眼结膜肿胀，眼部凸出，严重者失明	鼻、气管、气囊有黏性分泌物，气囊增厚、浑浊，有灰白色干酪样渗出物，有时可见肝包膜炎或心包炎	分离培养霉形体，活鸡做全血凝集试验
曲霉菌病	烟曲霉等	各种日龄的鸡都易感，通过霉变饲料或垫料感染	呼吸困难，沉郁，鼻、眼发炎，发育不良，产蛋下降	肺、气囊有针帽大霉斑结节，气管有时也有小结节	取霉斑结节压片镜检
黏膜性鸡痘	鸡痘病毒	各年龄鸡均可感染，但雏鸡发病率和死亡率高	口腔、咽喉、气管或食道有痘斑，呼吸困难，吞咽困难	初期喉和气管黏膜可见湿润隆起，以后见有干酪样假膜，假膜不易剥离	琼脂扩散试验，分离病毒
禽流感	正黏病毒 A 型流感病毒	各种年龄的鸡均可感染，发病率和死亡率均高	病鸡呈轻度至严重的呼吸道症状，咳嗽，打喷嚏，有呼吸啰音，流泪，少数鸡眼部肿胀，结膜炎，严重者眼睑及头部肿胀，精神沉郁，采食量下降，蛋壳颜色逐渐变浅，最后停止产蛋。排绿色或水样粪便，倒提时从口中流出大量水样液体	皮肤、肝、肉髯、肾、脾和肺可见出血点和坏死灶，产蛋母鸡腹腔内有破裂的蛋黄，输卵管上有蛋白和蛋黄滞留形成的黏性分泌物附着，输卵管和卵巢逐渐退化和萎缩	分离病毒和血清血检查

附表 4　鸡常见消化道传染病的鉴别

病　名	病原	流行特点	临诊症状	病变特征	实验室检查
鸡白痢	鸡白痢沙门氏菌	多见于 3 周龄以内的雏鸡，管理不良病死率高	白色稀粪，常污染肛门口，呼吸困难，病鸡表现不安	肝肿大，土黄色，胆囊、脾肿大，卵黄吸收不良，肺、心肌、肌胃、脾和肠道有坏死结节	实验室检查，雏鸡分离病原，成鸡和种鸡做全血平板凝集试验
球虫病	艾美耳属球虫	多见于 4～6 周龄的鸡，春末至夏初，平养鸡多发	血便或红棕色的稀便，很快消瘦，衰竭死亡	盲肠内有血块及坏死渗出物，小肠有出血、坏死灶	粪便涂片检查球虫卵
传染性法氏囊病	双股RNA病毒	3～9 周龄鸡易感，4～6 月份易流行，传播快，发病率高	排出白色水样稀便，沉郁、缩颈、闭目伏地昏睡，脱水死亡	胸、腿肌肉出血，腺胃与肌胃交界处有出血带，法氏囊肿大、出血，花斑肾	琼脂扩散试验及分离病毒
传染性盲肠肝炎	单胞虫	2～12 周龄鸡易感，春末至初秋流行，平养鸡多发	排出绿色或带血的稀便，行动呆滞，贫血，消瘦死亡	盲肠粗大，增厚呈香肠状，肝表面有圆形溃疡灶	取盲肠内容物镜检单胞虫
大肠杆菌病	埃希氏大肠杆菌	4 月龄以内的鸡易发，冬、春寒冷季节易发生，管理不良死亡率高	粪便呈绿白色，缩头闭眼，逐渐死亡	常见到心包炎、肝周炎、气囊炎、肠炎和腹膜炎	分离病原并做致病力和血清型鉴定
鸡伤寒	鸡伤寒沙门氏杆菌	主要发生于青年鸡和成年鸡	排出黄绿色稀便，沾污后躯，冠暗红色，体温升高，病程较长，康复后长期带菌	肝肿大并呈古铜色，有坏死点，胆囊肿大，肠道出血	分离病原

续附表 4

病　名	病原	流行特点	临诊症状	病变特征	实验室检查
鸡副伤寒	沙门氏杆菌	1～2 月龄鸡多发,可造成大批死亡,成年鸡为慢性或隐性感染	排水样稀粪,头和翅膀下垂,食欲废绝,口渴强烈,成鸡慢性副伤寒无明显症状,有时轻度腹泻,消瘦,产蛋下降	出血性肠炎,盲肠有干酪样物,肝、脾有坏死灶	分离病原
禽霍乱	多杀性巴氏杆菌	多见于开产鸡,气候环境对本病影响大	流行初期突然发病死亡,急性呈现全身症状,排灰白色或草绿色稀便,呼吸急促,慢性关节炎呈跛行	肝有针尖大灰白色坏死点,心冠脂肪、皮下有出血点,十二指肠严重出血,产蛋鸡子宫内常见到完整的蛋	肝、脾涂片镜检病菌,并分离病原
黄曲霉素中毒	黄曲霉菌	常发生在多雨季节,鸡吃了霉变的饲料,6 周龄以下的鸡易感	贫血,消瘦,排血色稀便,雏鸡伴有霉菌性肺炎	肝肿大,呈黄白色,有出血斑点,胆囊肿大,肾苍白,肠炎,部分胸肌和腿肌出血	检查饲料中的黄曲霉菌
食盐中毒	食盐过多或混合不均匀	任何鸡龄都会出现,数小时中毒,突然死亡	症状决定于中毒的程度,饮水增加,粪便稀薄,泻出稀水,昏迷,衰竭死亡	皮下水肿,腹腔、心包积水,肺水肿,消化道出血、充血,肾有尿酸盐沉积	检查饲料中食盐的含量
包涵体肝炎		大多发生于 3～7 周龄鸡,5 周龄为高峰,肉鸡高于蛋鸡,可垂直传播和水平传播	病鸡表现为委靡,腹泻,死亡,持续 3～5 天后死亡减少至停息。病死率 7%～10%	肝肿,色淡质脆,表面有出血点,肾肿大,有尿酸盐沉积,腿肌有时出血,肠炎	对病鸡肝脏做涂片,观察组织学病变和肝核内有无包涵体存在

附表5 鸡常见的神经症状疾病的鉴别

病　名	病原	流行特点	临诊症状	病变特征	实验室检查
脑脊髓炎	肠道病毒	1～3周龄易感，可垂直传播，成年鸡隐性感染	运动失调，两腿不能自主，东倒西歪，头颈阵发性震颤	腺胃、肌胃的肌肉层及胰脏中有白色的病灶，其他脏器无明显变化	
马立克氏病	疱疹病毒	2周内雏鸡易感，但2～5月龄时出现病症，如免疫失败，发病率5%～30%	一肢或两肢麻痹，步态失调，有时翅下垂，扭颈，仰头，呈"劈叉"姿势	神经型可见坐骨神经肿大2～3倍，内脏型可见各个脏器有肿瘤结节	琼脂扩散试验，分离病毒
维生素B₁和维生素B₂缺乏症	饲料有问题、肠道合成不足或抗磺胺素酶存在	多见于2～4周龄的鸡	头颈向后牵引，足趾向内卷曲，不能行走，呈观星姿势，颈肌痉挛	无明显病理变化	检查饲料中维生素B₁，维生素B₂含量
药物中毒	主要为呋喃西林、喹乙醇等中毒	各种年龄鸡均可发病，主要是药物的添加量过多或搅拌不均	精神沉郁，有的转圈，惊厥，抽搐，角弓反张，昏迷死亡	消化道出血、心肝肿大变性	检查饲料中药物含量

金盾版图书,科学实用,
通俗易懂,物美价廉,欢迎选购

优良牧草及栽培技术	7.50 元	草产品加工技术	10.50 元
菊苣鲁梅克斯籽粒苋栽培技术	5.50 元	饲料添加剂的配制及应用	10.00 元
		饲料作物良种引种指导	4.50 元
北方干旱地区牧草栽培与利用	8.50 元	饲料作物栽培与利用	11.00 元
牧草种子生产技术	7.00 元	菌糠饲料生产及使用技术	7.00 元
牧草良种引种指导	13.50 元	配合饲料质量控制与鉴别	14.00 元
退耕还草技术指南	9.00 元		
草地工作技术指南	55.00 元	中草药饲料添加剂的配制与应用	14.00 元
草坪绿地实用技术指南	24.00 元		
草坪病虫害识别与防治	7.50 元	畜禽营养与标准化饲养	55.00 元
草坪病虫害诊断与防治原色图谱	17.00 元	家畜人工授精技术	5.00 元
		实用畜禽繁殖技术	17.00 元
实用高效种草养畜技术	10.00 元	畜禽养殖场消毒指南	8.50 元
饲料作物高产栽培	4.50 元	现代中国养猪	98.00 元
饲料青贮技术	5.00 元	科学养猪指南(修订版)	23.00 元
青贮饲料的调制与利用	6.00 元	简明科学养猪手册	9.00 元
农作物秸秆饲料微贮技术	7.00 元	科学养猪(修订版)	14.00 元
		家庭科学养猪(修订版)	7.50 元
农作物秸秆饲料加工与应用(修订版)	14.00 元	怎样提高养猪效益	9.00 元
		快速养猪法(第四次修订版)	9.00 元
中小型饲料厂生产加工配套技术	8.00 元	猪无公害高效养殖	12.00 元
		猪高效养殖教材	6.00 元
常用饲料原料及质量简易鉴别	13.00 元	猪标准化生产技术	9.00 元
		猪饲养员培训教材	9.00 元
秸秆饲料加工与应用技术	5.00 元	猪配种员培训教材	9.00 元

家畜旋毛虫病及其防治	4.50 元	畜禽球虫病及其防治	5.00 元
家畜梨形虫病及其防治	4.00 元	家畜弓形虫病及其防治	4.50 元
家畜口蹄疫防制	10.00 元	科学养牛指南	29.00 元
家畜布氏杆菌病及其防制	7.50 元	养牛与牛病防治（修订版）	8.00 元
家畜常见皮肤病诊断与防治	9.00 元	奶牛场兽医师手册	49.00 元
		奶牛良种引种指导	8.50 元
家禽防疫员培训教材	7.00 元	奶牛高产关键技术	12.00 元
家禽常用药物手册（第二版）	7.20 元	奶牛肉牛高产技术（修订版）	10.00 元
禽病中草药防治技术	8.00 元	奶牛高效益饲养技术（修订版）	16.00 元
特禽疾病防治技术	9.50 元		
禽病鉴别诊断与防治	6.50 元	怎样提高养奶牛效益	11.00 元
常用畜禽疫苗使用指南	15.50 元	奶牛规模养殖新技术	21.00 元
无公害养殖药物使用指南	5.50 元	奶牛高效养殖教材	5.50 元
畜禽抗微生物药物使用指南	10.00 元	奶牛养殖关键技术200题	13.00 元
常用兽药临床新用	14.00 元	奶牛标准化生产技术	10.50 元
肉品卫生监督与检验手册	36.00 元	奶牛围产期饲养与管理	12.00 元
动物产地检疫	7.50 元	奶牛健康高效养殖	14.00 元
动物检疫应用技术	9.00 元	奶牛挤奶员培训教材	8.00 元
畜禽屠宰检疫	10.00 元	奶牛饲料科学配制与应用	15.00 元
动物疫病流行病学	15.00 元	奶牛疾病防治	10.00 元
马病防治手册	13.00 元	奶牛胃肠病防治	6.00 元
鹿病防治手册	18.00 元	奶牛乳房炎防治	10.00 元
马驴骡的饲养管理（修订版）	8.00 元	奶牛无公害高效养殖	9.50 元
		奶牛实用繁殖技术	6.00 元
驴的养殖与肉用	7.00 元	奶牛肢蹄病防治	9.00 元
骆驼养殖与利用	7.00 元	奶牛配种员培训教材	8.00 元
畜病中草药简便疗法	8.00 元	奶牛修蹄工培训教材	9.00 元

奶牛防疫员培训教材	9.00 元	肉羊高效养殖教材	6.50 元
奶牛饲养员培训教材	8.00 元	肉羊高效益饲养技术	8.00 元
肉牛良种引种指导	8.00 元	南方肉用山羊养殖技	
肉牛无公害高效养殖	11.00 元	术	9.00 元
肉牛快速肥育实用技术	16.00 元	肉羊饲养员培训教材	9.00 元
肉牛饲料科学配制与应		怎样养好绵羊	8.00 元
用	10.00 元	怎样养山羊(修订版)	9.50 元
肉牛高效益饲养技术		怎样提高养肉羊效益	10.00 元
(修订版)	15.00 元	良种肉山羊养殖技术	5.50 元
肉牛饲养员培训教材	8.00 元	奶山羊高效益饲养技术	
奶水牛养殖技术	6.00 元	(修订版)	6.00 元
牦牛生产技术	9.00 元	关中奶山羊科学饲养新	
秦川牛养殖技术	8.00 元	技术	4.00 元
晋南牛养殖技术	10.50 元	绒山羊高效益饲养技术	5.00 元
农户科学养奶牛	16.00 元	辽宁绒山羊饲养技术	4.50 元
牛病防治手册(修订版)	12.00 元	波尔山羊科学饲养技术	12.00 元
牛病鉴别诊断与防治	10.00 元	小尾寒羊科学饲养技术	4.00 元
牛病中西医结合治疗	16.00 元	湖羊生产技术	7.50 元
疯牛病及动物海绵状脑		夏洛莱羊养殖与杂交利	
病防制	6.00 元	用	7.00 元
犊牛疾病防治	6.00 元	无角陶赛特羊养殖与杂	
肉牛高效养殖教材	5.50 元	交利用	6.50 元
优良肉牛屠宰加工技术	23.00 元	萨福克羊养殖与杂交利	
西门塔尔牛养殖技术	6.50 元	用	6.00 元
奶牛繁殖障碍防治技术	6.50 元	羊场畜牧师手册	35.00 元
牛羊猝死症防治	9.00 元	羊病防治手册(第二次	
现代中国养羊	52.00 元	修订版)	14.00 元
羊良种引种指导	9.00 元	羊防疫员培训教材	9.00 元
养羊技术指导(第三次		羊病诊断与防治原色图	
修订版)	15.00 元	谱	24.00 元
农户舍饲养羊配套技术	17.00 元	羊霉形体病及其防治	10.00 元
羔羊培育技术	4.00 元	科学养羊指南	28.00 元

南江黄羊养殖与杂交利用	6.50 元	肉兔无公害高效养殖	12.00 元
绵羊山羊科学引种指南	6.50 元	肉兔健康高效养殖	12.00 元
羊胚胎移植实用技术	6.00 元	实用养兔技术	7.00 元
肉羊高效养殖教材	4.50 元	实用家兔养殖技术	17.00 元
羊场兽医师手册	34.00 元	家兔配合饲料生产技术	14.00 元
肉羊饲料科学配制与应用	13.00 元	家兔饲料科学配制与应用	8.00 元
图说高效养兔关键技术	14.00 元	家兔良种引种指导	8.00 元
科学养兔指南	35.00 元	兔病防治手册(第二次修订版)	10.00 元
简明科学养兔手册	7.00 元	兔病诊断与防治原色图谱	19.50 元
专业户养兔指南	12.00 元	兔出血症及其防制	4.50 元
新法养兔	15.00 元	兔病鉴别诊断与防治	7.00 元
家兔饲养员培训教材	9.00 元	兔场兽医师手册	45.00 元
长毛兔高效益饲养技术(修订版)	13.00 元	獭兔高效养殖教材	6.00 元
怎样提高养长毛兔效益	10.00 元	家兔防疫员培训教材	9.00 元
长毛兔标准化生产技术	13.00 元	实用毛皮动物养殖技术	15.00 元
獭兔标准化生产技术	13.00 元	毛皮兽养殖技术问答(修订版)	12.00 元
獭兔高效益饲养技术(第3版)	15.00 元	毛皮兽疾病防治	10.00 元
怎样提高养獭兔效益	8.00 元	新编毛皮动物疾病防治	12.00 元
肉兔高效益饲养技术(修订版)	12.00 元	毛皮动物饲养员培训教材	9.00 元
肉兔标准化生产技术	11.00 元	毛皮动物防疫员培训教材	9.00 元
养兔技术指导(第三次修订版)	12.00 元	毛皮加工及质量鉴定	6.00 元
		茸鹿饲养新技术	11.00 元

以上图书由全国各地新华书店经销。凡向本社邮购图书或音像制品,可通过邮局汇款,在汇单"附言"栏填写所购书目,邮购图书均可享受9折优惠。购书30元(按打折后实款计算)以上的免收邮挂费,购书不足30元的按邮局资费标准收取3元挂号费,邮寄费由我社承担。邮购地址:北京市丰台区晓月中路29号,邮政编码:100072,联系人:金友,电话:(010)83210681、83210682、83219215、83219217(传真)。